科学出版社“十三五”普通高等教育本科规划教材

动物病理学

主　编　杨彩然　河北科技师范学院

副主编　程淑琴　吉林大学
　　　　马吉飞　天津农学院

编　者（以姓氏笔画为序）
　　　　王宏伟　河南科技大学
　　　　石建存　石家庄市栾城区职业技术教育中心
　　　　任　超　天津农学院
　　　　任志华　四川农业大学
　　　　刘焕奇　青岛农业大学
　　　　刘谢荣　河北科技师范学院
　　　　李心慰　吉林大学
　　　　李志强　商丘师范学院
　　　　李宗锋　河南开封县第一高级职业中学
　　　　张　才　河南科技大学
　　　　范玉青　河北赵县综合职业技术教育中心
　　　　魏志超　河南省农业经济学校

主　审　朱连勤　青岛农业大学
　　　　杨自军　河南科技大学
　　　　邓俊良　四川农业大学

科学出版社

北　京

内 容 简 介

本书内容包括知识和技能两大部分，在内容选取上依据该项目的培养方案和课程标准，以够用、管用、实用为基准，注重病理学基本知识和临床的联系，注重剖检、采样等兽医实用基本技能的教学。考虑到兽医培养的特殊性，将教学法的教学融入具体知识和技能教学中。本书编入了大量的图片，力图增加病理教学的直观性。

本书既可作为动物医学教育培养使用，也可供生产和临床一线兽医人员参考。

图书在版编目（CIP）数据

动物病理学 / 杨彩然主编. —北京：科学出版社，2020.9
科学出版社“十三五”普通高等教育本科规划教材
ISBN 978-7-03-066023-7

Ⅰ. ①动… Ⅱ. ①杨… Ⅲ. ①兽医学-病理学－高等学校－教材
Ⅳ. ① S852.3

中国版本图书馆 CIP 数据核字（2020）第170452号

责任编辑：周万灏 / 责任校对：严 娜
责任印制：张 伟 / 封面设计：蓝正设计

科 学 出 版 社 出版
北京东黄城根北街16号
邮政编码：100717
http://www.sciencep.com

北京建宏印刷有限公司 印刷
科学出版社发行 各地新华书店经销

*

2020年 9 月第 一 版 开本：787×1092 1/16
2022年 7 月第三次印刷 印张：12
字数：307 000

定价：69.00元
（如有印装质量问题，我社负责调换）

前 言

动物病理学是一门理论性较强同时技能又非常实用的一门课程，既要为后续课程的学习奠定基础，又能直接在临床实践中应用。因此本教材在内容设计上考虑到了动物医学职教师资培养的基本要求和中职兽医毕业生的最低专业能力要求。分析了 9 个与动物病理学直接相关的岗位需求，考虑到与动物解剖与组织学、动物生理生化等前衔课程和动物传染病、寄生虫病、内科疾病、外产科疾病等后续课程的分工和衔接。编写时始终考虑三个方面的问题：首先是兽医技术员或兽医护士岗位对本课程的要求是什么。然后是中职兽医专业学生应该学什么和学到什么程度。最后是兽医职教师资应学习哪些内容才能胜任中职兽医专业教师资格要求。

该教材的内容设计包括病理学知识和病理学技能两大部分。病理学知识包括基本的病理学概念、发生发展机理、临床意义等，为适应职教师资的学情特点，文中使用了大量的病理图片，增加了知识的直观性，加强了同兽医临床的联系。技能部分包括大体病变的识别、病理术语描述和剖检规范术式及病料的采取包装运送。编写过程中力图将职业教育教学方法与中职兽医专业病理学教学高度融合在一起，真正遵从职教师资的培养教育规律，让学生毕业时就能达到中职兽医专业本课程教师的上岗要求。

本教材的编写人员来自全国动物医学专业职教师资培养单位、本科院校、高等职业专科学校、中等职业学校、动物医学企事业单位和行业管理协会。初稿完成后分发到上述各个单位广泛征求意见，也发给兽医临床资深专家进行审阅，经反复进行修改，形成定稿。

本教材编写过程中，得到了项目主持单位河北科技师范学院领导的大力支持，也得到了各个编写单位的大力支持和通力合作，在此一并致以衷心的感谢。

本书编写过程中参阅了大量的中外文文献资料，使用了其中的部分图片，因篇幅有限没有在具体图片上一一标出，在此一并对原作者致以崇高的敬意和谢意！编写过程中还得到了河北科技师范学院动物科技学院杨宗泽教授的指导并通读全稿，提出了许多宝贵性意见。天津农学院马吉飞教授也给予指导并承担部分编写任务。

编写职教师资专用教材，是一个大胆的尝试。由于编写者水平有限，对于职业教育的特点把握不准，再加上时间仓促，书中难免出现疏漏之处，恳请使用者把在使用过程中发现的问题及时反馈给我们，以便在本书再版时予以修订。

杨彩然　谨识

2020 年 4 月

目　录

技 能 篇

知 识 篇

第一章 概 论

第一节 动物病理学概述

一、动物病理学概念

动物病理学是研究动物疾病的发生、发展和转归的一门科学。其任务是研究疾病的发生原因、发病机理及发病过程中患病动物机体的机能、代谢和形态结构的变化和转归的基本规律，为揭露疾病的本质、疾病的诊断和防治提供科学的理论依据。

二、动物病理学基本内容

传统病理学划分为病理生理学和病理解剖学。病理生理学研究疾病过程中机体所发生的机能和代谢方面的变化；病理解剖学研究疾病过程中机体形态结构方面的变化。两者是研究同一对象（患病畜禽）的两个方面，是相辅相成、不可分割的，如当动物机体生理机能障碍时，必然引起其他器官、组织、细胞形态结构变化，随之可能导致整个机体正常生命活动障碍而发生疾病。病理学作为一门学科，包括总论和各论两部分。总论，即一般病理学，阐述疾病发生发展的一般规律，主要是讲述动物在疾病过程中出现的一些共同性的病理变化、共同的病理过程，不局限于某一特定组织或器官，主要包括血液循环障碍、组织和细胞损伤、适应和修复、炎症、肿瘤。各论，即系统病理学，研究疾病过程中各个组织器官出现的病理变化和病理过程，研究特定器官或系统的疾病，如淋巴结炎和脾炎等。

本教材讲述内容包括动物病理基本理论知识、常用病理诊断技术和操作技能，目的是培养学生识别大体标本和切片标本的基本病理变化，使之掌握一些疾病的特征性病变。

三、动物病理学性质

随着自然科学的发展，医学科学逐渐形成了许多分支学科，它们的共同目的和任务就是从不同角度、用不同方法去研究正常和患病机体的生命活动，为防治疾病，保障人类和动物健康服务。兽医病理学除侧重从形态学角度研究动物疾病外，也研究疾病的病因学、发病学以及形态改变与功能变化及临床表现的关系。

动物病理学长期以来被形象地比喻为“桥梁学科”和“权威诊断”，这充分表明了它在动物医学中的重要地位。其原因主要是由病理学的性质和任务所决定的。因此，动物病理学与基础兽医学中的动物解剖学、动物组织与胚胎学、动物生理学、动物生物化学、兽医寄生虫学、兽医微生物学、遗传学等均有密切联系，是学习兽医临床课的重要基础，是联系兽医基础课与兽医临床课之间的桥梁。现代病理学增加了细胞病理学、分子病理学、免疫病理学等内容。动物病理学与兽医临床之间的密切联系，明显地表现在对动物疾病的研究和诊断上。兽医临床课除运用各种临床诊察、检验、治疗等方法对疾病诊治外，还须借助于病理学研究方法，如活体组织检查、尸体剖检及动物实验等来对疾病进行观察研究，提高临床工作水平。动物病理学除进行实验研究外，也须密切联系临床，直接从患病动物机体去研究疾病。动物病理诊断是在观测器官的大体（肉眼）改变、镜下观察组织结构和细胞病变特征而做出的疾病诊断，因此它比临床上根据病史、症状和体征等做出的分析性诊断及利用各种影像设备（X 线、CT 等）所做出的诊断更具有客观性和准确性。尽管现代分子生物学的诊断方法（PCR、原位杂交等）已逐步应用于医学诊断，但目前为止，动物病理诊断仍被视为带有宣判性质的、权威性的诊断。由于病理诊断常通过活体组织检查或尸体剖检，来回答临床医生不能做出的确切诊断和死亡原因等问题，故国外将病理医生称之为“doctor’s doctor”；然而病理诊断也不是万能的，也和其他学科一样，有其固有的主、客观局限性。故提高自身技术水平、临床医生与病理医生相互沟通，对于减少漏诊、误诊十分必要。

疾病是一个极其复杂的过程，在病原因子和机体反应功能的相互作用下，患病机体有关部分的形态结构、代谢和功能都会发生种种改变，这是研究和认识疾病的重要依据。病理学的任务就是运用各种方法研究疾病的原因（病因学）、在病因作用下疾病发生发展的过程（发病学）以及机体在疾病过程中的功能、代谢和形态结构的改变（病理变化），阐明其本质，从而为认识和掌握疾病发生发展的规律，为防治疾病，提供必要的理论基础。

从事病理检验的技术人员，在动物疾病治疗过程中承担病理技术工作，负责处理取自患病动物各器官、组织、细胞、体液及分泌物等标本，制成大体标本和组织学标本，供病理医生观察病变并出具病理诊断报告。尽管医学发展迅速，但病理诊断仍是一些疾病最终诊断的“金标准”，因此临床医生根据病理报告决定治疗方案、解释临床症状、判断预后及明确死亡原因。现代病理学吸收了当今分子生物学最新研究方法和取得的最新成果，使病理学的观察从器官、细胞水平，深入到亚细胞、蛋白表达及基因的改变。这不仅使病理学研究更深入一步，同时也使病理学研究方法渗透到各基础学科、临床医学、预防医学和药学等方面。如某一基因的改变是否同时伴随蛋白表达及蛋白功能的异常，是否可以发生形态学改变；反之，某种形态上的异常是否出现某个（些）基因的异常或表达的改变。临床医学中一些症状、体征的解释，新病种的发现和预防及敏感药物筛选、新药物研制和毒副作用等都离不开病理学的鉴定和解释。因此，病理学在医学研究中也占有重要地位。

第二节 动物病理职业岗位分析

一、病理学专业相关的职业

动物病理学工作主要是研究疾病发生的原因、发展过程、患病动物机体的机能、代谢和形态结构变化的特点和规律，为临床诊断和治疗提供理论支撑。通过系统学习动物病理学课程后，学生们可以从事以下几方面的工作。

（一）动物病理解剖

对发病动物或病死动物进行解剖，通过观察组织和器官的大体病理变化来识别异常的组织或器官，并撰写尸检报告；选择代表性器官或组织，采集样品，制备病理组织切片，观察显微镜下的组织病理变化。

（二）临床病理学检验

通过研究体液变化诊断疾病，也可将体液制成标本，通过显微镜检查其化学成分、细胞数量和形态变化。检查动物血液，观察血液中红、白细胞等数量、形态，判断动物健康状态。

（三）微生物学检验

若怀疑患病动物感染，还要采取新鲜的病料，送实验室，进行微生物学诊断。

（四）寄生虫检验

对于寄生虫，如皮肤毛囊里的蠕形螨、火鸡组织滴虫、鸡住白细胞原虫、牛泰勒焦虫、球虫等，也可通过兽医病理学技术进行病原形态学诊断。

（五）免疫学检验

有些疑似感染的微生物，实验室很难培养，显微镜下也不能观察到。此情况下，可通过免疫学知识，检查抗体，从而确定感染的微生物；也可用免疫学方法检查组织中的抗原。有时病理学家在显微镜下难以识别特定的肿瘤，可利用免疫组化方法诊断肿瘤。

（六）毒物学检验

有些动物疑似中毒病的诊断，需要采取胃内容物、尿液甚至是尸检的新鲜组织，根据毒物病理学知识进行中毒动物的病理学检验。

（七）兽医病理检验

涉及伤害动物的病例和纠纷以及非法捕获野生动物，临床兽医或司法部门常常要邀请动物病理学家协助进行病理学诊断。

（八）兽医行政管理

兽医行政管理部门进行公共卫生行政执法时，需动物病理学检验作为执法证据，市场检疫检验监督工作也需动物病理检验，有时会派兽医技术人员驻场从事检疫检验工作。

（九）医学研究

疾病研究和药物研发、药物毒副反应研究，也都离不开动物病理学家的直接参与。

二、中职兽医毕业生可从事的动物病理相关工作

2008 年，我国实行执业兽医制度，规定不同层级兽医技术人员的准入条件。对于执业兽医的准入条件是具备专科以上兽医相关专业学历人员，通过参加全国执业兽医资格考试合格后方能从事执业兽医工作，这意味着中职兽医专业毕业生不能直接从事动物疾病诊断工作，无处方权，故中职兽医毕业生只能在执业兽医指导下从事相应技术工作。按我国兽医岗位分工，有动物疫病防治员、动物检疫检验员、养殖场兽医技术员、兽医护士、宠物健康护理员等工作可由中职兽医毕业生担任。作为执业兽医的助手要懂得动物病理学常用

术语及临床意义，还要胜任上述岗位对于动物剖检、病料采取、病变判断等技术的要求。

（一）动物疫病防治员

动物疫病防治员是在兽医师指导下，从事动物常见病和多发病防治的人员。其工作主要包括：保存疫苗并进行预防注射；对动物进行定期驱虫和药物预防；进行厩舍卫生消毒；采集、包装和运送检疫材料；对动物进行疾病诊断、治疗和病畜禽护理；保管兽药、医疗器械；搜集和上报疫情，并采取紧急防治或控制措施；填写疫情记录和统计报表。其中采集、包装和运送检疫材料和对动物进行疾病诊断需要动物病理学知识和技能。

（二）动物检疫检验员

在集贸市场、肉联厂、交通节点等从事动物检疫检验工作，包括动物性食品卫生安全检验、动物疫病识别和检疫，从业者应具备动物疾病病理知识和病理学检疫检验操作技能。

（三）养殖场兽医技术员

该类人员主要负责养殖场及病畜消毒、免疫、修蹄、断角、断尾、去势、接产、给药、病理剖检、病料采取工作，其中病理剖检和病料采取工作与动物病理学密切相关。

（四）兽医护士或兽医助手

在执业兽医指导下在动物医院从事动物的护理工作，包括动物保定、给药、麻醉、手术准备、手术护理、放射摄影操作、检验样品采集、实验室检验等工作，其中检验样品采集和实验室检验工作与动物病理学直接相关。

（五）实验动物管理员

从事医学和药学研究离不开实验动物，对于模型动物的建立，致畸、致癌、致突变实验，药物研发工作，都需要动物剖检、样品采集检验等动物病理学的知识和技能。

（六）宠物健康护理员

宠物健康护理员是从事宠物饲养、管理与护理工作的从业人员，负责宠物饲养与疾病预防，对宠物进行日常护理，对宠物进行美容，对伤病宠物现场救护、病期护理、术后及康复护理。健康护理需要从业者懂得动物病理基本知识并能识别大体病理变化。

（七）乡村兽医

乡村兽医的工作内容包括动物去势、消毒、免疫、繁殖配种、接产、动物剖检、采集检验样品等工作，其中动物剖检、采集检验样品与动物病理直接相关。

三、动物病理工作职业安全

（一）感染隐患来源

从事病理工作，接触各种患病动物及其材料应注意防护，防止感染隐患，常见隐患如下：

1. 病理实验室感染来源 实验室工作人员被针头刺伤，实验动物抓咬，接触污染物时，微生物可通过消化道、呼吸道、损伤或未损伤的皮肤以及眼结膜等进入人体，病理实验室感染的主要原因包括实验室建筑、设置、制度、人员素质、清洁、消毒等环节出现问题。病理标本可分为活体和尸检标本，标本来源不同，病情各异，引起疾病的危害程度也不同。

2. 组织学检查　在制片过程中，大量使用甲醛、二甲苯、丙酮、氨水、冰醋酸等有毒有害物，致癌化学物品及其废弃物对实验室环境造成危害，以及接触到患病动物的组织、血液、尿液、痰液、体液、尸检标本等，均可对工作人员的健康造成伤害。

3. 细胞学检查　利用患病动物体腔或管道排出物或刮下物、冲洗物作细胞学涂片检查，以此进行病理细胞学诊断。取材于患病动物的胃液、痰、胸腹水、乳汁、尿液等，常含有大量致病微生物，如处理不当会造成环境污染，引起医院或实验室感染。

4. 尸体解剖检查　该工作是对患病动物的死后剖检，检查其体表和内脏器官的病理改变，阐明疾病性质和死因的一种检查方法。病畜死后尸体腐败会有大量细菌繁殖，尤其是人畜共患传染病动物尸体解剖时若处理不当，极易造成病原微生物扩散形成医源性传播。

5. 检查器材、仪器和环境的污染微生物气溶胶　检查各种患病动物样品时，大颗粒很快沉降于表面，标本或菌液滴落、容器破碎时，仪器和环境必然会受到污染，应注意防护。

6. 工作人员易感性　从事病理检验的工作人员缺乏特异性的免疫力时，尤其是在患病或免疫缺损时，人体对疾病的易感性增加，易引起实验室感染。

（二）预防与控制危害的措施

（1）清除及隔离污染源是控制生物性危害的最佳策略，但是污染源往往不能被安全消除或隔离，需辅以其他控制措施。

（2）在污染源局部进行隔离或局部抽风设计，加强工作场所的空气过滤，使用紫外光灯杀菌等。工程控制措施应包括定期检查及保养以确保器材操作正常。

（3）行政控制包括限制进入有潜在生物性危害的工作场所，提供有关生物性危害知识及控制措施的培训，张贴警告符号及标识，编写工作程序，合理安排工作人员休息时间等。

（4）个人防护设备包括防护口罩、护眼罩、头套、保护衣、手套、鞋套等。工作人员应遵守工作指示，在工作时佩戴个人防护设备。

四、动物病理学的学习方法

在动物病理学学习中，要有扎实的理论基础。现代生物 - 心理 - 社会医学模式要求兽医工作者对患病动物及动物主人进行综合分析，掌握兽医病理学所揭示的疾病发生、发展和演变的规律。学生应掌握疾病过程中一般的共同规律及各系统主要常见病和脏器功能衰竭的基本知识，加深对人与动物、环境、健康、疾病四者相互关系的理解，为学好兽医临床课打下良好的理论基础。通过动物病理学学习，掌握过硬的职业技能，重点学习病理学实验技能。病理学实验内容本身蕴含着职业素质内容，在教师引导学习下，充分发挥学生的主观能动性，将会起到事半功倍的效果，如通过大体标本和病理切片的观察，可培养学生的注意力、观察力和严谨细致的职业作风。病理诊断和研究的发展是以病理技术为基础的，从事病理工作的技术人员，要有扎实的病理学基础知识，比如病理组织制片质量的好坏、操作的技术水平直接影响是否能够做出正确的病理诊断和预后。学习动物病理学要对所学内容对后续课程和临床实践的作用有充分的认识，借此增强学习的积极性和主动性，多接触临床实践，发现自己在知识、技能和思维能力上的不足，以便能有针对性地补足短板。

第二章　疾病概论

动物机体在生命活动过程中，在神经、体液调节下，保持着健全的躯体结构，使各器官系统的机能和代谢正常进行，并能主动适应体外环境的变化，这种状态称为健康。

疾病是机体在一定条件下，与内外环境中的致病因素相互作用而产生的损伤与抗损伤的复杂斗争过程，在这个过程中，生命活动发生障碍，动物生产性能下降或经济价值降低。

第一节　疾病发生的原因

一、外因

按其性质不同，疾病发生的外因包括机械性、物理性、化学性、生物性和营养性等五类。

（一）机械性致病因素

机械性致病因素是指具有一定强度的机械力作用于机体，如钝器和锐器的打击、动物由高处坠下或从急驰的车内抛出等，引起机体组织挫伤、扭伤、骨折和机能障碍等。

（二）物理性致病因素

物理性致病因素包括高温、低温、电流、光线、放射线和大气压改变等。当这些因素达到一定强度和持续作用一定时间均有可能引起损伤。如 50℃以上高温（火焰、热气体、热液体）可引起烧伤、烫伤；低温可引起冻伤；机体长期处于寒冷的气温下可引起受寒、感冒；长时间烈日照射，可引起日射病；触电或雷击可引起电击伤；低气压可引起高山缺氧症等。

（三）化学性致病因素

化学性致病因素的种类很多，包括强酸、强碱、农药、化学毒剂和某些药物等。各种化学物质对动物机体的致病作用不同。例如，有的主要对局部组织有刺激和腐蚀作用（如强酸、强碱），有的对机体各系统有选择性的损伤（如四氯化碳侵害肝脏、氧化汞侵害肾脏），另外化学物质侵入途径也不一样，有的经呼吸道进入体内（如工厂排出的毒气），有的经胃肠道进入体内，而引起机体中毒。

（四）生物性致病因素

生物性致病因素是临床上最为常见、最重要的致病因素，其各种病原微生物（如细菌、病毒、霉形体、螺旋体、霉菌等）和寄生虫（如原虫、蠕虫等）可以引起各种传染病、寄生虫病、中毒病和肿瘤等疾病。

（五）营养性致病因素

正常机体所需的营养物质如维生素、微量元素以及糖、蛋白质、脂肪、水分等不足和缺乏，都可引起营养物质缺乏性疾病；若上述营养物质摄取过多，也会带来不良的后果。

二、内因

疾病发生的内因一般是指机体本身的生理状态，包括两方面：一方面是机体的感受性，即机体受到致病因素作用所表现出的反应能力；另一方面是机体的抵抗力，即机体防御各种致病因素作用的能力。这种感受性和抵抗力既与机体各器官的结构、机能和代谢特点以及防御机构的机能状态有关，也与机体的一般特性即畜禽的种属、个体、年龄、性别和营养有关。

（一）机体的一般特性

1. 种属特性 不同种属的畜禽，对同一种致病因素的感受性不同。如猪对猪瘟病毒很敏感，而其他家畜不易感染；鸡不感染炭疽杆菌等。

2. 个体差异 不同个体由于营养状况、体型大小、神经反应性不同，对同一种致病因素刺激其反应性也不同，如同一畜群在发生某种传染病时，有的个体病轻、有的个体病重、有的成为带菌（毒）者而不发病。

3. 年龄差异 不同年龄的畜禽对外界致病因素的反应也有差异。一般幼年动物由于中枢神经系统发育不全，防御机能尚未完善，其抵抗力较弱，成年动物的抵抗力较强，老年动物由于中枢神经系统机能和防御机能降低，抵抗力下降。

4. 性别差异 不同性别的动物，由于组织器官结构不同，内分泌机能也不同，对同一致病因素的感受性也不一样，如怀孕母猪感染布氏杆菌会引起流产，而公猪感染后不显症状。

5. 营养差异 营养不良的畜禽对疾病的感受性明显增高。

（二）机体的防御机能降低

机体的防御能力是由特定的组织结构（皮肤、黏膜、单核 - 吞噬细胞系统、胎盘屏障、血 - 脑屏障、肝脏等）及其相应功能所构成的。皮肤具有机械性阻止细菌侵入的能力；黏膜除具有分泌和排泄机能外，还有杀菌、抑菌作用；单核 - 吞噬细胞系统具有吞噬细菌的作用；胎盘屏障可保护胎儿，不受病原微生物的侵害；血 - 脑屏障可以阻止细菌和某些毒素从血液进入脑组织，对中枢神经系统有保护作用；肝脏是机体的重要解毒器官，肝细胞能把有毒物质分解转化成为无毒或毒性低的物质，再由肾脏排出体外。当上述防御结构被破坏及其功能紊乱时，导致非特异性防御机能减弱，将会导致动物发病。

（三）机体的免疫力下降

免疫力是指生物体识别自身、排除异己，以达到维持机体自身稳定性的一种生理功能。因此，免疫作为机体的一种重要的生理防御机能，不仅能对抗病原微生物，而且还具有识别、排斥和消除异物的功能。当体液免疫机能降低时，容易发生细菌性尤其是化脓菌感染；而细胞免疫机能的降低可导致病毒、真菌、细胞内寄生菌感染性疾病的发生。

（四）遗传性因素

遗传因素在一定程度上直接影响着动物的体质特征和对各种刺激的反应性。遗传物质的改变直接引起遗传性疾病，如马和猪的某些基因改变，可引起血友病。

三、外因与内因的关系

任何疾病的发生都是外因和内因相互作用的结果。外界环境中的致病因素（外因）是疾病的发生条件，而动物体内部因素（内因）则是疾病发生的根据。例如致炎刺激物作用于机体，往往引起炎性反应；而由于机体特性不同，或作用部位、机能、代谢的不同，则有的不发生炎性反应，有的炎性反应轻微，有的反应剧烈。

第二节　疾病的分类

动物疾病可按以下内容进行分类。

一、按病程长短分类

按病程长短可分为以下几类。

1. 最急性型　其特点是动物病前常无明显的临床症状而突然发病甚至死亡，剖检动物，无明显病理变化。比如炭疽病、农药中毒等。

2. 急性型　其特点是动物病情发展迅速，病程 3 周以内，并常伴有急剧而明显的临床症状（如发热、食欲减退等）。如猪瘟、鸡新城疫等。

3. 亚急性型　病程介于急性和慢性之间的一种类型，病程为 3～6 周，临床症状较轻。如疹块型猪丹毒等。

4. 慢性型　疾病进展缓慢，经历时间较长，病程 6 周以上至数年，症状一般不太明显，动物日渐消瘦，衰弱无力。如结核病、寄生虫病等。

在临床上，上述类型之间无十分严格的界限，在一定条件下，急性可转为亚急性或慢性，而慢性亦可因病情恶化导致急性发作。

二、按病因分类

按病因分类，动物疾病可分为以下几类：

1. 传染病　传染病是指由病原微生物侵入机体，并在体内生长繁殖而引起的具有传染性的疾病，如炭疽、猪瘟、鸡新城疫等。

2. 寄生虫病　寄生虫病是指由寄生虫侵入机体内部或体表而引起的疾病，如球虫病、蛔虫病、螨病等。

3. 普通病　普通病又称非传染性疾病，是指由一般性病因（如机械性、物理性、化学性等）的作用或由于某些营养物质缺乏所引起的疾病，如外伤、骨折、维生素缺乏症等。

4. 遗传性疾病　遗传性疾病是指遗传物质（如基因、染色体）发生改变（突变）所引起的疾病，如白化病、血友病等。

5. 免疫性疾病　免疫性疾病是指免疫系统发生异常反应或因免疫系统缺陷所引起的疾病，主要包括免疫缺陷病或过敏反应性疾病等。

三、按患病系统分类

按疾病发生的组织器官不同分为神经系统、心血管系统、消化系统、呼吸系统、血液和造血系统、泌尿系统、生殖系统、肝胆系统及内分泌系统等疾病。

一般普通病多采用此分类，需注意的是，机体是一个完整的统一体，一旦某一系统发病，其他系统或多或少均会受到影响。

第三节 疾病发生的决定因素

一、简单疾病

简单疾病是指病原因素作用于组织，引起发病，发病过程简单。临床实践上，这种情况很少见到。

二、多因素疾病

临床上，大多数疾病的发病更复杂，其发生、发展受到年龄、免疫、遗传、其他疾病、环境、某些药物等影响。例如，犬的传染性呼吸系统疾病——犬窝咳，就是一个典型的实例。引起此病的病原既有病毒又有细菌；另外，其发病还与环境、犬吠、拥挤、发病年龄、动物品种、免疫状况有关。一般来说，上述因素对动物的影响呈现如下规律。

1．年龄 一般幼年动物和老龄动物对疾病易感。

2．免疫 未免疫的动物或由于其他原因使免疫力低下的动物，对疾病易感。

3．遗传 发生基因突变的个体，对疾病易感。

4．其他疾病 患有其他疾病的动物，由于其免疫力下降，对疾病易感。

5．环境 卫生条件差、气温骤变、精神紧张、饥饿、口渴、过度拥挤等，均使动物对疾病易感。

6．某些药物 一些药物会影响疾病的发展过程，如皮质类固醇用于减少炎症，但其抑制动物的免疫反应和康复进程。

第三章 疾病的基本病理过程

第一节 局部血液循环障碍

一、充血

（一）充血概念

局部组织或器官血管内的血液含量增多的状态，称充血。

（二）充血类型

充血类型包括以下两种。

1. 动脉性充血 由于小动脉扩张引起局部组织器官内的血量增多，称动脉性充血，也称主动性充血，简称充血（图 3-1）。

2. 静脉性充血又称淤血 由于静脉血液回流受阻而引起局部组织或器官中的血量增多，称为静脉性充血，也称被动性充血，简称淤血（图 3-1）。

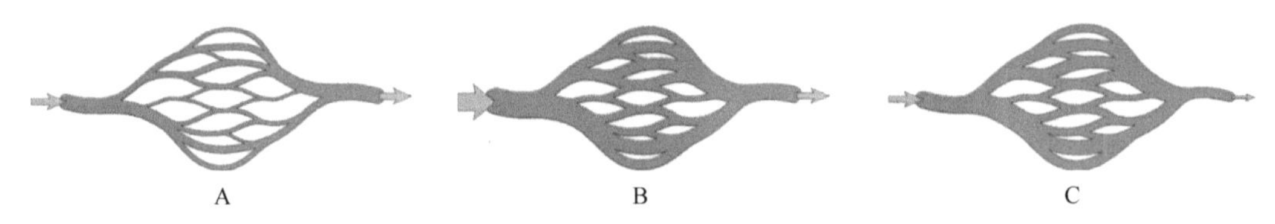

图 3-1 血液供应

A. 正常供血；B. 动脉充血；C. 淤血

（三）充血原因

充血的原因如下。

1. 动脉性充血原因 引起动脉性充血的原因很多，有物理性因素、化学性因素、生物性因素和机械性因素等，只要达到一定强度，均可引起充血。其中生物性因素引起的炎症性充血是比较重要的。

（1）物理性因素——温度。

（2）化学性因素——刺激。

（3）生物性因素——细菌、病毒和寄生虫感染。由于细菌、病毒和寄生虫的直接作用和组织损伤时产生的扩张血管物质（组胺、缓激肽等）的作用，使小动脉扩张充血。

（4）机械性因素——见于减压后充血，如局部器官或组织长期受压，受压器官或组织缺血，若突然解除压力，小动脉及毛细血管发生反射性扩张而充血，称其为减压后充血。例如，牛瘤胃鼓气时，会压迫腹腔内器官，使腹腔内器官缺血，若穿刺瘤胃时，迅速放气，突然解除压力，大量的外围血液流入腹腔器官血管，导致腹腔器官充血。

2. 静脉性充血原因 静脉性充血包括局部性淤血和全身性淤血。

（1）局部性淤血的发生原因如下。

1）局部静脉受压时，如肠扭转、肠套叠、肿瘤压迫静脉或绷带包扎过紧时，相应部位的器官或组织发生淤血（图 3-2，图 3-3）。

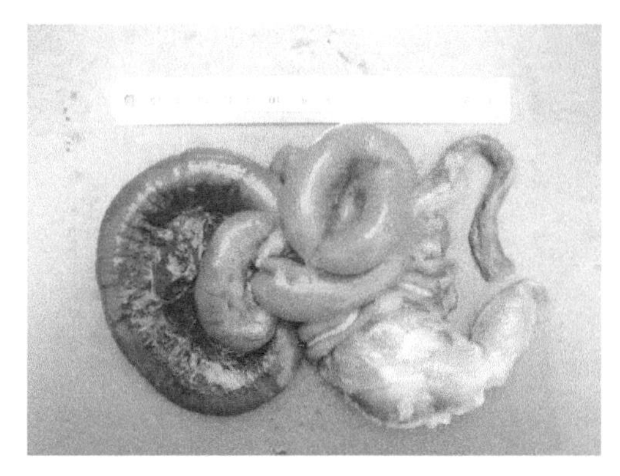

图 3-2　肠淤血（鸡肠扭转）

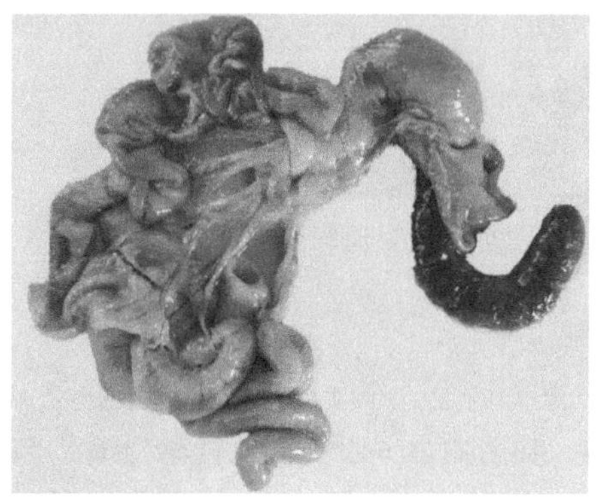

图 3-3　肠淤血（貉肠套叠）

2）静脉管腔狭窄或阻塞时，见于静脉血栓形成及栓塞。

3）当静脉血管麻痹，紧张度降低时（如炎症、中毒等），血管扩张，引起淤血。

（2）全身性淤血的发生是由于心力衰竭和胸内压增高。心力衰竭时心收缩力减弱，心输出量减少，心腔积血，静脉血回流心脏受阻而淤积于静脉系统。胸内压增高见于胸腔积液或气胸时，腔静脉受压使静脉血液回流障碍，引起全身性淤血。左心衰竭时导致肺淤血；右心衰竭时肝淤血，严重时全身淤血。

（四）病理变化

局部血液循环障碍的病理变化如下。

1. 动脉性充血　眼观，动脉血管中血液量增多，充血组织或器官体积轻度增大，HbO_2 增多，充血的组织或器官颜色鲜红；动脉血中氧气多，物质代谢加强，使充血的组织或器官的温度升高。镜下，充血组织器官的小动脉及毛细血管扩张，管腔内充满红细胞，炎性充血时，组织细胞变性、坏死，炎性细胞浸润，水肿出血。

2. 淤血　眼观，淤血的组织或器官体积肿大；由于静脉血液中还原 Hb 增多，淤血的组织或器官颜色暗红，发绀；局部血流停滞，毛细血管扩张，散热增加，使淤血组织局部温度降低。镜下，小静脉和毛细血管扩张，充满红细胞。

图 3-4　急性肝淤血（犬肝）

3. 肝淤血　眼观，急性肝淤血时，肝呈紫色，体积增大（图 3-4），切面有血液流出；慢性肝淤血，肝表面和切面出现暗红色与灰黄色相间的似槟榔样的条纹，称槟榔肝（图 3-5）。镜下，急性肝淤血时，肝小叶中央静脉和肝血窦扩张，充满红细胞（图 3-6）；慢性肝淤血时，肝小叶中央静脉及附

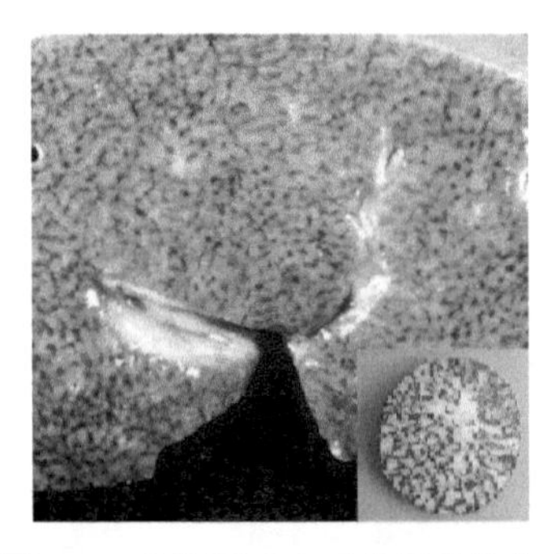

图 3-5　槟榔肝（右下角图为槟榔）

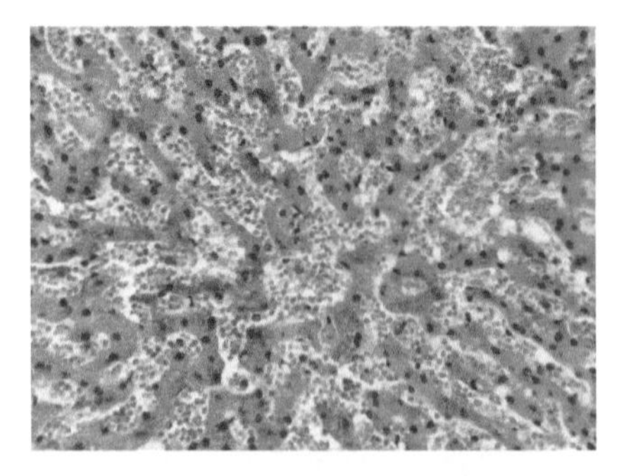

图 3-6　肝小叶中央静脉和肝血窦扩张、充血（急性肝淤血）

近肝窦扩张淤血，小叶周边肝细胞因缺氧发生脂肪变性。

4. 肺淤血　眼观，急性淤血时，肺体积增大，呈暗红色（图 3-7），切面见泡沫状血样液体。镜检发现，肺泡壁增厚，毛细血管扩张充血，慢性肺淤血时，肺颜色为斑驳的黄褐色（图 3-8）。镜下，慢性肺淤血时，肺泡腔内可见吞噬红细胞和含铁血黄素的巨噬细胞，多见于心力衰竭，故称为“心力衰竭细胞”（图 3-9）。随着肺淤血时间延长，大部分肺泡腔内出现多量漏出液，造成肺水肿（图 3-10）。

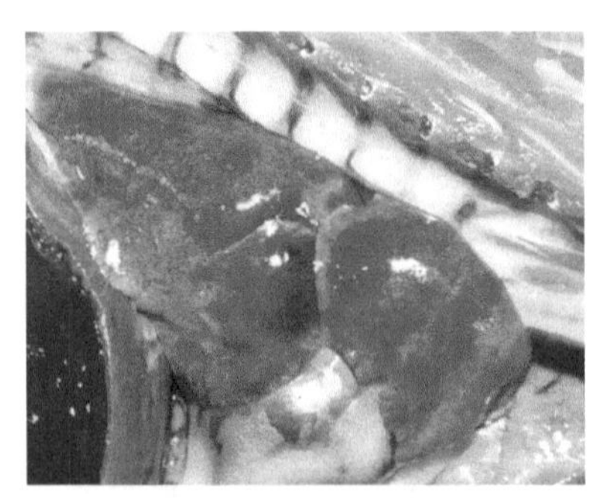

图 3-7　急性肺淤血

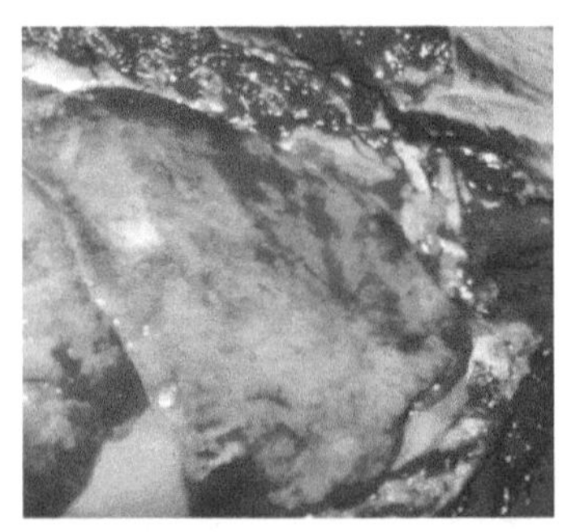

图 3-8　慢性肺淤血

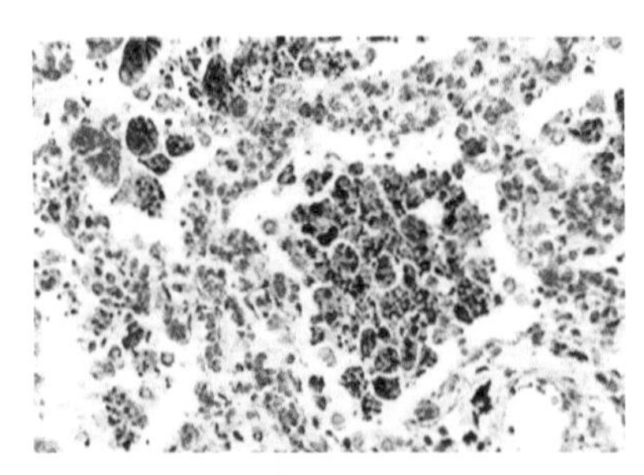

图 3-9　心力衰竭细胞（慢性肺淤血）

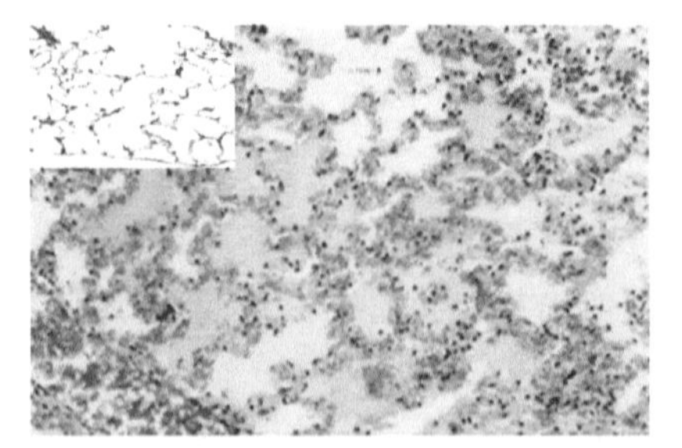

图 3-10　肺水肿（左上角为正常肺组织）

（五）充血结局及对机体的影响

充血的结局及其对机体的影响如下。

（1）病因消除后，可完全恢复。

（2）动脉性充血时间长久，可使血管壁紧张度下降或丧失，导致血流逐渐减慢，继发静脉性充血，甚至出血。

（3）持续淤血，一方面，由于组织器官缺血、缺氧，导致组织器官的实质细胞萎缩、变性，甚至坏死；另一方面，组织器官中的间质纤维组织增生，造成淤血性硬化。

二、出血

（一）概念

血液流出血管或心脏外的现象，称为出血。血液流出体外（体表或天然孔出血）称为外出血。血液流入组织间隙或体腔内，称为内出血。

（二）原因及类型

血管壁完整性破坏是引起出血的原因。根据出血原因分为破裂性出血和渗出性出血。

1. 破裂性出血　破裂性出血指心脏及血管破裂引起的出血，常见于刀伤、挫伤、咬伤等外伤（外伤性出血）；血管壁受侵蚀，如结核病、炎症、肿瘤坏死性病灶、胃溃疡等（侵蚀性出血）。动脉破裂出血时，呈喷射状，血色鲜红；静脉破裂出血，呈线状流出，血色暗红；毛细血管破裂出血呈弥漫性渗出。

2. 渗出性出血　渗出性出血指毛细血管通透性增强，血液通过损伤的毛细血管内皮细胞间隙渗出血管外，多见于某些败血性传染病（如猪瘟、炭疽、鸡新城疫等），中毒（磷、砷），缺氧及维生素 C 缺乏症等。

（三）病理变化

组织内较大量出血，可压挤周围组织形成局限性血液团块，称血肿，常见于破裂性出血；皮肤、黏膜、浆膜和实质器官点状出血，称瘀点（图 3-11）；斑块状出血，称瘀斑（图 3-12）。体腔内出血，血液或凝血块出现于体腔内，称积血，如胸腔、腹腔和心包积血（图 3-13）。出血区颜色随出血发生时间而不同，新鲜出血斑点呈红色，陈旧出血斑点呈暗红色。

图 3-11　瘀点（猪肾脏出血）

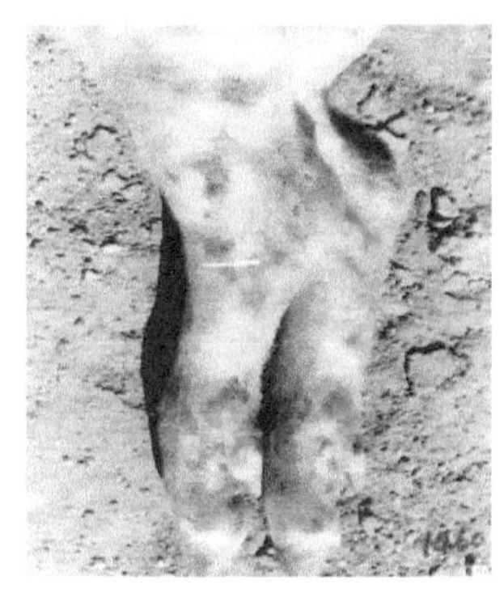

图 3-12　瘀斑（猪皮肤出现）

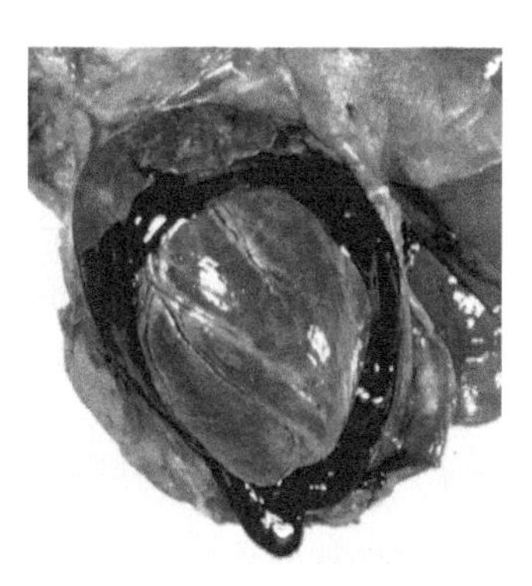

图 3-13　犬心包积血

（四）对机体的影响

出血对机体的影响取决于出血的原因、部位、速度和血量。一般小血管的破裂性出血，可自行止血，对机体影响不大；大动、静脉的破裂性出血，短时间内丧失大量血液，达循环血量的20%～25%以上，即可发生休克甚至死亡；长时间的反复少量出血，可导致全身性贫血，使生产能力下降；重要的器官，如脑或心，即使出血量很少，也有致命危险。

【临床联系】

出血量大时，要及时止血，防止发生出血性休克。

三、血栓形成

（一）概念

在活体的心脏、血管内，血液凝固成块的过程，称为血栓形成。所形成的固体物质，称为血栓（图3-14，图3-15）。血栓有白色血栓、红色血栓、混合性血栓和透明血栓四种类型。一般在血流速度比较快的心脏、大动脉内形成白色血栓；在静脉内形成红色血栓、混合性血栓；毛细血管内形成透明血栓。

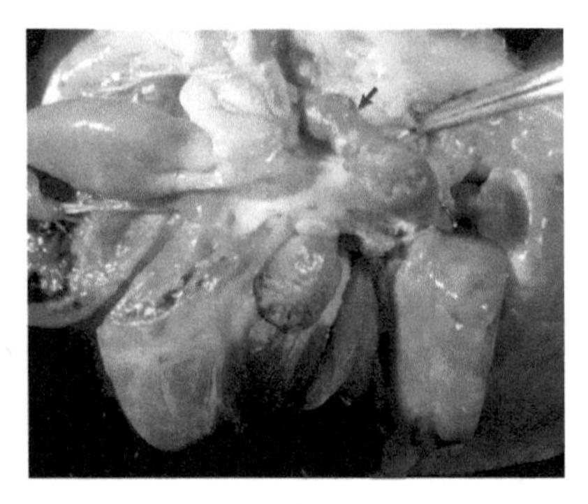

图3-14　白色血栓（箭头处）（犬肺动脉内）

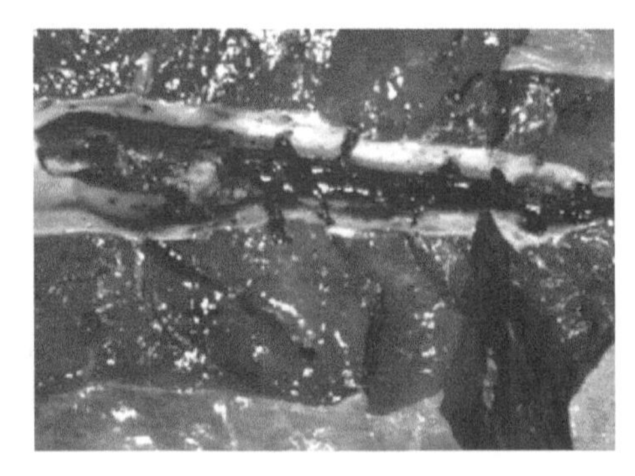

图3-15　红色血栓（马肺静脉）

（二）血栓形成的原因和条件

血栓形成的原因、条件如下。

1. 心血管内膜损伤　由于严重创伤、静脉炎、动脉硬化、细菌病毒感染对心血管内皮细胞的侵害、淤血和寄生虫移行等，使心血管内膜表面粗糙不平，促使血小板沉积黏着于粗糙面上，而形成血栓。

2. 血流缓慢或方向改变　见于静脉淤血和多种原因引起的血流漩涡。由于血流缓慢、停滞，为血小板沉积黏着在损伤部位内膜上创造了条件。

3. 血液成分和性质的改变　当大手术、产后大出血、创伤、烧伤时，血小板、红细胞及血浆生物化学特性改变，如血小板凝血酶原和纤维蛋白原增多，凝血性增高；血液浓缩、红细胞相对增加，均能促进血栓的形成和发展。

上述三个条件，往往同时存在，相互影响并促进血栓的形成。

（三）血栓对机体的影响

血栓形成对破裂的血管起堵塞裂口和止血的作用。这是对机体有利的一面，但多数情况下，血栓形成对机体则造成不利的影响。

1. 阻塞血管　血管内血栓形成可阻断血流，引起血液循环障碍，其影响取决于被阻塞血管种类和大小，阻塞程度、部位，发生速度及侧支循环建立的情况。动脉血栓未完全阻塞管腔时，可致局部缺血；如完全阻塞又缺乏有效侧支循环时，可致局部缺血性坏死（梗死），发生在重要器官的梗死（脑梗死、心肌梗死）可因相应机能障碍而导致严重后果。静脉血栓形成后，若有效的侧支循环未能及时建立，则可引起淤血、水肿、出血及坏死。

2. 栓塞　血栓的整体或部分可以脱落形成栓子，随血流运行引起栓塞。

3. 心瓣膜变形　心瓣膜血栓的机化可引起瓣膜增厚、粘连，而造成瓣膜口狭窄，也可引起瓣膜卷曲、缩短而致瓣膜关闭不全，影响心脏的正常驱血功能。

四、栓塞

（一）概念

循环血液中出现不溶于血液的异常物质，随血流运动，阻塞较小血管的管腔的过程，称为栓塞，这种阻塞物称为栓子。

（二）栓塞的类型

栓塞包括以下几种类型。

1. 血栓性栓塞　血栓性栓塞是由脱落的血栓引起的栓塞，是栓塞中最常见的一种。

2. 脂肪性栓塞　脂肪性栓塞是指脂肪滴进入血流并阻塞血管，多见于长骨骨折、骨手术和脂肪组织挫伤，此时脂肪细胞受损而破裂所释出的脂滴可通过破裂的血管进入血流。

3. 气体性栓塞　气体性栓塞是指大量空气进入血液或溶解于血液内的气体迅速游离，在循环血液中形成气泡并阻塞血管。

4. 其他栓塞　肿瘤细胞栓塞多由恶性肿瘤细胞侵入血管随血流运行并阻塞血管，可在该部引起转移瘤。寄生虫性栓塞是由某些寄生虫或虫卵进入血流所引起的栓塞。细菌性栓塞通常是由感染灶中的病原菌以菌团形式阻塞毛细血管。

（三）对机体的影响

栓塞对机体的影响取决于栓子的大小、栓塞的部位以及能否迅速建立有效的侧支循环。来自静脉系统和右心的血栓性栓子引起肺动脉栓塞时，如果是较小的栓子阻塞肺动脉小分支，一般不会有严重影响；较大的肺动脉栓塞可导致肺组织的循环障碍，引起肺梗死。来自左心和大动脉的栓子，能造成心、肺、肾、脑动脉的栓塞，可引起相应组织缺血和坏死。细菌或肿瘤细胞性栓子，可引起新的感染病灶，甚至脓毒败血症和肿瘤细胞的转移。

【临床联系】

静脉输液时，切记勿将空气输入，以免引起气体性栓塞。

五、梗死

（一）概念

组织或器官由于动脉血流断绝，局部组织细胞因缺血所致的坏死称为梗死，所形成的坏死病灶称为梗死灶。

（二）原因

梗死的原因如下。

1. 动脉阻塞　血栓形成和栓塞是引起动脉阻塞而导致梗死的最常见原因。

2. 动脉受压　动脉受机械性压迫而致管腔闭塞也可引起梗死。例如，肿瘤压迫动脉所致管腔闭塞而引起的局部组织梗死；肠扭转时肠系膜静脉首先受压而引起淤血，随后肠系膜动脉也受压而致输入血量减少，甚至断绝，从而导致肠梗死。

3. 动脉痉挛　动脉痉挛也可引起或加重局部缺血，通常多在动脉有病变（动脉粥样硬化）的基础上发生持续性痉挛而加重缺血，导致梗死形成。

（三）梗死的病理变化

梗死的基本病理变化是局部组织的坏死，坏死的形态因不同组织器官而有所差异。

1. 梗死灶的形状　取决于该器官血管分布方式。如脾、肾、肺的血管呈锥形分支，其梗死灶呈锥形，切面呈扇面或三角形，尖端位于血管阻塞处，常指向脾门、肾门、肺门，底部为器官表面（图 3-16）。肠系膜动脉分支呈扇形分布，故肠梗死呈节段状（图 3-17）；心脏冠状动脉分支不规则，故心肌梗死呈不规则形。

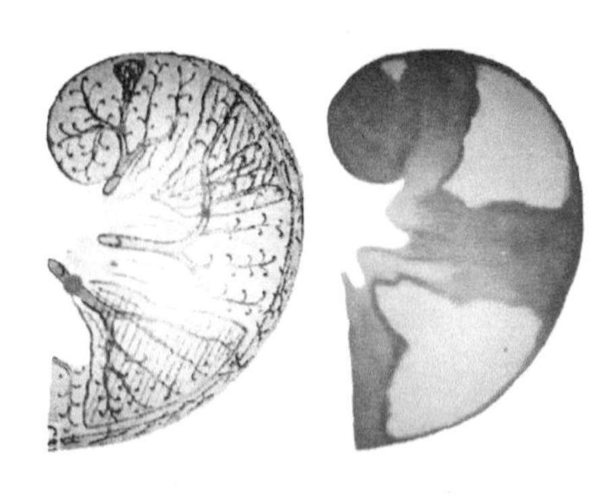

图 3-16　肾脏动脉分布及肾梗死形状

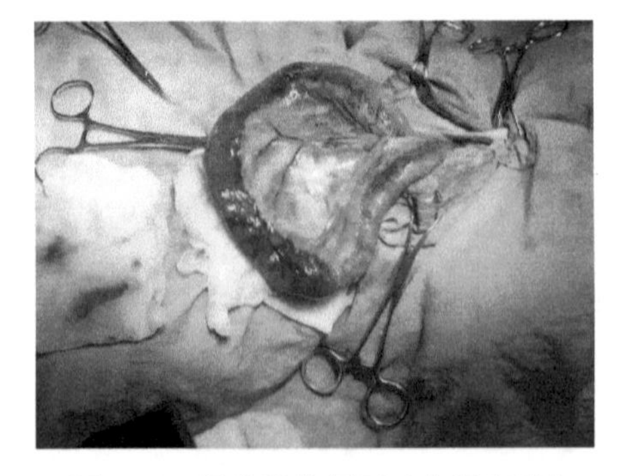

图 3-17　肠节段状梗死（犬肠套叠）

2. 梗死灶质地　梗死灶质地取决于坏死类型。实质器官如肾、脾、心的梗死为凝固性坏死，初期局部肿胀，略向表面隆起，以后随水分减少而逐渐干燥，质硬，表面略下陷。脑的梗死为液化性坏死，初期软化，以后逐渐溶解液化呈液状。

3．梗死颜色　梗死颜色取决于病灶内含血量，含血量少时颜色灰白，称贫血性梗死或白色梗死；含血量多时颜色暗红，称出血性梗死或红色梗死。

（四）梗死的类型

梗死一般分为以下几种类型。

1．贫血性梗死　贫血性梗死发生于组织结构比较致密，血管不甚丰富的器官，如心、肾等器官。当动脉阻塞时，由于阻塞局部和周围血管发生反射性、痉挛性收缩，该区的血液全部被挤出，呈贫血状态，梗死部位为苍白色，称贫血性梗死（图 3-18）。梗死灶周围有暗红色充血、出血带。脾、肾的梗死为锥形体，尖端指向被阻塞的血管切面，呈三角形或楔形。

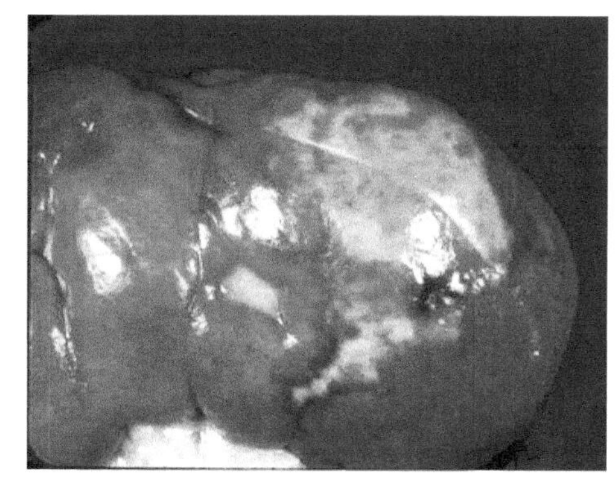

图 3-18　肾贫血性梗死

2．出血性梗死　出血性梗死常见于肺、肠等血管比较丰富的器官或组织，梗死灶内除有坏死外，还有显著的出血，眼观呈暗红色，因此，又称红色梗死（图 3-17）。

3．败血性梗死　败血性梗死是由细菌性栓塞所引起的梗死。

（五）梗死对机体的影响

梗死对机体的影响视梗死发生部位和梗死灶大小而异。脑和心肌梗死，可引起严重的机能障碍（如瘫痪），甚至死亡。一般器官（肾及脾）的梗死，如果范围较小而代偿机能充分，对机体影响不大；如果范围较大而代偿机能又不足，就会出现不同程度的机能障碍；如梗死灶有病原微生物感染，可继发组织炎症、化脓和腐败，肠梗死可导致弥漫性腹膜炎等。

【临床联系】

（1）脑、肾脏、心脏等器官容易发生梗死。因为这些器官的组织对缺氧最敏感。

（2）肺脏、肝脏、肌肉和小肠具有双重血液供应或血管丰富，故对缺氧敏感性差。

第二节　细胞和组织损伤

在各种致病因素作用下，组织细胞物质代谢出现障碍，机能活动发生改变，形态结构受到损伤。其中在形态上的损伤性变化，依据损伤程度不同，可以分为变性和坏死两种形式。

一、变性

机体在物质代谢障碍的情况下，在细胞内或间质中出现异常物质时称为变性。常见的实质细胞变性有细胞水肿、脂肪变性、透明变性等；间质的变性有黏液样变性、淀粉样变性及透明变性等。

1．细胞水肿　在正常情况下，细胞内外的水分互相交流协调一致，保持着机体内环境的稳定。当缺氧、感染、中毒时，可导致细胞水肿，常见于心、肝、肾等实质性器官。细胞水肿是一种最常见和最轻度的细胞变性，是细胞损伤中最早出现的改变。细胞水肿是指细胞内水分增多，胞体增大，细胞质内出现微细颗粒或大小不等的水泡。

（1）病理变化：发生细胞肿胀的实质器官（如肝、肾）眼观肿大，被膜紧张，切面隆起，色泽变淡，质地脆软。镜下，细胞轻度水肿，胞质内现颗粒状物质，此乃肿大的线粒体和内质网。HE 染色呈淡红色，胞核无明显变化，或稍淡染。具有这种病变特征的早期细胞肿胀又称颗粒变性（图 3-19）。细胞水肿进一步发展可使细胞体积明显增大，胞核肿大淡染，线粒体和内质网进一步扩张，可呈小泡状，甚至破裂，融合成大水泡，细胞质内出现水泡为特征的细胞肿胀称为水泡变性。严重时，细胞质十分疏松呈空网状或几乎呈透明状，胞核或悬浮于中央，或偏于一侧，核内也出现空泡，使整个细胞膨大如气球，称气球样变（图 3-20）。

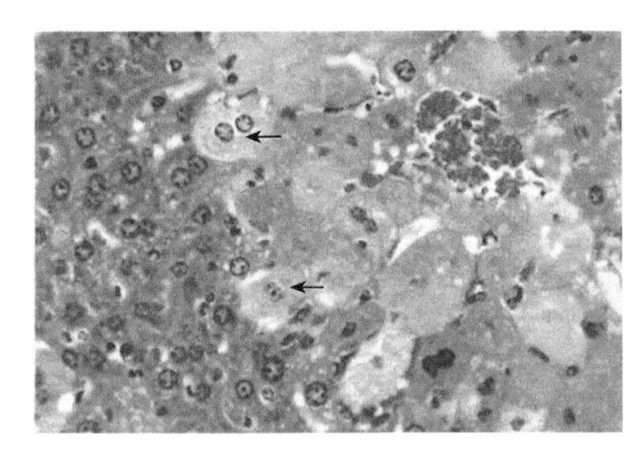

图 3-19　肝细胞颗粒变性（箭头处）

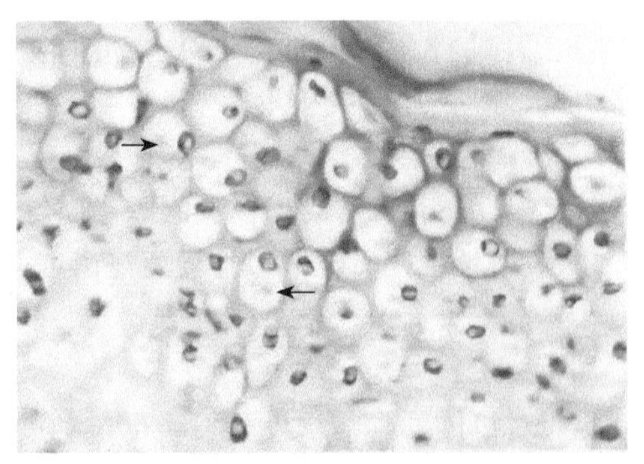

图 3-20　肝细胞气球样变（箭头处）

（2）结局和对机体的影响：细胞肿胀是一种可复性过程，当病因消除后一般均可恢复正常；但如病因持续作用，则可使细胞损伤加剧，甚至导致细胞死亡。

2. 脂肪变性　在非脂肪细胞的细胞质内出现大小不等的游离脂肪小滴，称为脂肪变性，简称脂变，多发生于心、肝、肾等实质器官。因为肝是脂肪代谢的重要场所，所以肝脂肪变性最为常见。脂肪变性与感染（如结核病、马传贫），中毒（如磷、砷、酒精中毒），缺氧（全身性贫血、肝淤血），营养不良（如长期饥饿、胆碱缺乏）等有关。

（1）病理变化：轻度脂肪变性的器官，无明显的肉眼变化。随着病变的加重，发生脂肪变性的器官，眼观体积肿大，被膜紧张，边缘钝圆，切面隆起，质地脆软，色变黄，触之有油腻感（图 3-21）。其镜下病理改变见图 3-22。鸡脂肪肝综合征时，肝脏重度弥漫性脂变，其质软如泥，易继发肝脏破裂。

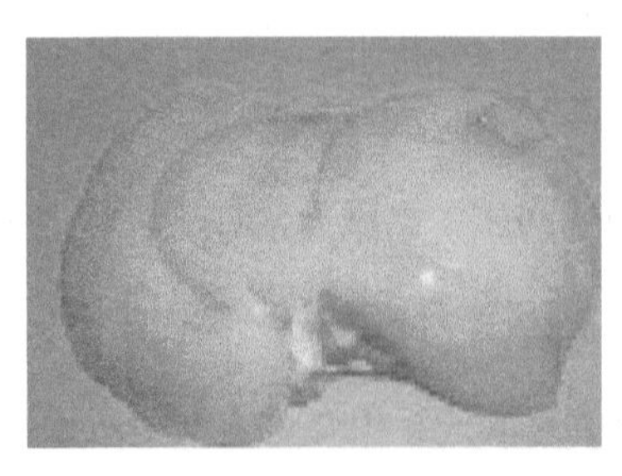

图 3-21　肝脂肪变性（眼观）

图 3-22　肝脂肪变性（镜下）

心肌脂肪变性常发于心室乳头肌及肉柱部位，眼观发生脂肪变性的心肌浑浊、松软脆弱，呈灰黄色，正常心肌呈暗红色，心脏外观呈黄红相间的虎皮状斑纹，称“虎斑心”（图 3-23）。

（2）结局和对机体的影响：致病因素消除，即可恢复正常；严重的肝脂肪变性时，大量脂肪在肝细胞内沉积，脂肪滴可胀破细胞游离而出，使细胞坏死。

3. 透明变性　透明变性也称玻璃样变性，是指在血管壁、细胞内、组织间质出现嗜伊红染色的均匀物质。

（1）血管壁的透明变性：常发生于脾、肾、心、脑等的细动脉管壁。眼观，病理变化为管壁增厚，腔窄闭塞。镜下，可见小动脉内皮细胞下出现红染、均质、无结构的物质（图 3-24）。

（2）结缔组织透明变性：在瘢痕组织、纤维瘤多见。眼观，呈灰白色，半透明，质地致密，无弹性。镜下，纤维细胞减少，胶原纤维膨胀、融合（图 3-25）。

（3）细胞内透明变性：可见细胞质内出现均质、红染的玻璃样圆滴，肾小球性肾炎多见（图 3-26）。

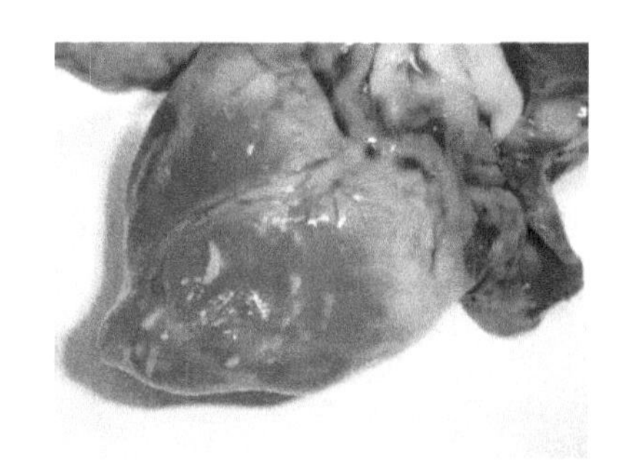

图 3-23　虎斑心

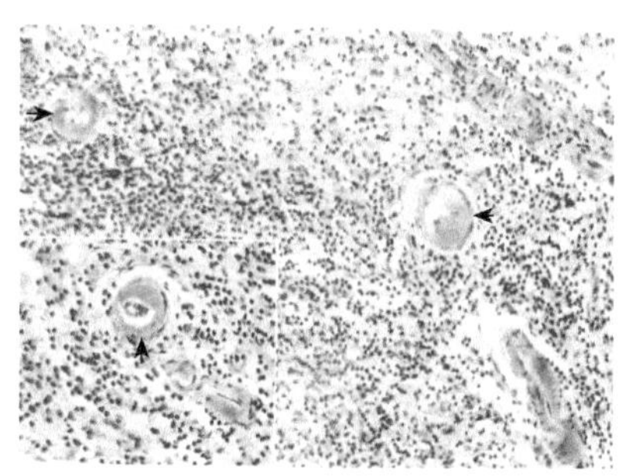

图 3-24　脾中央动脉透明变性（箭头处）

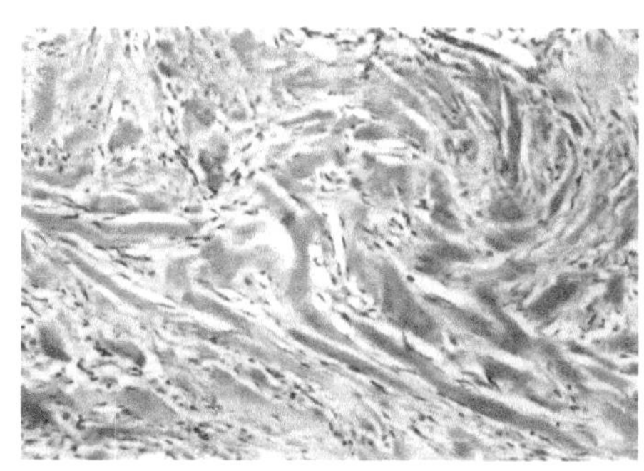

图 3-25　结缔组织透明变性

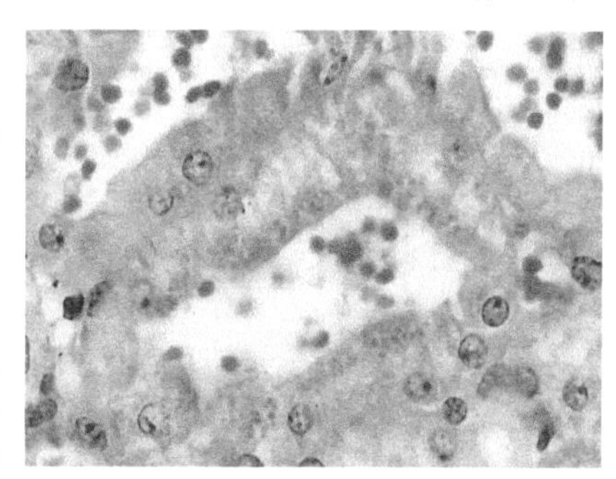

图 3-26　肾小管上皮细胞内透明变性

【临床联系】

临床猪瘟的病理变化——脾脏梗死，其发生原因是脾脏白髓的中央动脉血管壁肿胀与透明变性（图 3-24），使血管腔闭塞而引起。

4. 淀粉样变性　淀粉样变性是指组织内出现淀粉样物质沉着，此物质常沉着于一些器官（肝、脾、肾、淋巴结）的网状纤维、小血管壁和组织间。眼观，病理变化为灰白色，质地较硬；镜下，淀粉样物质经 HE 染色呈嗜伊红染色，均匀一致，云雾状，无结构的物质

（图 3-27）。脾脏是淀粉样变性的好发部位。其淀粉样变性呈局灶型和弥漫型，局灶型的淀粉样物质沉着于中央动脉壁及其周围淋巴组织的网状纤维上，严重者，整个白髓被淀粉样物质取代，眼观似煮熟的西米，称“西米脾”（图 3-28）。弥漫型的淀粉样物质弥漫沉着于脾髓细胞之间和网状纤维上，呈不规则的团块或条索状，眼观红褐色的脾髓与灰白色的淀粉样物质相互交织成火腿样花纹，称“火腿脾”。

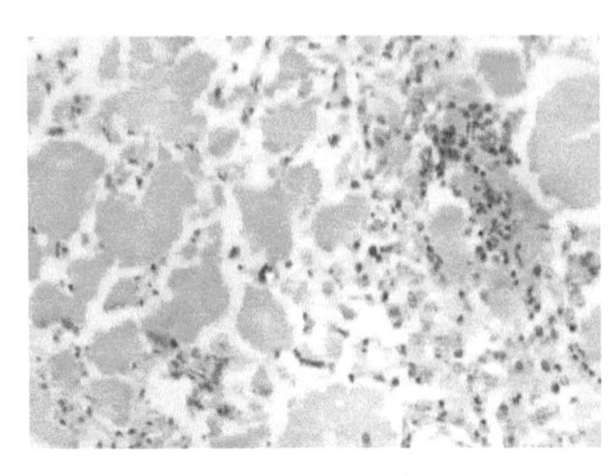

图 3-27　淀粉样变性

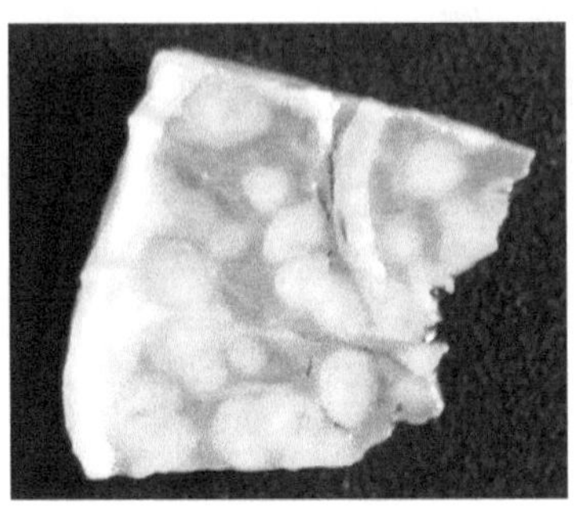

图 3-28　西米脾

二、坏死

各种损伤严重时，可导致细胞死亡。活体内局部组织或细胞死亡称为坏死，坏死属不可逆变化。细胞死亡是一个复杂过程，坏死可以迅速发生，是不可恢复的；但多数坏死是逐渐发生的，即组织、细胞是由变性逐渐发展为坏死，这种坏死过程称为渐进性坏死。

（一）原因

引起坏死的原因很多，如生物性因素（细菌、病毒、真菌、寄生虫等），外伤，缺血（血管受到损伤或血管发生堵塞时），压力（肿瘤压迫局部组织、绷带包扎过紧），毒物或毒素，烧伤，冻伤，腐蚀性化学试剂等均可引起组织坏死。

（二）病理变化

坏死组织、细胞物质代谢停止，功能完全丧失，并出现一系列形态学改变，其细胞核变化是细胞坏死的主要标志，主要有三种形式（图 3-29）。

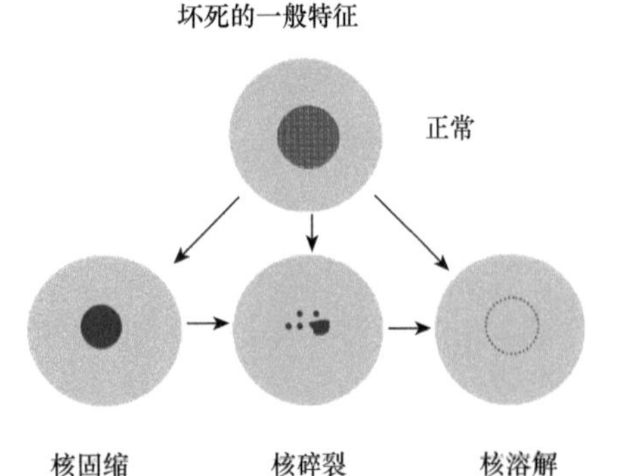

图 3-29　坏死时，细胞核变化的三种形式

1. 核固缩　细胞核染色质浓缩，染色变深，核体积缩小（图 3-30）。

2. 核碎裂　核染色质崩解为小碎片，核膜破裂，染色质碎片分散在胞浆内（图 3-31）。

3. 核溶解　在脱氧核糖核酸酶的作用下，染色质的 DNA 分解，细胞核失去对碱性染料的亲和力，因而染色变淡，甚至只能见到核的轮廓，最后核的轮廓也完全消失（图 3-32）。

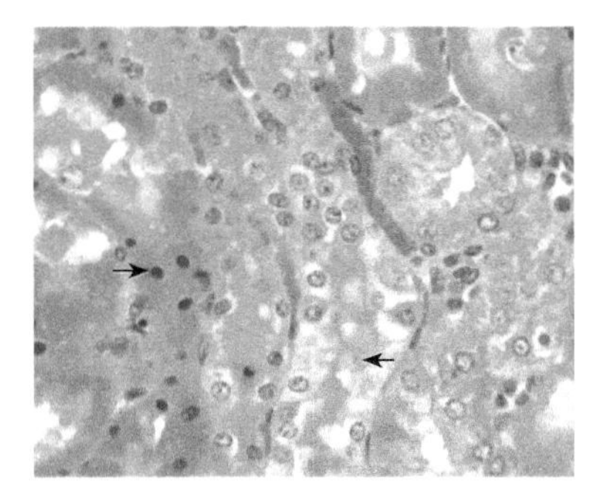

图 3-30　肾小管上皮细胞坏死（核固缩，箭头处）

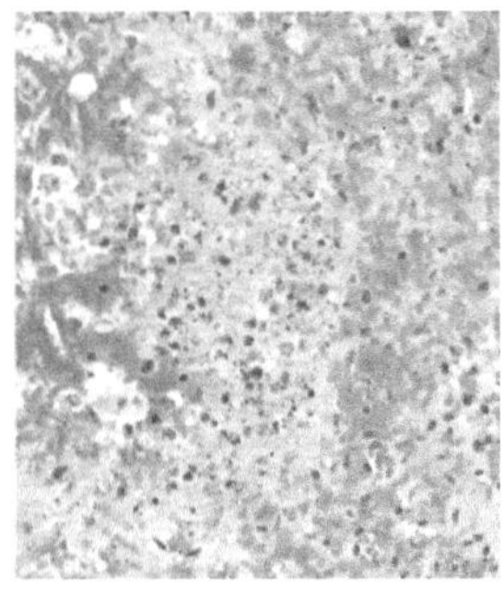

图 3-31　脾脏白髓坏死（核碎裂）

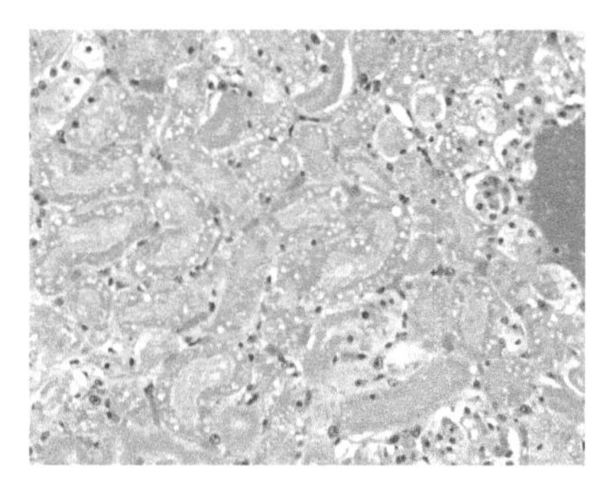

图 3-32　肾小管上皮细胞坏死（核溶解）

（三）坏死的类型

根据坏死组织的形态变化，大体分为三种基本类型：

1. 凝固性坏死　组织坏死后，坏死组织因失水变干、蛋白质凝固，而变为灰白色、较干燥结实的凝固体，称凝固性坏死，多见于心、肾、脾等器官。眼观，坏死组织初期常肿胀，突出于器官表面，质干燥、坚实，坏死区周围有一暗红色的充血、出血带与健康组织分界。结核病时，因病灶中有大量脂类物质，坏死区呈黄色，质较松软易碎，似干酪或豆腐渣，称干酪样坏死（图 3-33）。当肌肉组织发生凝固性坏死时，外观上肌纤维浑浊，呈灰白或灰黄色，干燥而坚实，如石蜡一样，称蜡样坏死，常见于白肌病、犊牛口蹄疫的心肌等。

2. 液化性坏死　脑组织的坏死为液化性坏死，又称为脑软化（图 3-34），其特征是坏死组织迅速溶解成液状，主要发生于含磷脂和水分多而蛋白质较少的脑组织或产生蛋白酶多的组织（如胰腺）。马的霉玉米中毒及雏鸡的维生素 E 缺乏，细菌感染，脑梗死等均可见脑组织发生液化性坏死。另外，组织发生化脓性炎症时，因为化脓病灶中有大量中性白细胞变性、坏死和崩解，释放大量蛋白分解酶，使坏死组织液化成脓液。

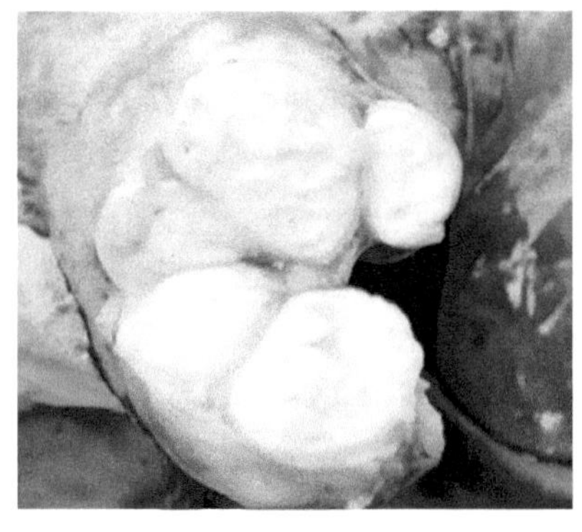

图 3-33　干酪样坏死（鹿肺，结核病）

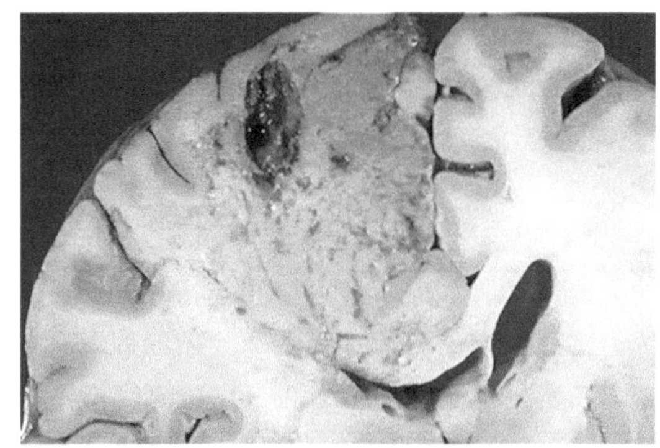

图 3-34　液化性坏死（脑）

3. 坏疽　组织坏死后，由于受外界环境中腐败菌的作用，而引起的一种特殊类型的坏死，按其发生原因和病理变化可分为如下三种。

（1）干性坏疽：多发生于体表皮肤尤其是耳尖、尾尖、四肢末梢等部位。因为坏死组织暴露于空气中，水分蒸发而变干燥，腐败菌不易大量繁殖，故坏死组织皱缩、坚硬，由于腐败菌分解坏死组织产生大量硫化氢，与血红蛋白分解所产生的铁结合而形成硫化铁，使坏死组织呈黑色，坏死区域与相邻健康组织之间有明显的分界线（图 3-35）。如猪丹毒皮肤坏死和皮肤冻伤形成的干性坏疽。

（2）湿性坏疽：多发生于与外界相通的器官（如肺、肠、子宫等），如母牛产后的腐败性子宫炎、肠变位继发的肠坏疽等。特征是湿润、柔软、颜色呈暗绿或黑、有臭味、坏疽区与健康组织之间的分界不清楚（图 3-36）。因为坏死组织含水分多，有利于腐败菌的繁殖，而使坏死的组织腐败分解，变成粥样，呈污灰色、暗绿色或黑色，有恶臭味。湿性坏疽发展较快并向周围组织蔓延，故坏疽区与健康组织之间的分界不明显。

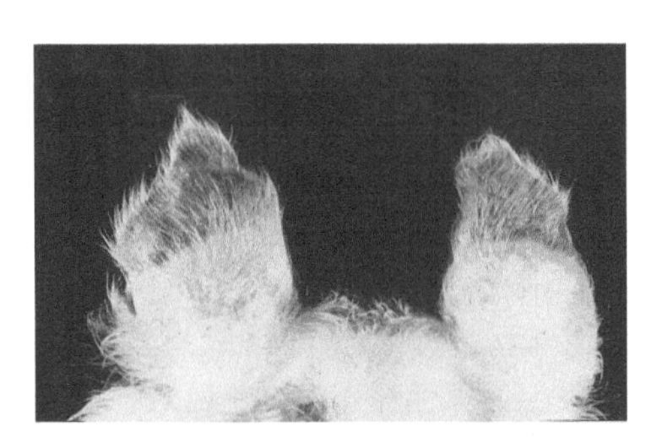

图 3-35　干性坏疽

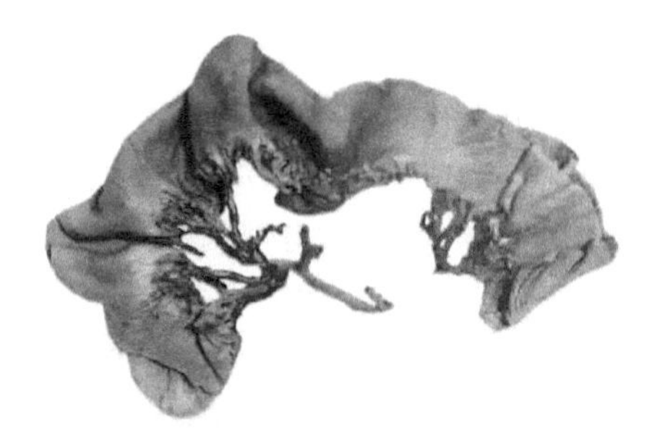

图 3-36　湿性坏疽

（3）气性坏疽：由于深部外伤（如阉割等）感染了厌气性细菌（主要是恶性水肿杆菌和产气荚膜杆菌等）所致。上述细菌使坏死组织中产生大量气体，形成气泡，坏死组织呈蜂窝状污秽的暗棕黑色，手压有捻发音，例如牛气肿疽时，躯体后部骨骼肌发生气性坏疽。

（四）坏死的结局与对机体的影响

坏死的结局及其对机体的影响如下：

1. 溶解吸收　如果坏死范围不大，坏死组织被来自坏死组织本身或中性粒细胞的蛋白溶解酶分解、液化，随后由淋巴管或血管吸收，不能吸收的碎片由巨噬细胞吞噬和消化。缺损的组织由周围健康细胞再生或肉芽组织形成予以修复，不留明显痕迹，并恢复其功能。

2. 腐离脱落　当皮肤大面积坏死时，由于坏死灶不易完全吸收，其周围炎性反应中渗出的大量白细胞释放蛋白溶解酶，将坏死组织边缘溶解液化而使坏死灶与健康组织分离脱落，称为腐离；当皮肤和黏膜的坏死组织脱落后，局部留下缺损，深的缺损称为溃疡；浅的称为糜烂。溃疡可通过新生结缔组织所修复。

3. 机化、包囊形成和钙化　范围较大的坏死组织难以清除，则由坏死灶周围新生的毛细血管和成纤维细胞组成的肉芽组织向坏死灶中央生长，把它替代，最后形成瘢痕，称为机化。有的坏死组织不能完全机化时，则可由新生肉芽组织将其包裹起来，称为包囊形成。坏死物质可能会出现钙盐沉着，即发生钙化。

坏死组织的机能完全丧失。但因坏死组织发生的部位、范围的不同，对机体的影响也有差异。一般器官的小范围组织坏死，不致发生严重影响；当脑和心肌坏死时，常造成严重影响；湿性坏疽可导致自体中毒；有的坏死灶继发感染可致败血症。

【临床联系】

一些组织细胞的坏死，会释放出某些蛋白质到血液中，测定血液中的某些指标，可为疾病诊断提供参考依据。比如，肌肉发生损伤时，释放肌酸激酶，致使血浆中肌酸激酶升高；肝组织损伤会引起血液中的丙氨酸氨基转移酶升高。

第三节　组织的修复

一、概述

机体部分细胞和组织受到损伤，完整性受到破坏，机体对所形成的缺损进行修补的过程，称为修复。修复的主要表现形式有再生、肉芽组织形成、创伤愈合等。

二、各种细胞和各种组织的再生能力

（一）各种细胞的再生能力

各种细胞的再生能力概括如下。

1. 再生力强的细胞　见于表皮细胞，呼吸道、消化管和泌尿生殖器的黏膜被覆上皮，造血细胞等。

2. 有潜在较强再生力的细胞　见于各种腺器官的实质细胞如肝、胰、内分泌腺、汗腺、皮脂腺及肾小管上皮细胞等。

3. 再生力微弱或无再生力的细胞　包括神经细胞、骨骼肌细胞和心肌细胞等。

（二）各种组织的再生能力

各种组织的再生能力概括如下。

1. 上皮组织的再生

（1）被覆上皮再生：被覆上皮细胞具有强大的再生能力。鳞状上皮缺损时，由创缘或底部的基底层细胞分裂增生，向缺损中心迁移。

（2）腺上皮再生：其再生情况因损伤状态而异。腺上皮缺损时，如腺体基膜未破坏，可由残存细胞分裂补充，完全恢复原腺体结构；腺体构造（包括基膜）完全破坏时难再生。

2. 结缔组织的再生　结缔组织的再生能力很强，它不仅见于结缔组织损伤之后，还发生于其他组织的不完全再生时。在创伤愈合和机化过程中都可以看到结缔组织的再生。

3. 软骨组织和骨组织的再生　软骨细胞再生能力很弱。骨组织再生能力强，可完全修复（有骨膜）。

4. 血管的再生

血管再生包括以下两种情况。

（1）毛细血管再生：以出芽方式进行（图 3-37）。

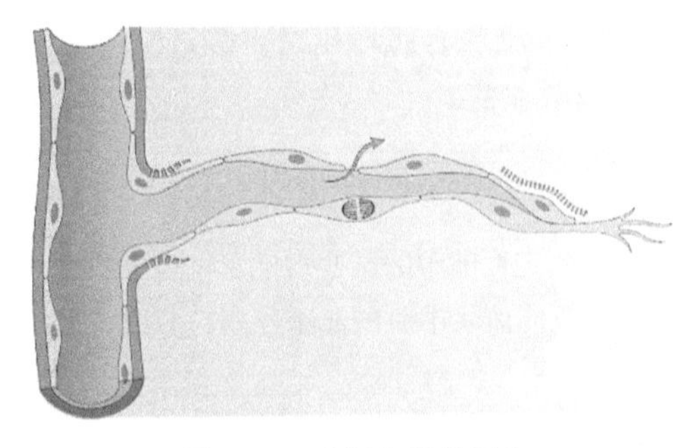

图 3-37　毛细血管的再生

（2）大血管再生：肉眼可见的较大血管断裂后，断端常需手术缝合，仅有内皮细胞能自两断端分裂增生，肌层因平滑肌细胞再生能力弱，不能再生，只有通过瘢痕性修复以维持其完整性。

5. 肌肉组织的再生　肌组织再生能力很弱。横纹肌肌膜存在、肌纤维未完全断裂时，可恢复其结构；平滑肌有一定的分裂再生能力，主要是通过纤维瘢痕连接；心肌再生能力极弱，一般是瘢痕修复。

6. 神经组织的再生　脑及脊髓内的神经细胞破坏后不能再生。其坏死后是由神经胶质细胞再生来修复，从而形成胶质瘢痕。外周神经受损时，若与其相连的神经细胞仍然存活，可完全再生；若断离，两端相隔太远、两端之间有瘢痕等阻隔时，则形成创伤性神经瘤。

三、再生性修复

（一）概念

组织损伤后，由损伤周围的同种细胞来修复称为再生性修复。

（二）类型

再生分为两种类型。

1. 生理性再生　在生理情况下，有些细胞和组织不断老化、死亡，由新生的同种细胞和组织不断补充，始终保持原有的结构和功能，维持组织、器官的完整和稳定，称生理性再生。如表皮复层扁平细胞不断角化脱落，通过基底细胞不断增生、分化，予以补充。

2. 病理性再生　在病理状态下，细胞和组织坏死或缺损后，如果损伤程度较轻，损伤的细胞又有较强的再生能力（纤维细胞、表皮、黏膜、小血管、骨髓等），则可由损伤周围的同种细胞增生、分化，完全恢复原有的结构与功能，称为病理性再生。

四、瘢痕性修复

（一）概念

瘢痕性修复或称不完全性修复，当组织细胞再生能力差或损伤区域面积大时，组织细胞不能进行再生性修复，通过肉芽组织增生，溶解吸收损伤局部的坏死组织及其他异物并填补缺损，以后肉芽组织逐渐成熟，转变为瘢痕组织，使缺损得到修复。

1. 肉芽组织　肉芽组织主要由新生的成纤维细胞和毛细血管组成，故为幼稚的血管结缔组织（图 3-38）。眼观，肉芽组织的表面呈细颗粒状，鲜红色，柔软湿润，触之易出血而无痛觉，形似嫩肉，故名。肉芽组织的作用是抗感染保护创面；填补创口及其他组织缺损；机化或包裹坏死、血栓、炎性渗出物及其他异物。

2. 瘢痕组织　瘢痕组织是肉芽组织成熟转变而来的老化阶段的纤维结缔组织（图 3-39）。

3. 肉芽组织与瘢痕组织的区别　二者之间的区别见表 3-1。

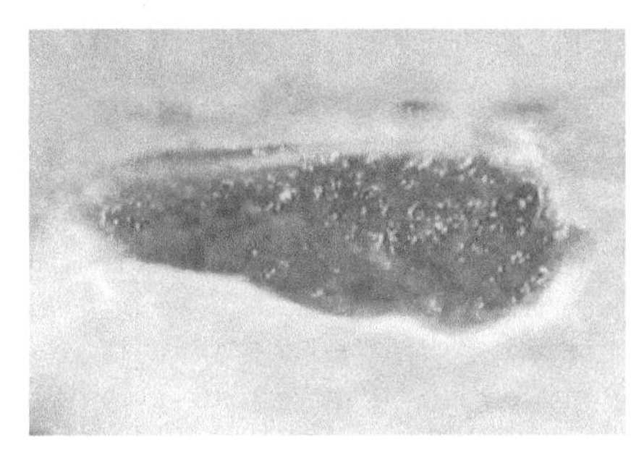

图 3-38　肉芽组织

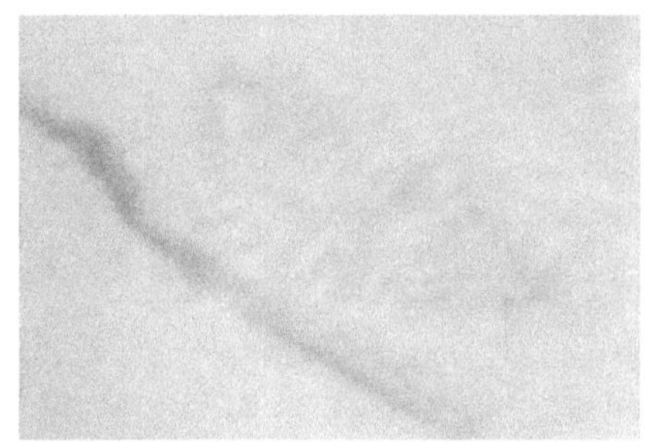

图 3-39　瘢痕组织

表 3-1　肉芽组织与瘢痕组织的区别

肉芽组织	瘢痕组织
不成熟的结缔组织	成熟的结缔组织
主要成分是成纤维细胞和血管内皮细胞	主要成分为胶原
很快形成，作为修复的支架	后期充分成熟后，收缩形成瘢痕，修复完成
抗拉力弱	抗拉力强

（二）瘢痕性修复过程

瘢痕性修复包括三个阶段。

1. 溶解吸收损伤局部的坏死组织　此阶段主要由嗜中性粒细胞和巨噬细胞完成。

2. 肉芽组织形成阶段　从邻近组织长出幼稚的成纤维细胞和毛细血管，形成肉芽组织，填补组织损伤。注意肉芽组织不同于肉芽肿。

3. 转化为瘢痕组织阶段　肉芽组织逐渐成熟，转变为瘢痕组织，并形成纤维瘢痕。

五、创伤愈合

创伤愈合是指创伤造成组织缺损的修复过程，包括各种组织的再生和肉芽组织增生、瘢痕形成的复杂组合。

（一）创伤愈合步骤

创伤的愈合步骤包括如下几点。

1. 仅皮肤表皮损伤的愈合　皮肤表皮损伤时，浆液渗出，渗出液干燥变硬结痂，此痂为血浆蛋白 - 纤维素，有时其中混有死亡的白细胞，如嗜中性粒细胞。形成的硬痂对以后的愈合过程起保护作用，其保护增生的上皮，增生的上皮自伤口周围在硬痂下面迁移，形成完整的一层，最后痂皮脱落，暴露出新生的上皮。此种创伤，只形成极少的纤维瘢痕。

2. 创口深、创伤大的创伤的愈合

（1）伤口创缘整齐，组织破坏少，无细菌污染或污染小（手术切口）的创伤：皮肤表皮损伤的愈合同上描述，表皮下面形成柔软的胶冻样的楔子，其主要成分是血浆蛋白、纤维素。5～7 天后楔子被肉芽组织取代，以后逐渐过渡为瘢痕组织，到 2～3 周转变成纤维瘢痕。

【临床联系】

犬经外科手术后，手术缝线至少在10天后方可拆线。未拆线期间，限制犬跳跃，以利于伤口愈合，原因是5～7天后肉芽组织形成，以后逐渐过渡为瘢痕组织，到2～3周转变成纤维瘢痕。

（2）创口大，创缘不整齐，渗出液多，组织破坏多，细菌污染严重的创伤愈合：肉芽组织形成，填补组织缺损，肉芽组织转变为瘢痕组织，由于创口大，形成大量肉芽组织，瘢痕明显，不美观。肉芽组织转变为瘢痕组织的时间延长，需要几周的时间。

（二）创伤愈合的类型

创伤愈合的类型包括以下两型。

1. 第一期愈合 若伤口创缘整齐，组织破坏少，如手术切口（图3-40），则需时间短，形成瘢痕少，抗拉力强度大。

2. 第二期愈合 若创口大，创缘不整齐，组织破坏多（图3-41），则愈合的时间较长，形成的瘢痕较大，抗拉力强度较弱。

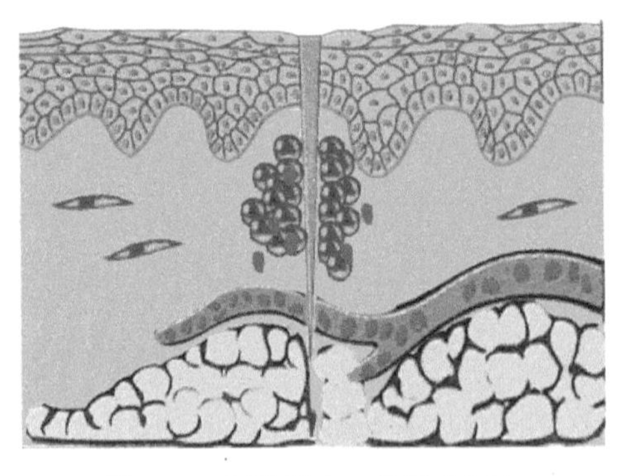

图3-40 创缘整齐，组织破坏少

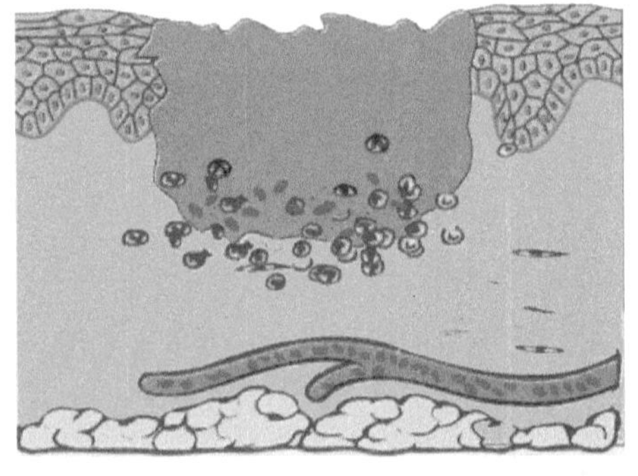

图3-41 创口大，创缘不整，组织破坏多

（三）影响创伤愈合的因素

组织损伤的程度、再生能力、伤口有无坏死组织或异物及有无感染等因素决定修复的方式、愈合的时间及瘢痕的大小。

1. 严重的、未得到及时处理的损伤 由于结缔组织骨架丢失；组织的损伤细胞数量大，不能完全进行再生性修复；或损伤的细胞为再生能力差的细胞，只能是瘢痕性修复。

2. 感染 其对修复妨碍很大。感染化脓菌时，由于其产生毒素和酶，引起组织坏死，加重局部组织损伤，妨碍创伤愈合；感染产生的大量渗出物，增加局部伤口张力，使正在愈合的伤口或已缝合的伤口裂开；污物、细菌、坏死组织影响愈合并有利于感染发生、发展。

3. 局部充分的血液供应 充分的血液供应，可以保证组织再生所需的氧和营养物质，另外，对坏死物质的吸收和控制感染也有重要作用，使愈合良好。

4. 激素紊乱 糖尿病、肾上腺皮质功能亢进等情况，可以影响创伤的愈合。

5. 营养不良　蛋白质和能量等供应不足，维生素C缺乏，使肉芽组织及胶原形成不良，不利于创伤愈合。

6. 活动　如受伤的前肢固定不恰当，致使伤口活动，不利于愈合。

7. 动物自我啃咬　动物自己舔、咬、抓伤口，使其受细菌污染，刺激伤口，影响愈合。

8. 老龄动物　由于血液循环不良、营养状况不佳，老龄动物组织的再生力差。

9. 免疫缺乏疾病　免疫低下使伤口感染，细菌或感染细菌不能清除，影响愈合。

10. 化学治疗药物和辐射　化学药物和辐射对细胞分裂有害，抑制组织再生。

11. 损伤神经　由于受伤部位失去神经支配，若肢体受伤，使其不自主活动；或损伤神经致受伤区域血液供应减少；因受伤区失去神经，动物无疼痛感，可能自我啃咬，这些情况均不利于伤口愈合。

【临床联系】

（1）创伤的治疗原则：缩小创面、防止再损伤、防止感染和促进组织再生。

（2）临床上，对于创面大，已被细菌污染的创伤，实施清创术以清除坏死组织。

第四节　炎　　症

一、炎症概述

炎症是多种疾病的基本病理过程。动物的许多疾病，例如仔猪肠炎、仔猪肺炎、禽脑脊髓炎、鸡传染性喉气管炎、外伤感染、皮肤疥螨等，尽管病因不同，疾病性质和症状各异，但它们都以不同组织或器官的炎症作为共同的发病学基础。因此，充分认识炎症的本质、类型和特点，对有效地防治各种炎症性疾病是十分重要的。

（一）炎症的概念

炎症是机体对损伤因子的刺激所发生的一种以防御反应为主的基本病理过程，这个过程主要包括组织损伤、血管反应和细胞增生，其中血管反应是炎症过程的主要特征和防御反应的中心环节。临床上，炎症局部表现为红、肿、热、痛、功能障碍。全身反应为发热、白细胞增多、抗体生成增加等。

（二）炎症的原因

任何能够引起组织损伤的因素都可成为炎症的原因，即致炎因素。根据致炎因素本身的性质可归纳为以下几类。

1. 生物性因素　细菌、病毒、立克次体、支原体、真菌、螺旋体和寄生虫等为炎症最常见的原因。

2. 物理性因素　高温、低温、紫外线、放射线等因素可致炎症发生。

3. 化学性因素　外源性化学物质，如强酸、强碱及松节油、芥子气等。内源性毒性物质，如坏死组织的分解产物及在某些病理条件下堆积于体内的代谢产物如尿素等。

4. 机械性因素 压迫、冲击等因素可致炎症发生。

（三）炎症介质

炎症过程中参与介导炎症反应的化学因子即炎症介质，有外源性（如细菌及其产物）和内源性（来源于体液和细胞）两大类。

1. 细胞释放的炎症介质 细胞释放的炎症介质包括：组胺、5-羟色胺、花生四烯酸代谢产物、白细胞产物、细胞因子、血小板激活因子、NO及神经肽等。

2. 体液中的炎症介质 体液中的炎症介质包括：激肽系统、补体系统、凝血系统、纤溶系统。

3. 主要炎症介质及作用 主要炎症介质及作用见表3-2。

表3-2 主要炎症介质及作用

主要炎症介质	作用
组胺、缓激肽、前列腺素	扩张血管
组胺、缓激肽、白三烯C4	增加血管壁通透性
LTB4、细菌产物、阳离子蛋白、化学因子	趋化作用
IL-1、IL-2、TNFa	发热
PGE2 缓激肽	疼痛
氧自由基、溶酶体酶、NO	组织损伤

（四）炎症的基本病理变化

炎症的基本病理变化包括变质、渗出和增生。在炎症过程中，这些病理变化可同时存在，但基本上是按照一定的先后顺序发生。一般病变早期以变质和渗出为主，病变后期以增生为主。一般说来，变质是损伤性过程，而渗出和增生是抗损伤和修复过程。

1. 变质 一般来说，炎症局部组织所发生的变性和坏死称为变质。变质既可发生在实质细胞，也可见于间质细胞。实质细胞的变质常表现为细胞水肿、脂肪变性以及凝固性坏死或液化性坏死等。间质的变质常表现为黏液样变性、纤维素样变性和坏死崩解等。组织和细胞的变性和坏死在其他病理过程（如缺氧）中也能见到，并非炎症所特有。

2. 渗出 渗出病变是炎症的重要标志之一。所谓渗出是指炎区血管内的液体和细胞成分通过血管壁进入组织间隙、体腔或体表、黏膜表面的过程。渗出的液体和细胞总称为渗出物。渗出的成分在机体的局部具有重要的防御作用。

（1）液体渗出：在炎性充血、微静脉淤血、血管壁通透性升高基础上，血管内液体成分通过微静脉和毛细血管壁渗出到血管外的过程，称为液体渗出。炎区血管内液体渗出到组织间隙，引起组织间隙含水量增多，称为炎性水肿。炎症时渗出的液体称为渗出液，渗出液具有重要的防御作用，可以稀释炎症灶内的毒素和有害物质，减轻毒素对组织的损伤；渗出液中含有抗体、补体及溶菌物质，有利于杀灭病原体；渗出液中的纤维蛋白（纤维素）交织成网，可阻止病菌扩散，有利于吞噬细胞发挥吞噬作用，使炎症局限化。但如渗出液过多，可压迫周围组织，加剧局部血液循环障碍；体腔积液过多，可影响器官功能；渗出液中纤维素过多，不能完全吸收时，可发生机化、粘连，给机体带来不利影响。

临床上应注意鉴别渗出液和漏出液。渗出液浑浊、浓稠、乳脂样，含组织碎片，呈酸性，呈白色、黄色或红黄色；在体外及尸体内均凝固；含较多的嗜中性白细胞。漏出液透明、稀薄，不含组织碎片；呈碱性，淡黄色水样液；不凝固或有微量纤维蛋白，不含细胞或含少量嗜中性白细胞。

（2）白细胞渗出：在血浆渗出的同时，白细胞通过血管壁游出到血管外的过程即为白细胞渗出。炎症时渗出的白细胞称为炎性细胞，炎性细胞进入组织间隙内，称为炎性细胞浸润。炎性细胞包括嗜中性粒细胞、嗜酸粒细胞、嗜碱粒细胞、淋巴细胞、单核细胞和巨噬细胞等，各种炎性细胞的形态结构特征见图 3-42 至图 3-47。白细胞能把病原体包围、吞噬和溶解，这是炎症过程中重要的抗损伤反应，但白细胞在吞噬过程中，自己也要死亡，特别是在强毒力作用下，死亡更多。炎性细胞的具体功能见表 3-3。

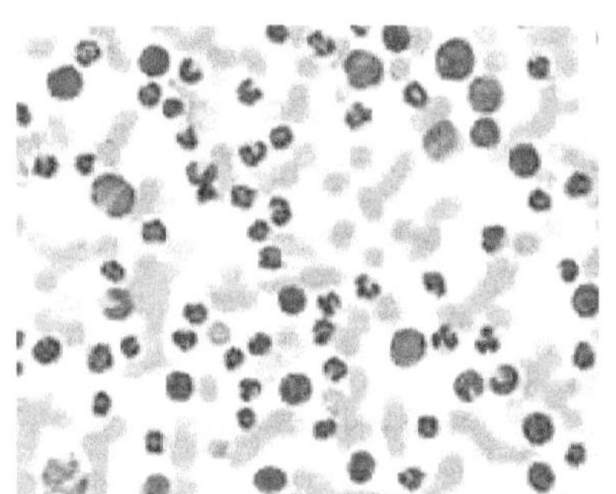

图 3-42　嗜中性粒细胞（犬血液涂片）

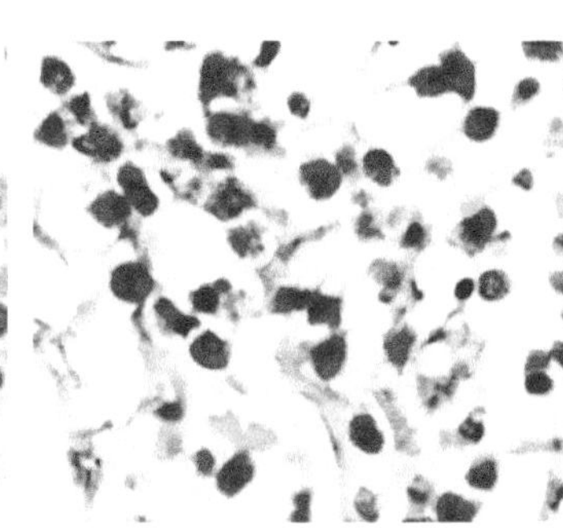

图 3-43　嗜酸粒细胞（猪浆膜丝虫病）

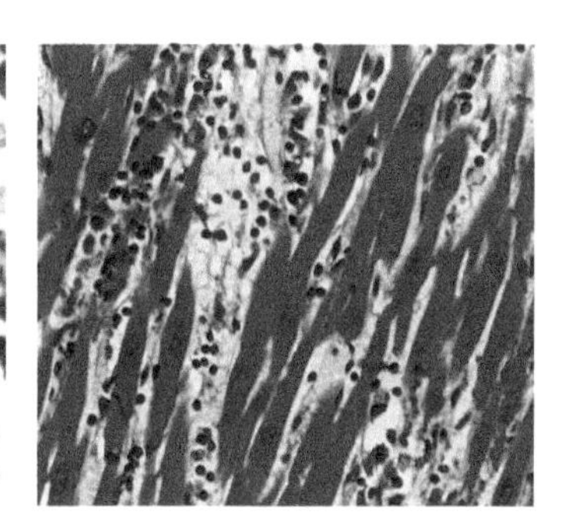

图 3-44　淋巴细胞（病毒性心肌炎）

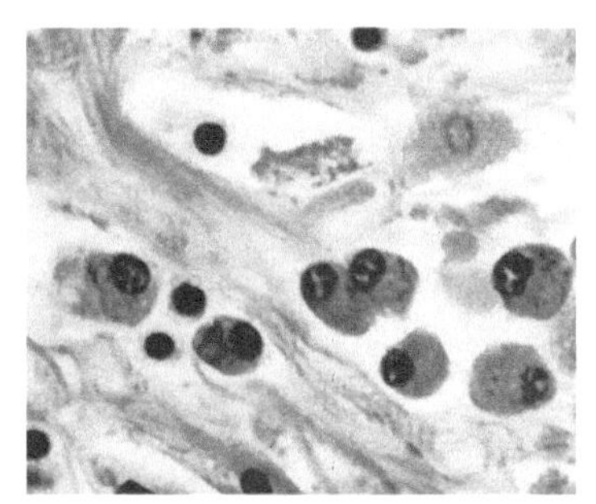

图 3-45　浆细胞

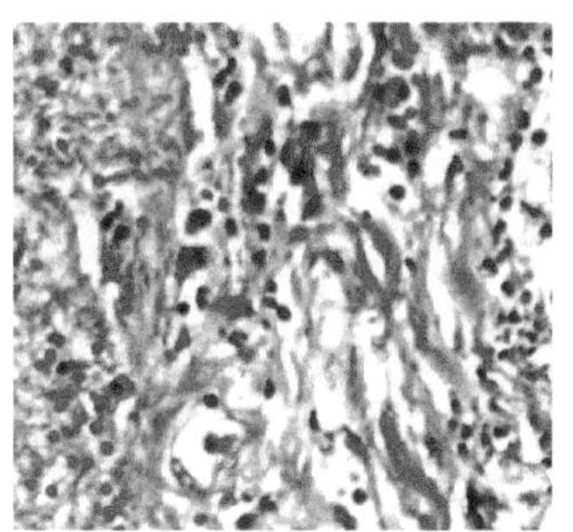

图 3-46　巨噬细胞

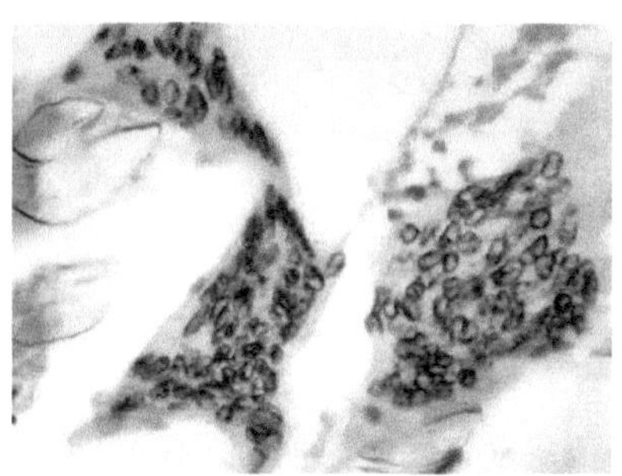

图 3-47　多核巨细胞

表 3-3　主要炎性细胞及功能

	嗜中性粒细胞	嗜酸粒细胞	淋巴细胞	浆细胞	单核细胞和巨噬细胞
出现时机	急性炎症和化脓性炎症及炎症早期	超敏反应引起的炎症和寄生虫感染	慢性炎症，炎症恢复期及病毒性炎症等	慢性炎症过程	急性炎症后期或慢性炎症

续表

	嗜中性粒细胞	嗜酸粒细胞	淋巴细胞	浆细胞	单核细胞和巨噬细胞
形态结构特征	胞核一般分为2叶，胞质颗粒内含有多种酶类，如碱性磷酸酶、溶菌酶、溶蛋白酶等	成熟的嗜中性粒细胞胞核为2～5叶，幼稚中性粒细胞核呈弯曲带状、杆状。胞质颗粒内含多种酶，如蛋白酶、组胺酶等	分小、中、大淋巴细胞，小淋巴细胞细胞质少，胞核为圆形或卵圆形，核一侧常有小缺痕，核染色深；中、大淋巴细胞细胞质较多	细胞呈圆形或卵圆形，细胞质弱嗜碱性，细胞核为圆形，常偏于细胞一侧，核内染色质致密，车轮状核	单核细胞体积大，胞核为肾形或马蹄形，细胞质丰富；单核细胞进入组织即成为巨噬细胞
功能	具活跃的游走和吞噬能力，能吞噬细菌、组织崩解碎片及抗原抗体复合物等	具有一定的吞噬能力，能吞噬抗原抗体复合物，杀伤寄生虫	无吞噬功能。T淋巴细胞主要进行细胞免疫，B淋巴细胞参与体液免疫反应	与体液免疫反应密切相关	具有较强吞噬功能，能吞噬较大病原体、坏死组织碎片甚至整个细胞

3. 增生 增生包括实质细胞和间质细胞的增生。实质细胞的增生，如慢性肝炎中肝细胞的增生。间质细胞指巨噬细胞、血管内皮细胞和成纤维细胞。在炎症后期或慢性炎症时，以成纤维细胞和毛细血管内皮细胞增生甚为明显，二者形成肉芽组织，并向炎区中心生长，修补炎区组织缺损，转为瘢痕，炎症过程即告结束。炎性增生具有限制炎症扩散和修复的作用。

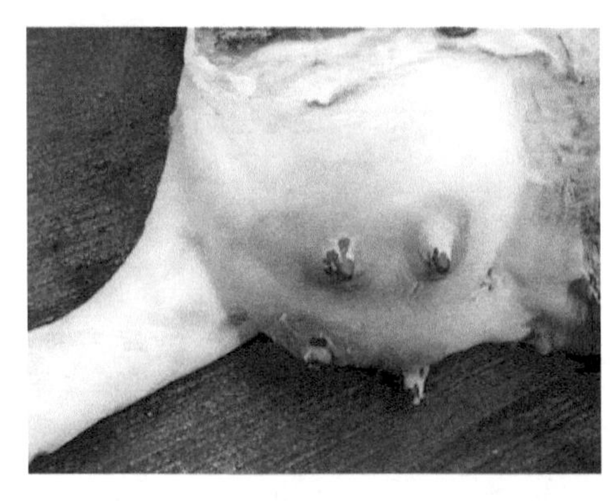

图3-48 奶牛乳房炎的局部表现

（五）炎症局部表现和全身反应

1. 炎症局部表现 炎症部位表现为红、肿、热、痛和机能障碍等（图3-48）。

（1）红：炎区局部发红，这是局部组织充血所致，炎症初期由于动脉性充血，局部氧合血红蛋白增多，故呈鲜红色。以后随着炎症的发展，血流变慢，甚至停滞，氧合血红蛋白减少，脱氧血红蛋白增多，局部组织变为暗红色，这是静脉性充血的结果。

（2）肿：急性炎症时局部肿胀明显，主要是渗出物聚积，特别是炎性水肿所致，慢性炎症时局部肿胀，主要是局部组织增生所致。

（3）热：体表炎症时，炎区的温度较周围组织的温度高。这是由于局部动脉性充血、血流量增多、血流加快、代谢增强、产热增多所致。

（4）痛：炎症时局部疼痛与多种因素有关。炎症局部分解代谢增强，钾离子、氢离子积聚，刺激神经末梢引起疼痛；炎症渗出引起组织肿胀，张力升高，压迫或牵拉神经末梢引起疼痛；炎症介质如前列腺素、缓激肽等刺激神经末梢引起疼痛。

（5）机能障碍：炎症时实质细胞变性、坏死、代谢障碍，炎性渗出物的压迫或机械性阻塞，均可引起组织器官的功能障碍。如病毒性肝炎时，肝细胞变性、坏死，可引起肝功能障碍；急性心包炎心包腔积液时，可因压迫而影响心脏功能。此外，疼痛也可影响功能，如急性膝关节炎症，可因疼痛而使膝关节活动受到限制。

2. 炎症的全身反应 在比较严重的炎症性疾病，特别是病原微生物在体内蔓延扩散时，常出现明显的全身性反应。

（1）发热：发热是指在致热原（引起发热的化学物质）的作用下，体温调节中枢机能紊乱，散热减少，产热增多，引起发热。致热原主要是由单核巨噬细胞、嗜中性白细胞受病原刺激后所产生的，如 IL-1，IL-6，TNF，IFN-γ。发热是机体与病因做斗争的防御反应。适度的发热，能加强机体的物质代谢，促进抗体生成，抑制微生物生长，发热还能促进血液循环，提高肝、肾、汗腺等器官和组织的生理机能，加速对炎症有害产物的处理和排泄。但过高的发热，则严重影响机体的代谢活动，使各器官系统，尤其是神经系统的机能紊乱。

（2）血液中白细胞增多：在急性炎症时，尤其是细菌感染所致急性炎症时，末梢血白细胞计数可明显升高。严重感染时，外周血液中常出现幼稚的中性粒细胞比例增加的现象，即“核左移”。化脓性炎症，以嗜中性白细胞为主；过敏性炎症或寄生虫性炎症，以嗜酸性粒细胞为主。慢性炎症和病毒感染时淋巴细胞增多。如果白细胞数趋于正常，则标志着疾病好转；反之，白细胞总数显著下降，常为预后不良的征兆。白细胞增多是机体的一种重要的防卫反应，可吞噬病原体和病理产物。

（3）单核 - 吞噬细胞系统机能加强：在炎症中，单核 - 吞噬细胞系统的细胞常有不同程度增生，这是机体防御反应的表现。临床表现为炎灶周围局部淋巴结肿胀、充血。如炎症发展迅速，特别是发生全身性感染时，则脾脏、肝脏、全身淋巴结肿大，且其中的巨噬细胞增生及其他器官的单核 - 吞噬细胞系统的细胞都增生，吞噬能力增强。

（4）血清急性期反应物形成：在生物性致炎因素作用下，发炎机体在数小时至几天内，血清成分明显改变，出现许多非抗体性物质，称血清急性期反应物，如淋巴细胞活化因子等。

二、急性炎症

急性炎症反应迅速，一般指 3 周以内的炎症过程，反应剧烈，症状明显，病理变化多以变质、渗出为主，炎性细胞主要是中性粒细胞。其主要特点是以血管反应为中心的渗出性变化，使血管内的白细胞和抗体等进入到炎症病灶，以消灭病原体，稀释并中和毒素。

（一）血管反应

1. 充血

（1）微动脉短暂收缩：损伤发生后立即出现此反应。炎灶组织的微动脉在致炎因素作用下，最初发生短时间痉挛，使局部组织缺血。微动脉收缩由神经调节和炎症介质引起。

（2）血管扩张和血流加快：首先微动脉扩张，然后毛细血管扩张，使局部血流加快，血流量增加，发生动脉性充血，致使局部呈现红色和局部温度升高。血管扩张的发生机理与神经因素和体液因素有关：炎性刺激物作用于机体局部感受器后，通过轴突反射可引起炎区微动脉扩张；体液因素包括组胺、一氧化氮、缓激肽和前列腺素等化学介质。

（3）血流速度减慢：随炎症发展，血管通透性升高，血管内富含蛋白质的液体渗出到血管外，引起小血管内血液浓缩，黏稠度增加，血流变慢，炎区动脉性充血转变为淤血。

2. 渗出 渗出包括液体渗出和白细胞渗出。

（1）液体渗出：液体渗出发生于炎症的早期。

（2）白细胞渗出和吞噬作用：白细胞渗出是炎症反应的最重要特征，其过程包括白细胞边移、附壁、游出和化学趋化作用，白细胞到达炎症病灶后，在局部发挥重要的防御作用。

1）白细胞边移：随着血流缓慢和液体渗出的发生，白细胞从血液的轴流进入边流，到达血管的边缘部，称为白细胞边移（图 3-49）。

2）白细胞附壁：白细胞发生边移后，大量白细胞和血管内皮细胞紧密黏附，称为白细胞附壁（图 3-50）。

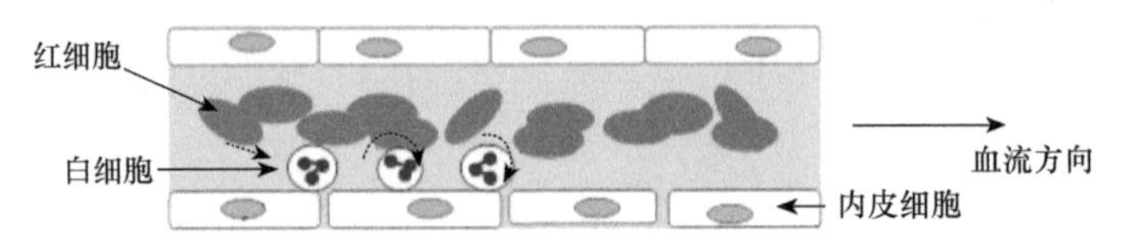

图 3-49　白细胞边移

3）白细胞的游出和化学趋化作用：白细胞在内皮细胞连接处伸出伪足，以阿米巴运动的方式，从内皮细胞缝隙中逸出，称为白细胞游出。趋化作用是指白细胞在某些化学刺激物的作用下，进行的单一定向运动（图 3-51）。吸引白细胞定向移动的外源性和内源性化学刺激物称为趋化因子。趋化因子具有特异性，有些趋化因子只吸引中性粒细胞，而另一些趋化因子则吸引单核细胞或嗜酸粒细胞。不同的炎症细胞对趋化因子的反应不同，粒细胞和单核细胞对趋化因子的反应较明显，而淋巴细胞对趋化因子的反应较弱。

4）吞噬作用：吞噬作用指白细胞游出并抵达炎症病灶，吞噬病原体、抗原抗体复合物、各种异物及组织坏死崩解产物的过程。吞噬细胞包括中性粒细胞和巨噬细胞。吞噬过程大体可分为识别黏附、摄入和消化三个阶段（图 3-52）。

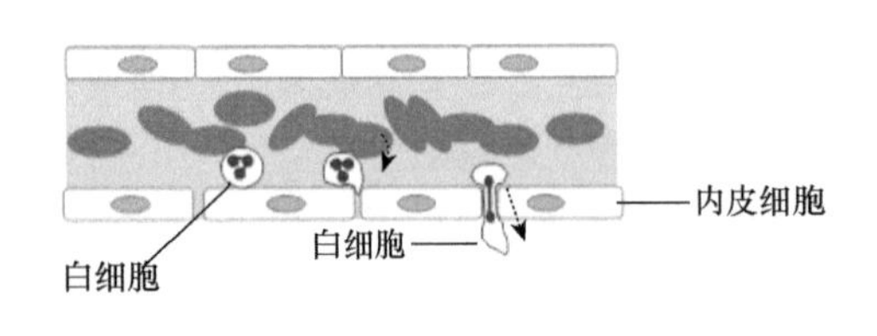

图 3-50　白细胞附壁

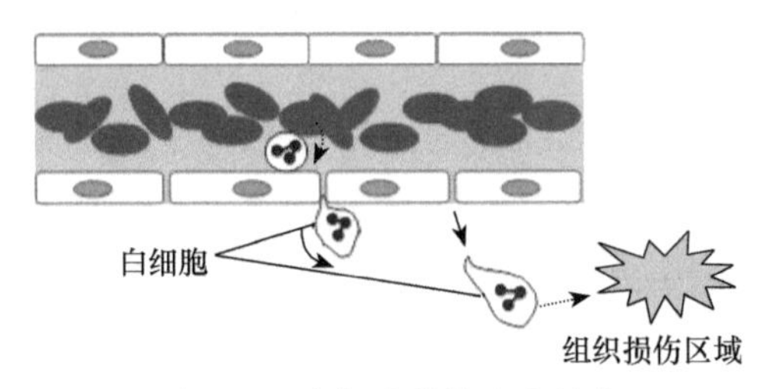

图 3-51　白细胞的游出和趋化

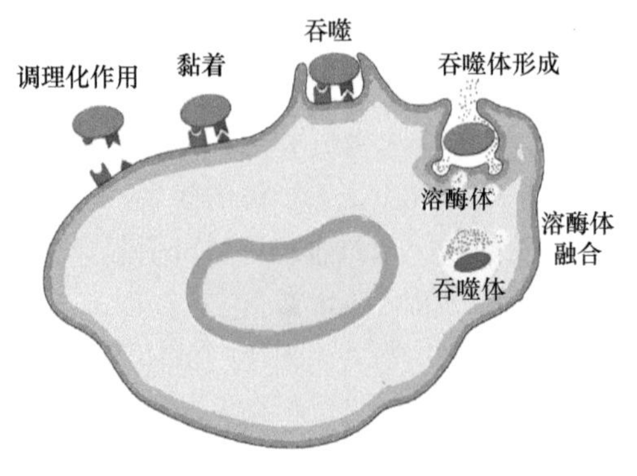

图 3-52　白细胞吞噬过程示意图

（二）急性炎症的类型及其病理变化

急性炎症根据渗出物成分分类，可分为浆液性炎、纤维素性炎、化脓性炎和出血性炎。

1. 浆液性炎　炎区以渗出大量浆液为特征，是渗出性炎的早期表现，浆液色淡黄，含3%～5%白蛋白和球蛋白，因混有白细胞和脱落细胞成分而呈轻度浑浊，常见于皮肤、疏松结缔组织、黏膜、浆膜和肺脏。浆液性炎蓄积于皮肤内，则形成水泡（如烧伤、水痘）；皮下疏松结缔组织发生浆液性炎时，发炎部位肿胀，严重时指压皮肤可出现面团状凹陷。切开肿胀部可流出淡黄色浆液。发生在黏膜的浆液性炎又称浆液性卡他，常发生于胃肠道黏膜、呼吸道黏膜、子宫黏膜等部位。浆液性炎一般较轻，可被吸收而完全痊愈。

2. 纤维素性炎　其特征是渗出液中含大量纤维素（纤维蛋白）。HE 染色，纤维素染成红色，显微镜下可见红色纤维素交织成网状或条状，常混有中性粒细胞和坏死细胞碎片。纤维蛋白原大量渗出，说明血管壁损伤严重，是血管壁通透性增加的结果，多由某些细菌毒素或毒物（如尿毒症的尿素和汞）引起。按发炎组织坏死程度不同，纤维素性炎分为以下两种。

（1）浮膜性炎：浮膜性炎指组织坏死性变化比较轻微的纤维素性炎。纤维素性渗出物在器官表面形成一层容易剥离的膜，呈黄白色或灰色，通常发生于肺、黏膜和浆膜，如绒毛心（图 3-53）、纤维素性胸膜炎、纤维素性腹膜炎（图 3-54，图 3-55）等。

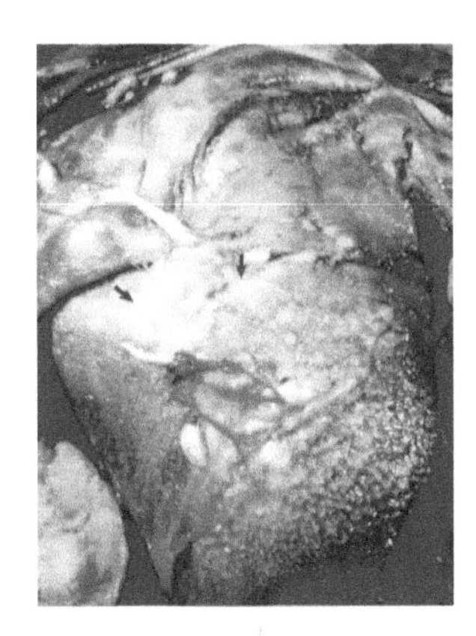

图 3-53　绒毛心（马）

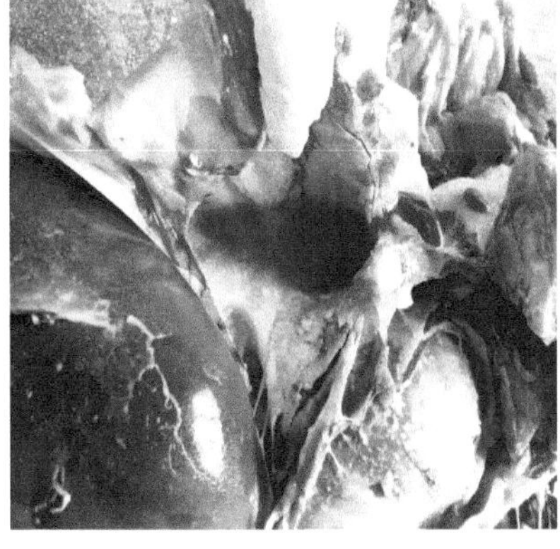

图 3-54　猪纤维素性胸膜炎

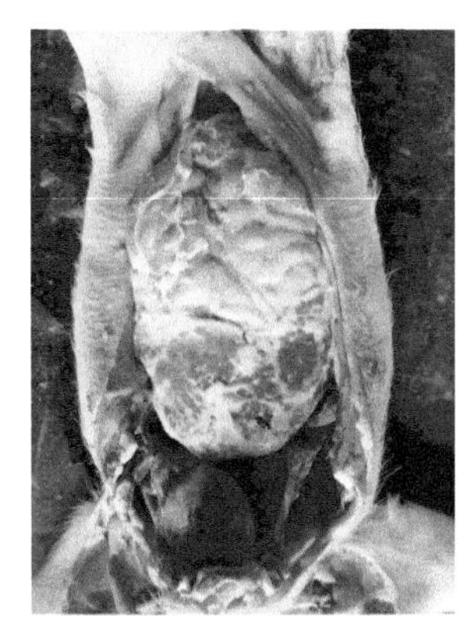

图 3-55　猪纤维素性腹膜炎

（2）固膜性炎（纤维素性坏死性炎）：这类炎症只发生在黏膜，病变特点为炎灶黏膜坏死严重，可深达黏膜下层甚至肌层，表面的纤维素与坏死组织融合形成一层很厚的纤维素性坏死性膜，不易剥离，所以称固膜性炎，如慢性猪瘟结肠黏膜上的“扣状溃疡”（图 3-56）等。

图 3-56　猪结肠黏膜扣状溃疡

3. 化脓性炎　由于感染化脓性细菌如葡萄球菌、链球菌等所致，以中性粒细胞渗出伴有不同程度组织坏死和脓液形成为特征的炎症，称化脓性炎。脓液即脓性渗出物，由细胞成分（主要是已变性、坏死和崩解的中性粒细胞），细菌和液体成分（坏死组织受中性粒细胞释放的蛋白水解酶作用溶解液化而成）组成，其形成过程称化脓。由葡萄球菌引起的脓液较浓稠，由链球菌引起的脓液较稀薄。根据化脓性炎发生部位，分为如下几类。

（1）脓性卡他：脓性卡他是黏膜的化脓性炎，外观黏膜表面出现大量黄白色、黏稠浑浊的脓性渗出物，黏膜充血、出血和肿胀，重症时发生浅表坏死（糜烂）。

（2）蓄（积）脓：浆膜发生化脓性炎时，脓性渗出物大量蓄积在浆膜腔内称为积脓，如胆囊蓄脓和腹腔蓄脓等。

（3）脓肿指组织内发生的局限性化脓性炎，表现为炎区中心坏死液化而形成含有脓液的腔。脓肿多发于皮下和内脏，多由金黄色葡萄球菌所引起，细菌产生毒素，使局部组织坏死，继而大量中性粒细胞浸润（图 3-57），之后中性粒细胞崩解形成脓细胞，并释放出蛋白水解酶，使坏死组织液化形成含有脓液的空腔。小脓肿可被吸收消散；较大脓肿，由于脓液过多，吸收困难，常需手术切开排脓或穿刺抽脓。慢性脓肿时，有脓肿膜形成（图 3-58）。

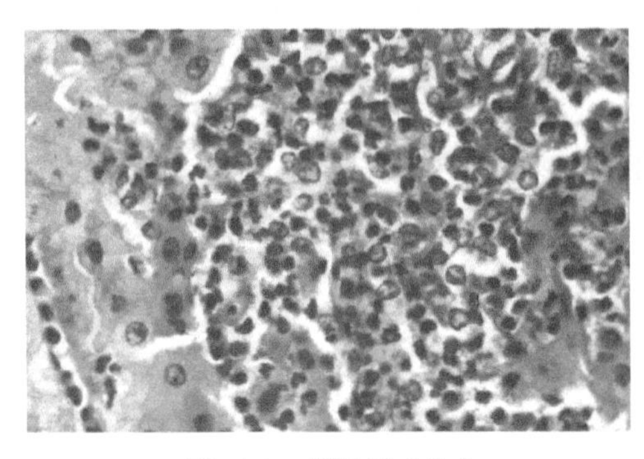
图 3-57　肝脓肿（牛）

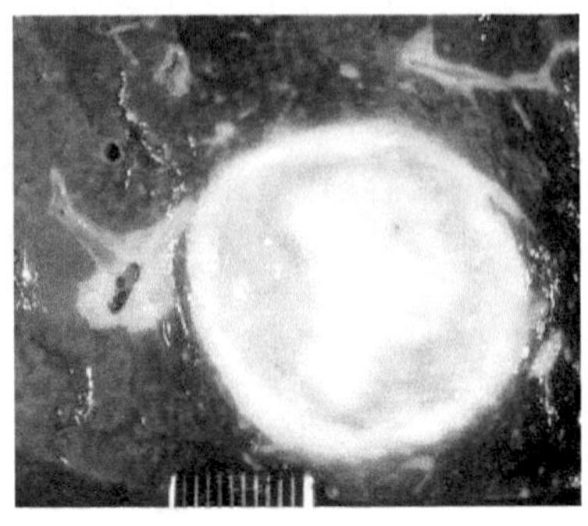
图 3-58　慢性肝脓肿（绵羊）

（4）蜂窝织炎是发生在皮下和肌间疏松结缔组织的一种弥漫性化脓性炎症。主要由溶血性链球菌所致，链球菌能分泌透明质酸酶和链激酶，透明质酸酶能降解疏松结缔组织中的透明质酸，链激酶可溶解纤维素，因此细菌易于通过组织间隙，使炎症蔓延。蜂窝织炎发展迅速，炎区内有大量嗜中性白细胞弥漫性浸润于细胞组织间，有严重的红、肿、热、痛表现。

4. 出血性炎　出血性炎是炎区渗出物中含有大量红细胞为特征的炎症，多见于猪瘟、急性猪丹毒、炭疽等急性败血性传染病。它多与其他类型的炎症合并发生，常见的有化脓性出血性炎、出血性胃肠炎、出血性淋巴结炎、纤维素性出血炎等。

（三）急性炎症的结局

炎症的结局，主要取决于机体抵抗力的强弱、病因的性质、病变发生部位、治疗等因素。大多数急性炎症能够痊愈，少数迁延为慢性炎症，极少数可蔓延扩散到全身。

1. 痊愈　多数炎症特别是急性炎症能够痊愈。

（1）完全痊愈：组织损伤轻微，机体抵抗力强，或经过适当治疗，病原微生物被消灭，炎区坏死组织或渗出物被溶解吸收，受损伤的组织通过周围健康细胞的再生达到修复，最后完全恢复组织原来的结构和功能，称为完全痊愈。

（2）不完全痊愈：炎症灶内坏死范围广，渗出物多而不能被完全溶解吸收，只有通过炎灶周围肉芽组织修复形成瘢痕，不能完全恢复原有组织形态结构和功能，称不完全痊愈。

2. 迁延不愈　机体的抵抗力弱或治疗不彻底，致炎因子在短期内不能清除，且不断损伤组织，致使炎症持续存在，病畜长期不愈，使急性炎症转化为慢性炎症，病情可时轻时重，如慢性肝炎、慢性胃肠炎及慢性关节炎等。

3. 蔓延扩散　机体的抵抗力极为低下，或病原微生物毒力强、数量多的情况下，病原微生物可不断繁殖并直接沿组织间隙向周围组织、器官蔓延，或向全身播散。

（1）局部蔓延：炎症局部的病原微生物可经组织间隙或自然管道向周围组织和器官蔓延，使炎区扩大。例如，心包炎可蔓延引起心肌炎，支气管炎可扩散引起肺炎，尿道炎可上行扩散引起膀胱炎、输尿管炎和肾盂肾炎。

（2）淋巴道蔓延：病原微生物在炎区局部侵入淋巴管，随淋巴液流动扩散至局部淋巴结引起淋巴结炎，并可再经淋巴液继续蔓延扩散，如急性肺炎可继发引起肺门淋巴结炎。

（3）血道蔓延：炎区的病原微生物或某些毒性产物，有时可突破局部屏障而侵入血流，引起菌血症、毒血症、败血症和脓毒败血症。

1）菌血症：指炎症病灶的细菌侵入血流，全身无中毒症状，但从血液中可查到细菌。菌血症发生在炎症早期阶段，通常细菌可被血液中的白细胞和脾、肝、淋巴结等器官的巨噬细胞消灭，但也可能在适宜它生长部位停留并建立新的病灶，菌血症可发展为败血症。

2）毒血症：指细菌的毒素或炎症灶中各种有毒产物被吸收入血而引起全身中毒症状。病畜可出现高热、寒颤、抽搐、昏迷等中毒症状，并伴有心、肝、肾等实质器官细胞发生严重变性或坏死。但血液培养阴性，即找不到细菌。

3）败血症：指病原微生物侵入血流并持续存在、大量繁殖，产生毒素，引起全身中毒症状和病理变化，血液可培养出病原菌。死于败血症的病畜除炎症局部病理变化外，还可见全身性病变，主要表现是尸僵不全，血液凝固不良，常发生溶血；皮肤、黏膜、浆膜、实质器官可见多发性出血点或出血斑；脾脏和全身各处淋巴结高度肿大，呈急性炎症表现；心、肝、肾等实质器官可见实质细胞严重变性；肺呈淤血、水肿；肾上腺变性、出血等。

4）脓毒败血症：化脓菌引起的败血症进一步发展，细菌随血流到达全身各处，在肺、肾、肝、脑等处发生多发性脓肿，称为脓毒败血症，除具有败血症的一般性病理变化外，突出病变为器官的多发性脓肿，这些脓肿常较小，均匀散布在器官中。

三、慢性炎症

慢性炎症持续时间较长，为6周以上的炎症过程，炎症反应和症状都比较轻微。病理变化一般以增生为主，变质和渗出性变化较轻。炎性细胞一般以淋巴细胞、巨噬细胞和浆细胞为主。慢性炎症有两种类型，即特异性增生性炎和普通增生性炎。

（一）特异性增生性炎

增生的组织具有特殊的形态结构，即肉芽肿，也叫肉芽肿性炎。肉芽肿是指炎症局部形成主要由巨噬细胞增生构成的境界清楚的结节状病灶（图3-59，图3-60）。

1. 感染性肉芽肿　感染性肉芽肿是由某些特定的病原微生物（如结核杆菌、布氏杆菌）

图3-59　肺肉芽肿

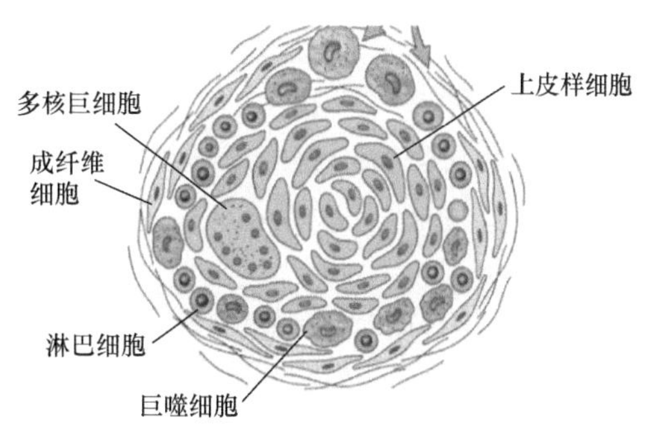

图3-60　镜下肉芽肿模式图

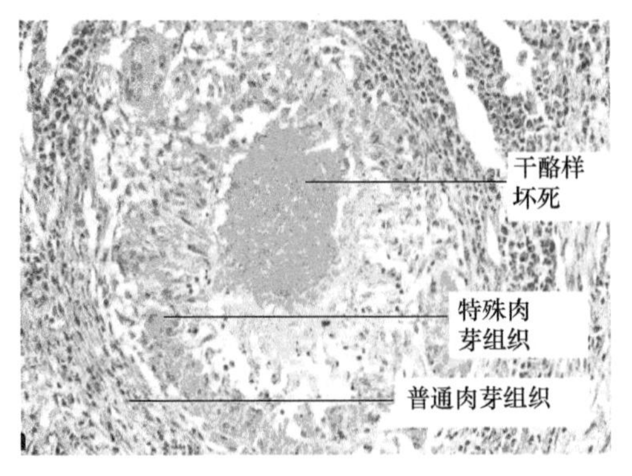

图 3-61 结核结节的镜下结构

引起的一种增生性炎。其病理变化（以结核为例）：眼观，结核病灶呈小结节状，灰白色或灰黄色，陈旧的病灶用刀切之有沙沙声，切面呈干酪样，有油腻感。镜检，结节中心部位为干酪样坏死，周围为上皮样细胞和郎格罕细胞，它的外围有普通肉芽组织包绕和淋巴细胞浸润（图 3-61），这种结构有利于消灭病原菌，并能有效地防止其扩散。

（1）上皮样细胞：上皮样细胞由巨噬细胞增生转变而来，其体积较巨噬细胞大些，呈梭形或多角形，细胞质丰富，但境界不清，核呈圆形或卵圆形，着色较淡。

（2）郎格罕细胞：上皮样细胞可互相融合或其细胞核分裂而胞体不分裂，形成郎格罕细胞。其体积巨大，内含许多核，排列成马蹄形、花环形分布在细胞质内，具有极强大的吞噬能力。

2．异物性肉芽肿 由异物（外科缝线等）慢性刺激引起的一种局部组织增生性反应。眼观，异物性肉芽肿也呈结节状。镜检，异物周围有数量不等的类上皮细胞和异物型多核巨细胞，最外层是纤维结缔组织包裹。

（二）普通增生性炎

普通增生性炎以间质结缔组织增生为特征，故又称为慢性间质性炎。眼观，器官出现散在的、数量和大小不一的灰白色病灶；严重时由于结缔组织大量增生和纤维化以及实质成分减少，致使器官体积缩小，质地变硬。镜检，间质结缔组织明显增生，其中可见淋巴细胞、单核细胞浸润，有时还有少量浆细胞；实质细胞发生程度不同的萎缩、变性和坏死。

第五节 细胞组织的生长紊乱

当环境改变时，细胞会发生适应性变化，如萎缩、肥大、增生、化生等。这些变化是可逆的，当病因消除后，可恢复。

一、萎缩

（一）概念

发育成熟的器官、组织或细胞的体积缩小称为萎缩。器官、组织的萎缩是由于组成该器官、组织的实质细胞的体积缩小或数量减少所致，同时伴有功能降低。

（二）萎缩的原因和分类

萎缩可分为生理性萎缩和病理性萎缩两类。生理性萎缩是指在生理状态下发生的萎缩，多与年龄有关，如家畜成年后胸腺萎缩，老龄动物全身各器官不同程度萎缩等。病理性萎缩指在致病因素作用下引起的萎缩，据病因和病变波及范围不同分为全身性萎缩和局部性萎缩。

1．全身性萎缩 全身性萎缩常见于高度营养缺乏导致的全身物质代谢障碍，如长期饲料不足；慢性消化道疾病，使病畜对营养物质的消化吸收障碍；严重的消耗性疾病，如结核病、恶性肿瘤、寄生虫病及造血器官疾病等；机体慢性中毒、反复发热等，使机体分解代谢超过合成代谢，组织蛋白质过度消耗。病畜表现为严重衰竭，进行性消瘦，严重贫血，常由于低蛋白血症引起水肿，呈现全身恶病质状态，故又称为恶病质性萎缩。全身性萎缩动物的器官组织的萎缩常表现一定的规律性，脂肪组织的萎缩发生最早、最显著，其次是肌肉，再次是脾、肝、肾及淋巴结等器官，最后是脑、心、肾上腺及垂体等重要器官。

2．局部性萎缩　局部性萎缩指由局部原因所致组织或器官的萎缩，常有以下几种。

（1）压迫性萎缩：指器官或组织长期受到机械性压迫导致血液循环障碍而引起的萎缩。如受寄生虫、肿瘤等压迫组织或器官而引起的萎缩，又如输尿管阻塞可造成肾盂积水压迫周围肾组织萎缩（图 3-62）。

（2）废用性萎缩：指器官或组织因长期不活动、功能减弱所致的萎缩，如动物的关节疾患或某肢体骨折时，长期不能活动或限制活动，致使血液供应不足，而引起有关肌肉和关节软骨发生萎缩（图 3-63）。

（3）神经障碍性萎缩：指中枢或外周神经发炎或受损伤时，使受其支配的肌肉发生萎缩，如脑和脊髓神经受到损伤，所致的肌肉萎缩；鸡马立克病时，其坐骨神经和臂神经受到增生的淋巴细胞破坏，可引起相应部位肢体瘫痪及肌肉萎缩（图 3-64）。

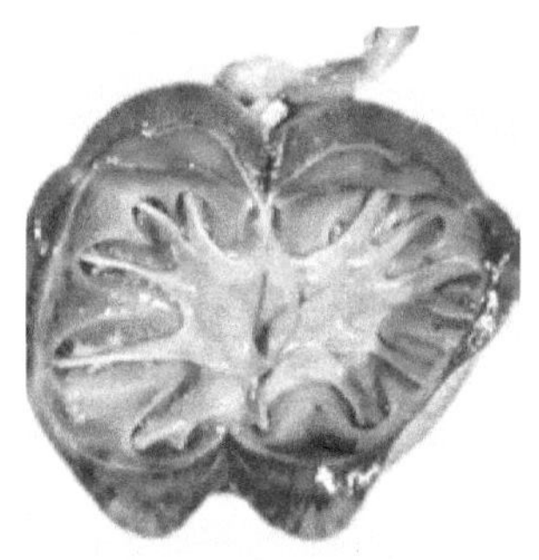

图 3-62　肾组织萎缩（绵羊肾盂积水）

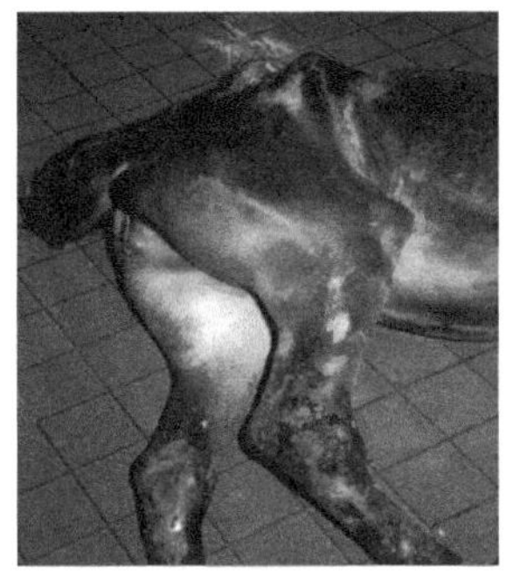

图 3-63　马废用性萎缩

图 3-64　鸡马立克病肢体瘫痪

（4）缺血性萎缩：如小动脉不全阻塞时，血液供给不足，而引起相应部位的组织萎缩（图 3-65）。

（5）内分泌性萎缩：指内分泌器官功能低下时，其作用的靶器官发生的萎缩，如垂体功能低下引起的肾上腺、甲状腺、性腺等器官的萎缩；切除卵巢后，乳腺萎缩等。

【临床联系】

肢体绷带包扎过紧，引起的局部组织萎缩，可由多种原因造成。一是肢体局部受到压迫，其血液供应减少，属于缺血引起的萎缩；二是肢体受伤不能正常活动，此为废用性萎缩。临床上要采取综合措施，对萎缩的器官进行结构和功能恢复。

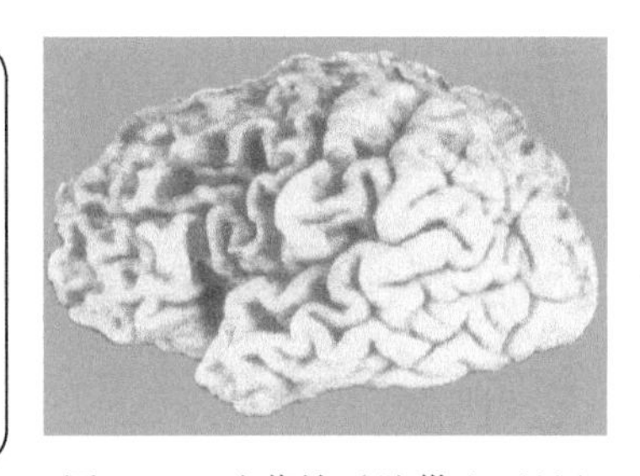

图 3-65　脑萎缩（脑供血不足）

（三）萎缩的病理变化

眼观，萎缩器官组织体积缩小（图 3-66），重量减轻，色泽加深，边缘锐薄，质地坚实，被膜变厚、皱缩。腔型器官如胃肠，严重萎缩时，腔壁变薄，肠腔呈半透明状，牵拉时易碎。

镜检，萎缩器官实质细胞数量减少，体积缩小（图 3-67），胞质致密浓染，间质组织增加。

（四）萎缩对机体的影响

萎缩是一种可逆性病变，在病因消除之后，萎缩的细胞或组织可以恢复其形态机能，如果病因长期存在或严重时，则萎缩的细胞消失。

二、肥大

细胞、组织或器官的体积增大并伴有功能增强，称为肥大（图 3-68）。肥大可以是为适应正常生理机能需要而发生的肥大，为生理性肥大，如妊娠期子宫的肥大，竞赛马心脏的肥大；也有在病理条件下，形成的肥大，此为病理性肥大，如由于动物一侧肾脏发生病变后被摘除，另一侧肾脏发生的代偿肥大等。

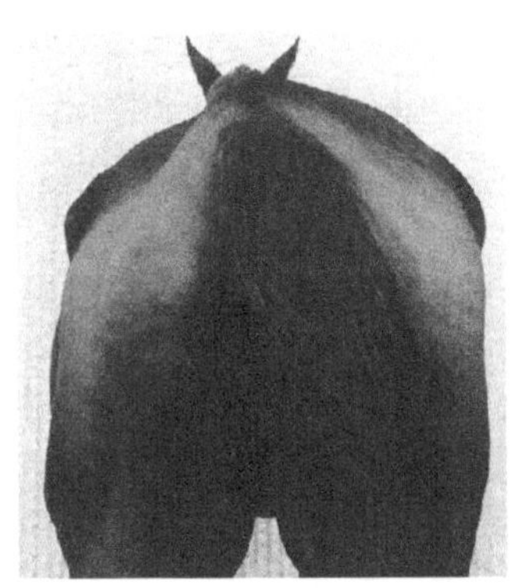

图 3-66　马左侧臀部肌肉萎缩

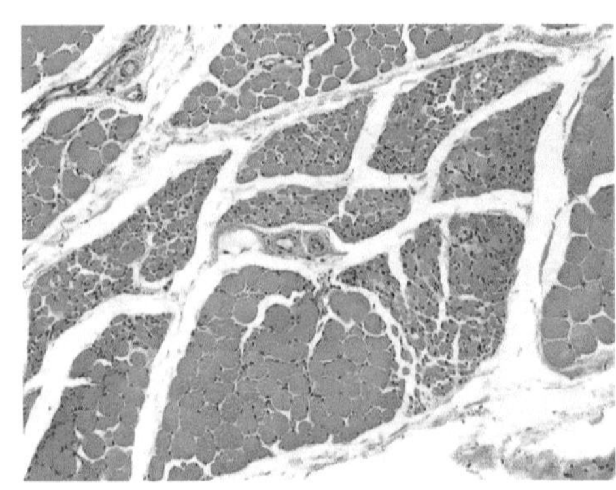

图 3-67　肌肉萎缩（骨骼肌横切面）

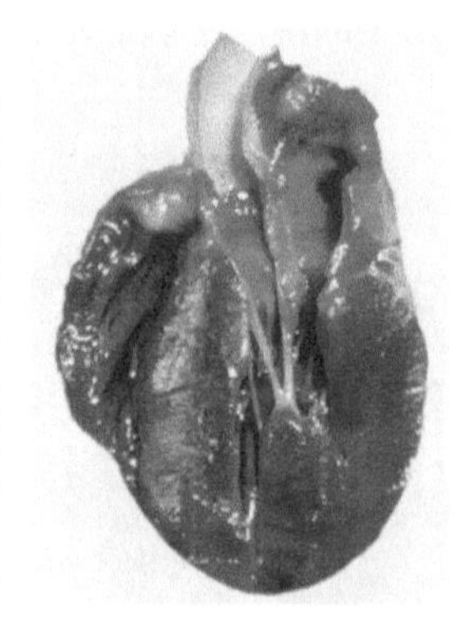

图 3-68　猫左心室肥大（心室壁增厚）

三、增生

增生的原因主要是细胞数量的增加。生理性增生，如泌乳期间，乳腺的增生。病理性增生，如动物慢性贫血时，骨髓中产生的红细胞增多；毒素对肝细胞损伤时，肝细胞的再生等。

四、化生

已分化成熟的组织在环境条件改变时，在形态和功能上转变为另一种组织的过程，称化生。化生多发生于上皮组织和结缔组织，如膀胱结石引起膀胱黏膜慢性炎症，使膀胱黏膜上皮由变移上皮转变为复层扁平上皮。

肥大、增生和化生三者的区别，见图 3-69 示意图。

五、肿瘤

与萎缩、肥大、增生和化生相比较，肿瘤是不可复性变化，当致瘤因素消除，已形成的

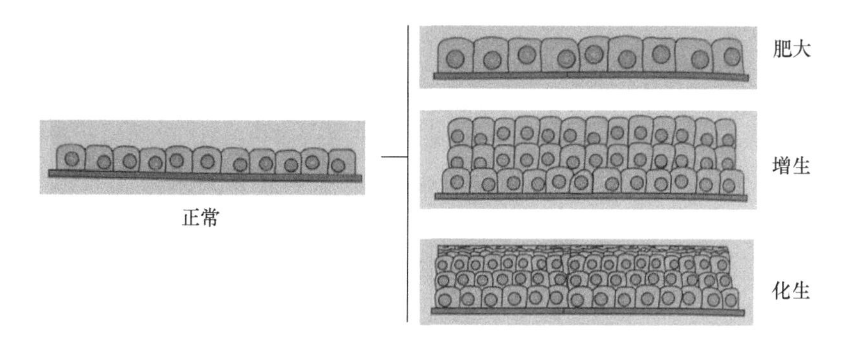

图 3-69　肥大、增生、化生的区别

瘤细胞不能恢复到正常。肿瘤是机体在各种致瘤因素作用下，局部易感细胞发生异常反应性增生所形成的新生物，这种新生物常呈肿块状（图 3-70），其生长相对不受控制，与机体不协调，即使病因消除，它仍继续生长。

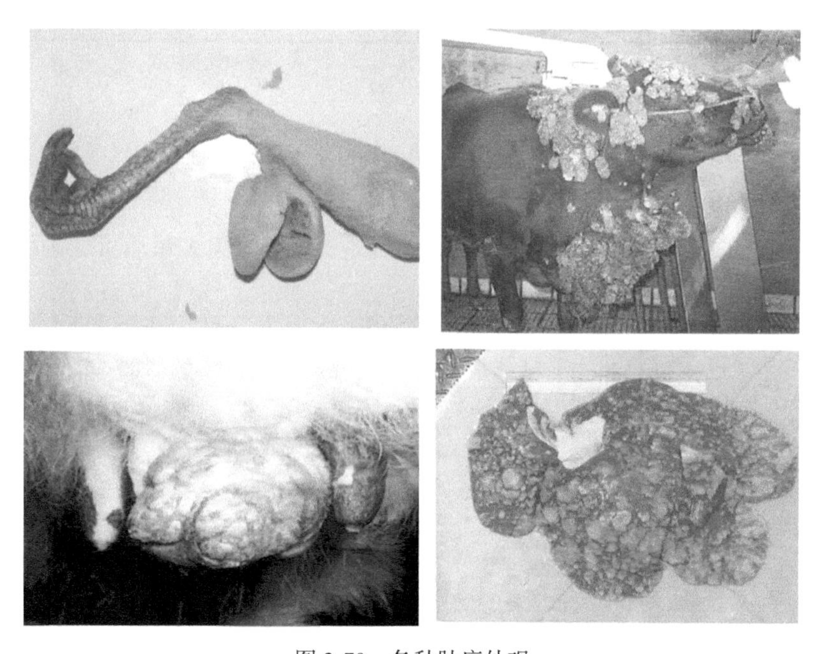

图 3-70　各种肿瘤外观

（一）肿瘤细胞的生物学特性主要表现

肿瘤细胞的生物学特性主要表现在以下三个方面。

1. 旺盛的增殖能力和自主性生长　瘤细胞一般都有较强的分裂繁殖能力。

2. 恶性肿瘤细胞分化　瘤细胞分化不成熟，与正常细胞在结构和功能上有很大的差异，它不能达到正常细胞那样的成熟程度，表现为形态上有不同程度的异型性。

3. 浸润和转移　浸润和转移是指在远隔部位形成新的癌瘤的能力。

（二）肿瘤的一般形态

肿瘤的一般形态如下。

1. 肿瘤的外形　肿瘤的外形是多种多样的，主要取决于肿瘤的发生部位和生长方式，一般有结节状、分叶状、息肉状、乳头状、溃疡状、弥漫状等，见图 3-71。

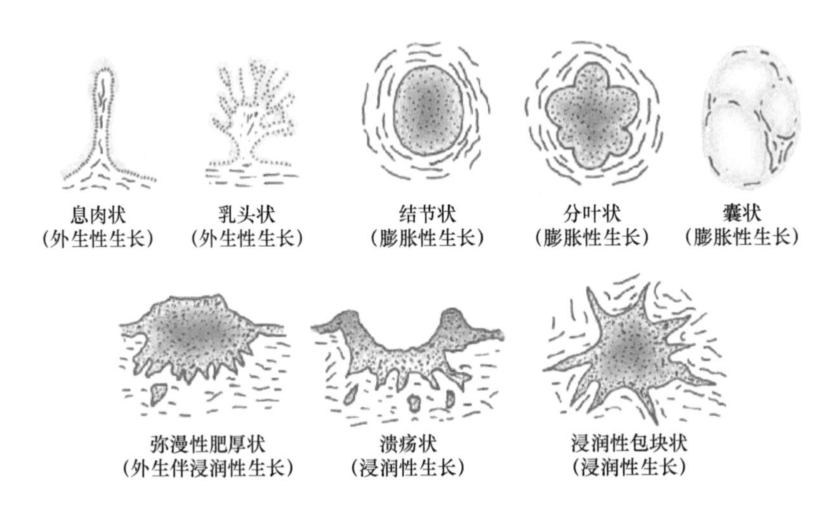

图 3-71　肿瘤的外形模式图

2. 肿瘤的体积

（1）生长时间：随着时间的延长，良性肿瘤体积逐渐增大，最后可成为巨大体积的肿瘤，而恶性肿瘤生长体积较小。

（2）生长部位：肿瘤的体积受其发生部位的影响，生长于体表或较大体腔的良性肿瘤体积大，而在狭小的体腔或管道内生长的肿瘤体积较小。

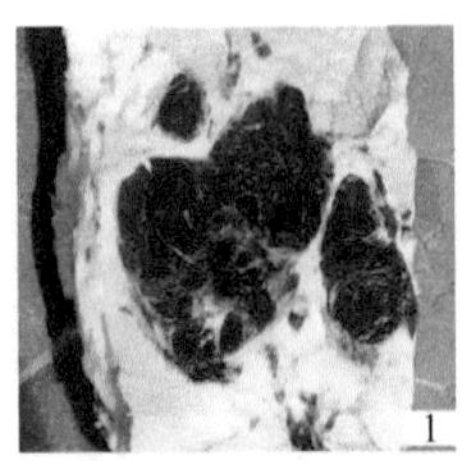
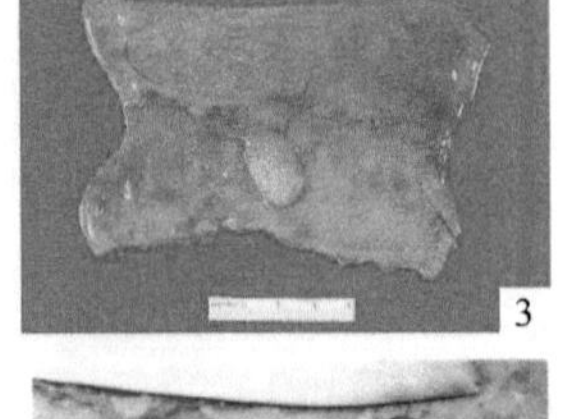
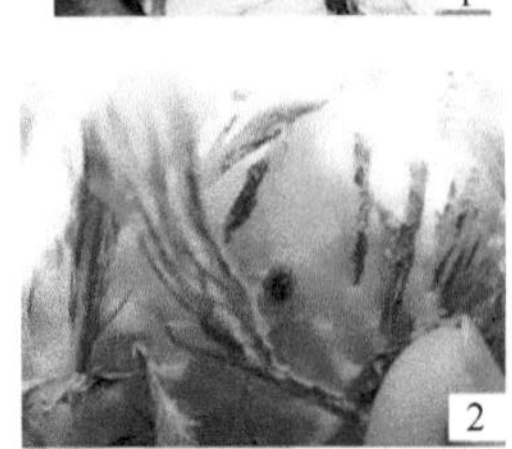

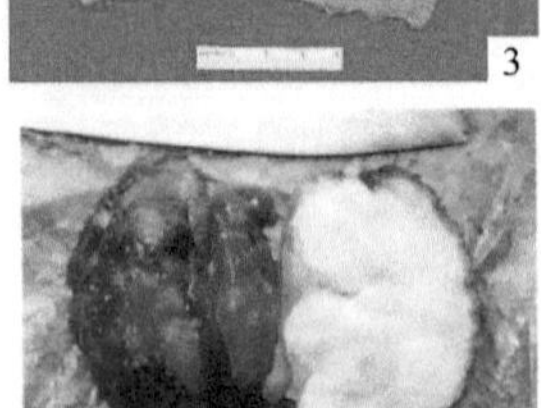
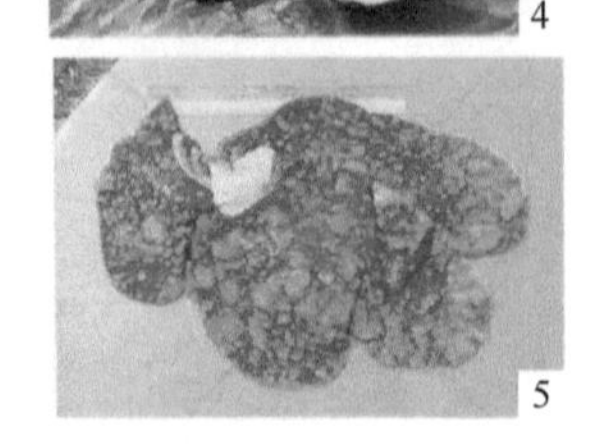

1：黑色素瘤
2：血管瘤
3：脂肪瘤
4：纤维瘤
5：肝细胞癌

图 3-72　各种肿瘤颜色

3. 肿瘤的颜色　肿瘤的颜色与肿瘤的组织种类有关。黑色素瘤呈棕黑色；脂肪瘤的颜色为黄或白色；纤维瘤则呈现纤维的色泽——灰白色；血管瘤的颜色呈现暗红色（图 3-72）。

4. 肿瘤的硬度　肿瘤的硬度与肿瘤的组织种类有关，骨瘤最硬，黏液瘤则很柔软；另外，由构成肿瘤的实质和间质比例决定，肿瘤中细胞成分多者则软，肿瘤富于纤维组织成分者则较硬。

（三）肿瘤的一般结构

肿瘤由实质和间质两部分构成（图 3-73）。

1. 肿瘤的实质　肿瘤都由特定的瘤细胞组成，它是肿瘤的主体，是决定肿瘤特性的成分。有些肿瘤只由一种瘤细胞组成，如鳞状细胞癌（简称鳞癌）的实质由鳞癌细胞组成；有些肿瘤由两种以上瘤细胞组成，如血管纤维瘤（由纤维组织和血管组成）。

2. 肿瘤的间质　肿瘤间质是指瘤细胞间的结缔组织和血管成分。各种肿瘤的间质均基本相同，故无特异性，它对肿瘤实质起着支架和提供营养物质的作用。

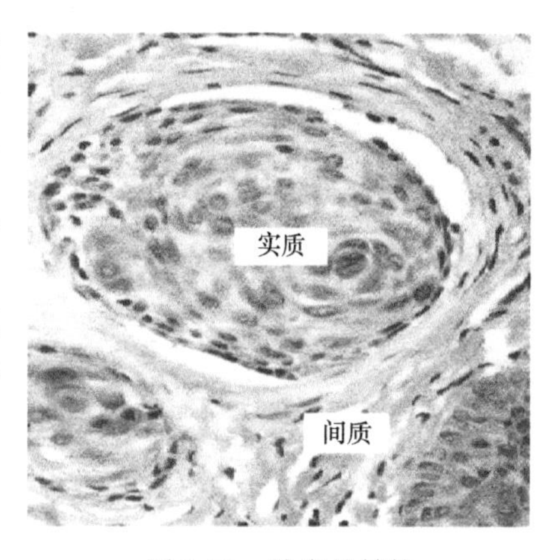

图 3-73　肿瘤的结构

（四）肿瘤细胞的基本特点

肿瘤细胞的特点如下。

1. 良性肿瘤　一般良性肿瘤的瘤细胞与原来发生的组织的细胞形态相似。例如，平滑肌瘤是由平滑肌组织发生的肿瘤，其成分与普通的平滑肌很相似，即良性肿瘤细胞的异型性小；而具有明显的组织结构异型性，如纤维瘤的瘤细胞和正常纤维细胞很相似，只是其排列与正常纤维组织不同，呈编织状而且致密（图 3-74）。

2. 恶性肿瘤　肿瘤组织无论在组织结构和细胞形态上都与其来源的正常组织不同，此差异称异型性。异型性的大小是诊断肿瘤、确定其良恶性或恶性程度的主要组织学依据。

（1）恶性肿瘤组织结构的异型性：瘤组织在空间排列方式上（包括细胞的极向、排列的结构及其与间质的关系等方面）与其来源的正常组织的差异如图 3-75、图 3-76 所示。

（2）恶性肿瘤细胞形态的异型性。

1）肿瘤细胞的多形性：肿瘤细胞形态多样，大小不等，有时可见瘤巨细胞（图 3-77）。

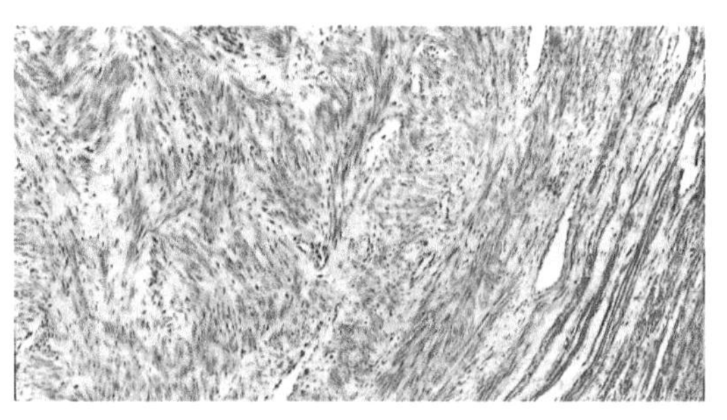

图 3-74　纤维瘤（良性肿瘤）

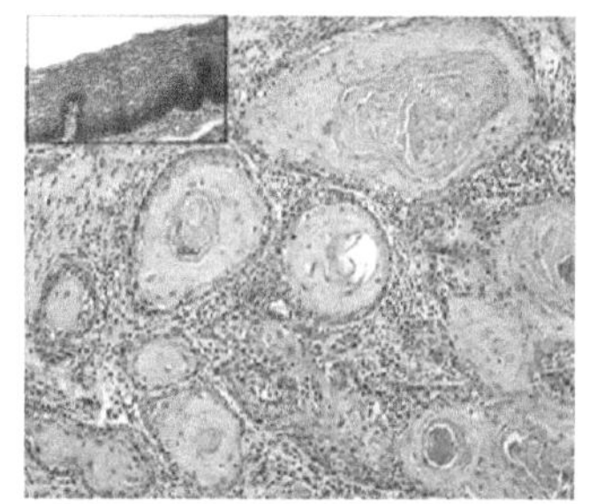

图 3-75　鳞状细胞癌（左上角为正常鳞状上皮）

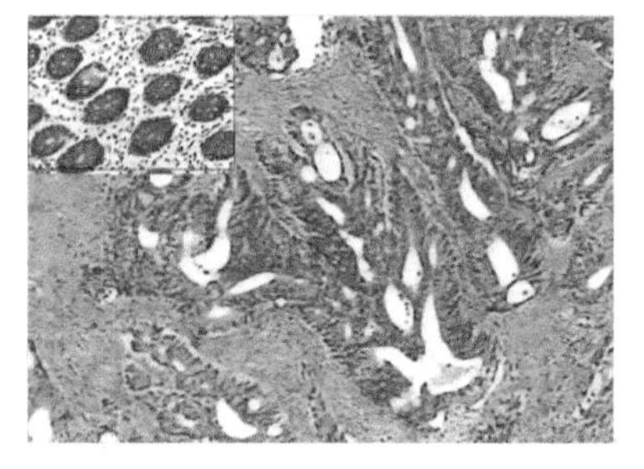

图 3-76　肠腺癌（左上角为正常肠腺组织）

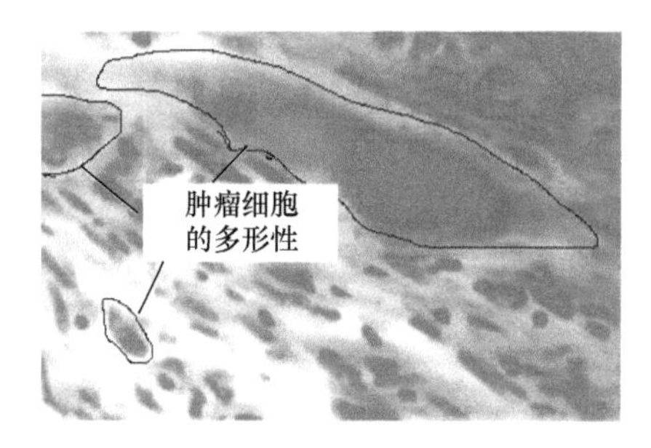

图 3-77　肿瘤细胞的多形性

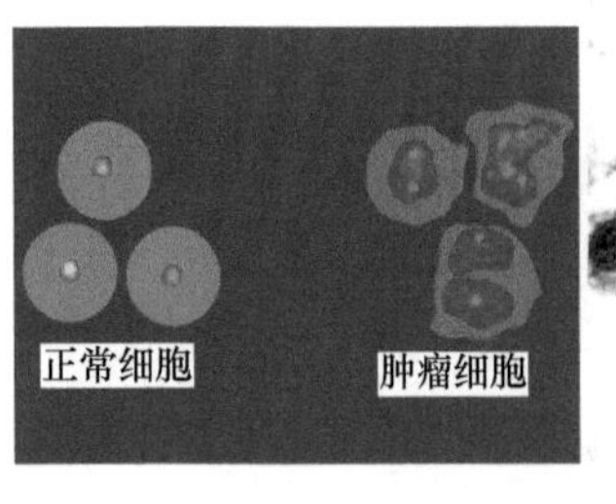

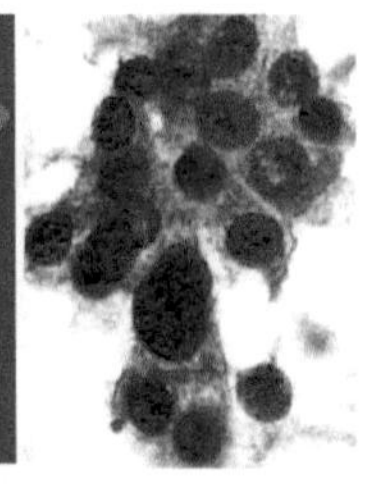

图 3-78 肿瘤细胞核的多形性

2）肿瘤细胞核的多形性：肿瘤细胞核的多形性对恶性肿瘤诊断具有重要意义，其多形性表现在以下几方面。

A．细胞核大，核浆比增大。正常细胞一般细胞核与细胞质的比例为 1∶（4～6），而恶性肿瘤细胞的核浆比为约 1∶1（图 3-78）。

B．细胞核奇形怪状，核深染，核膜厚，核仁大，且数目增多。

C．出现病理性核分裂象（图 3-79）。

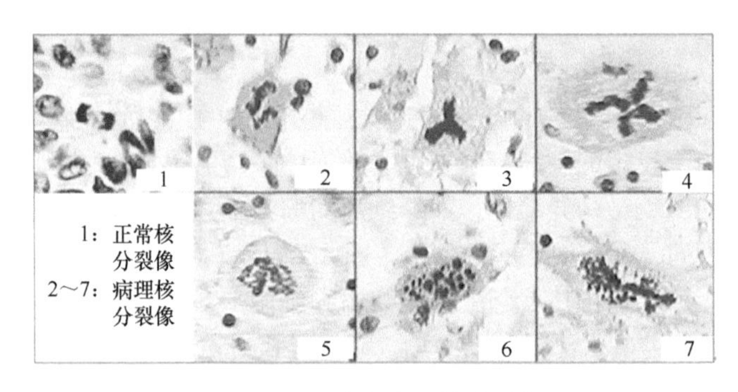

图 3-79 正常与病理核分裂象

（五）肿瘤的生长速度与生长方式

1．肿瘤的生长速度

（1）良性肿瘤：生长缓慢。生长缓慢的良性肿瘤，如近期迅速增大，则预示可能恶变。

（2）恶性肿瘤：生长较快。恶性肿瘤分化程度越低，生长速度越快，恶性程度也越高。恶性肿瘤的早期，一般生长较慢，晚期则明显加快。

2．肿瘤的生长方式

（1）膨胀式生长：肿瘤像渐膨胀的气球，向周围均衡扩展，排挤周围组织，不侵入其内，分界清楚，可有纤维包膜形成，常呈球形结节，可活动，此为多数良性肿瘤生长方式（图 3-80）。

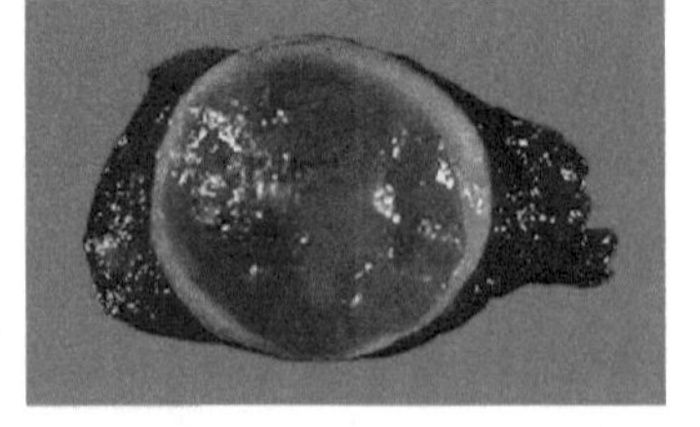

图 3-80 膨胀式生长

（2）浸润性生长：瘤细胞增生沿组织间隙侵入并破坏周围组织，像树根状生长，向外伸展，肿瘤与周围组织分界不清，常无包膜形成，活动度差，为恶性肿瘤常见生长方式（图 3-81）。

（3）外生性生长：良性和恶性肿瘤均可有这种生长方式。发生在体表和空腔器官内的肿瘤常向外突出性生长，良性肿瘤主要向外突出性生长，而不向内浸润（图 3-82B）。恶性肿瘤则在外生性生长的同时，基部也向内呈浸润性生长，形成基部浸润性肿块（图 3-82A）。

（4）弥散式生长：肿瘤细胞不聚集，而是分散、单个地沿组织间隙扩散。

（六）肿瘤的转移

良性肿瘤仅在原发部位生长扩大，恶性肿瘤由于其浸润性生长，可通过各种途径扩散到

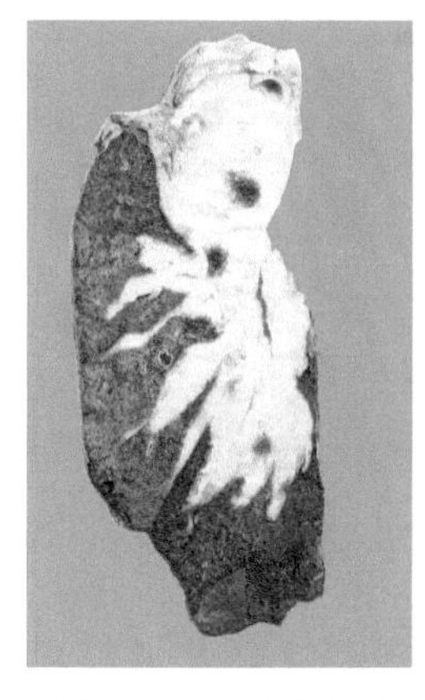

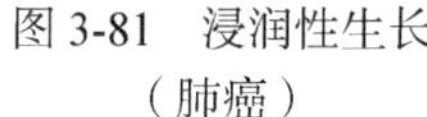

图 3-81 浸润性生长（肺癌）

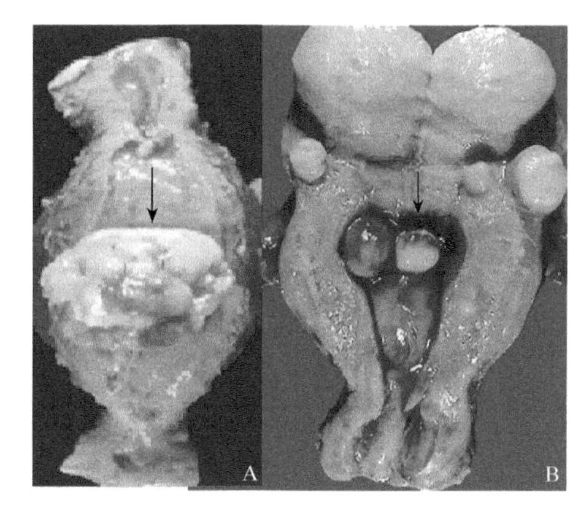

图 3-82 外生性生长（A 为子宫平滑肌肉瘤，箭头处；B 为子宫平滑肌瘤）

身体其他部位。

1. 淋巴道转移 瘤细胞侵入淋巴管，随淋巴流到淋巴结形成转移瘤的过程，称淋巴道转移（图 3-83）。

2. 血道转移 瘤细胞随血流到达远隔器官继续生长，形成转移瘤，称血道转移（图 3-84）。

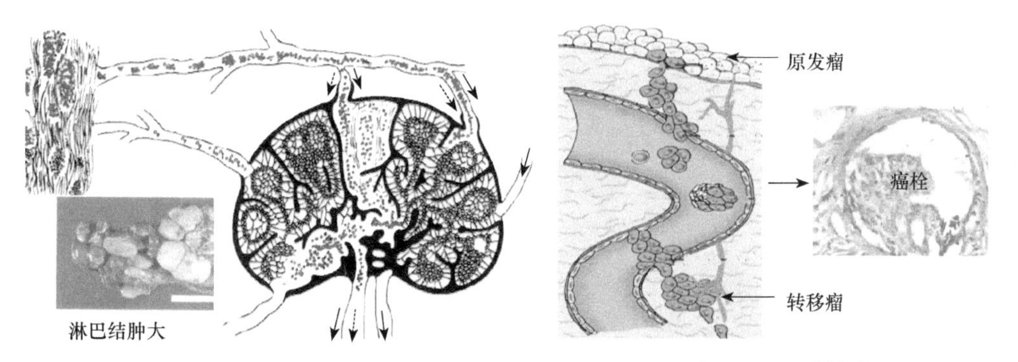

图 3-83 淋巴道转移

图 3-84 血道转移

3. 种植性转移 体腔内器官的肿瘤，侵犯到表面时，瘤细胞脱落，像播种一样种植在体腔内各器官的表面，形成转移瘤（图 3-85）。图 3-86 中，C 为鸡原发瘤——卵巢癌，通过种植性转移到体腔的其他部位（箭头所指）。

（七）良性肿瘤与恶性肿瘤的区别

良性肿瘤与恶性肿瘤的区别见表 3-4。

表 3-4 良性肿瘤与恶性肿瘤的区别

种类	分化程度	生长速度	生长方式	转移	复发	对机体影响
良性肿瘤	成熟，核分裂象少或无	缓慢	膨胀性，常有包膜	无转移	不易复发	小
恶性肿瘤	不成熟，核分裂	较快	浸润性，无包膜	常转移	易复发	大

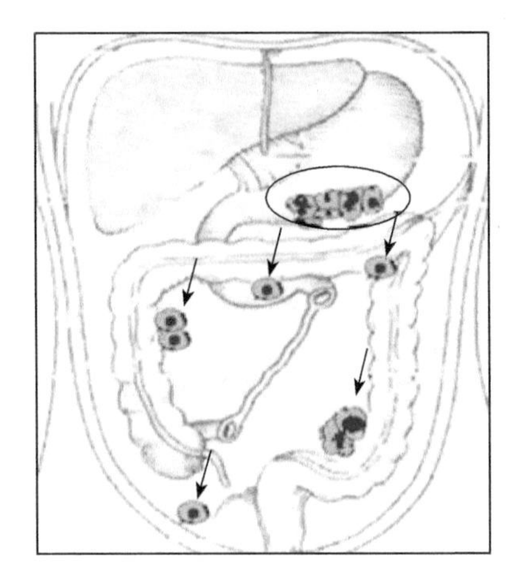

图 3-85 种植性转移

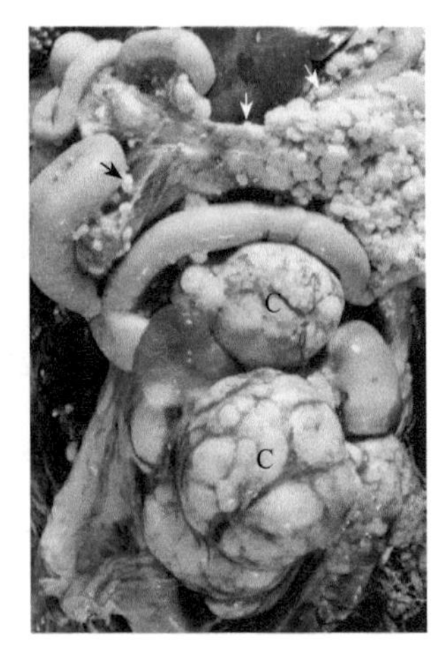

图 3-86 鸡卵巢癌（C）和腹腔内的转移瘤（箭头）

（八）肿瘤的命名

肿瘤的命名规则如下。

1. 良性肿瘤的命名 一般称为瘤，其命名的方式为肿瘤的生长部位和组织起源名称之后加个瘤字，如子宫平滑肌瘤。

2. 恶性肿瘤的命名 一般称为癌或肉瘤，所谓癌症，是一切恶性肿瘤的总称。

（1）癌：为上皮组织发生的恶性肿瘤，其命名的方式为肿瘤发生部位和组织起源名称之后加个癌字，如鳞状细胞癌、肝癌等。

（2）肉瘤：为间叶组织发生的恶性肿瘤，其命名的方式为肿瘤的发生部位和组织起源名称之后加肉瘤二字，如子宫平滑肌肉瘤、皮下脂肪肉瘤等。

（九）肿瘤的病理学检查方法

肿瘤病理学检查方法如下。

1. 脱落细胞学检查 肿瘤细胞易于脱落，凡与外界相通的器官和体腔的肿瘤，其分泌物和体液内可含有脱落的瘤细胞，临床上，人们常采取这些分泌物和体液进行涂片检查。

2. 活体组织检查 从病变部位手术切取、钳取或穿刺法取得小块组织（或细胞成分）用于切片或抹片（如淋巴结穿刺）检查，以观察病变组织的细胞形态，并做出病理诊断。

3. 巨检 巨检是借助肉眼对可疑肿物进行一般性观察，以获得初步印象。

（十）肿瘤的病因

肿瘤的诱发病因如下。

1. 化学致癌因素 动物实验表明，亚硝胺致癌性强，主要引起肝癌、食管癌和胃癌；蕨菜中含有的化学成分致癌，牛采食蕨类植物，会导致膀胱癌。

2. 物理致癌因素 X 线、同位素和紫外线辐射等可致癌。

3. 生物性致癌因素 螺旋杆菌可导致某些物种的胃癌；犬感染线虫（蛔虫），其食道内形成大的肉芽肿，有时会发展为食道肉瘤；黄曲霉毒素有强烈的致癌作用，可诱发肝癌。

第四章　临床症状病理

第一节　发　　热

一、发热的概念

发热是指机体在致热原的作用下，体温调节中枢的调定点上移，引起产热增多，散热减少，从而呈现体温升高，并导致各组织器官的机能和代谢改变的病理过程。发热是机体的一种防御适应性反应，其特点是：产热和散热过程由相对平衡状态转为不平衡状态，产热过程增强，散热过程减慢，从而引起体温升高和机体各组织器官的功能与物质代谢发生改变。

二、发热的原因

凡是能引起机体发热的各种化学物质，统称为致热原，可分为外源性和内源性两类。

（一）外源性致热原

外源性致热原不直接作用于体温调节中枢，而是通过激活白细胞释放内源性致热原引起发热，故称之为发热激活物。根据致热源来源不同，分为传染性发热激活物和非传染性发热激活物。

1．传染性发热激活物　主要指细菌、病毒、立克次体、真菌、原虫等生物性致病因子。当这些生物性致病因素侵入机体，引起局限性感染及全身性感染时，均能刺激机体产生内生性致热原而引起发热。故大多数传染病和寄生虫病过程中，都能见到发热（50%～60%）。

2．非传染性发热激活物

（1）抗原 - 抗体复合物：变态反应和自身免疫反应中形成的抗原 - 抗体复合物，均能激活产致热原细胞，产生和释放内生性致热原，从而引起发热。

（2）无菌性炎症灶发热激活物：各种物理、化学和机械性刺激所造成的组织坏死，如非开放性外伤、大手术、烧伤、冻伤、化学性损伤等均可引起无菌性炎症。组织蛋白的分解产物在炎灶局部被吸收入血，激活产致热原细胞，产生和释放内生性致热原，引起发热。

（3）恶性肿瘤：生长迅速的恶性肿瘤细胞常发生坏死，并可引起无菌性炎症；坏死细胞的某些蛋白成分可引起免疫反应，产生抗原 - 抗体复合物或淋巴激活素。这些均可导致内生性致热原的产生和释放，从而引起机体发热。

（4）化学药物：某些化学药物如 α- 二硝基酚、咖啡因、烟碱等都可引起动物发热。但各种化学药物引起发热的机理不同，例如 α- 二硝基酚主要是增强细胞氧化过程，使产热增加而致体温上升，咖啡因是兴奋体温调节中枢，限制散热，因而导致发热。

（5）致热性类固醇：如睾丸酮的中间代谢产物——原胆烷醇酮有致热作用。

（二）内源性致热原（又叫内生性致热原）

内源性致热原是中性粒细胞、单核巨噬细胞和嗜酸粒细胞所释放的产物，如白细胞介素 -1、白细胞介素 -6（IL-6）、肿瘤坏死因子（TNF）和干扰素（IFN）等均为内源性致热原。

1. IL-1 IL-1是由单核细胞、巨噬细胞在发热激活物的作用下所产生的多肽类物质，受体广泛分布于脑内，但密度最大的区域位于最靠近体温调节中枢的下丘脑外面。

2. IL-6 IL-6是由单核细胞、巨噬细胞、成纤维细胞和T、B细胞等分泌的细胞因子，也具有明显的致热活性。

3. TNF TNF也是重要的内生性致热原之一。多种外生性致热原如葡萄球菌、链球菌、内毒素等都可诱导巨噬细胞、淋巴细胞等产生和释放TNF。TNF也具有白细胞介素-1相似的生物学活性。

4. IFN 干扰素是受病毒等因素作用时由淋巴细胞等产生的一种具有抗病毒、抗肿瘤作用的低分子量糖蛋白。干扰素可引起丘脑产生前列腺素E，作用于体温调节中枢引起发热，它所引起的发热反应与白细胞介素-1和干扰素不同，干扰素反复注射可产生耐受性。

三、发热的机理

体内产致热原细胞平时可产生微量的内生性致热原，但必须被细菌、病毒等微生物激活后，才能向外释放。在各种感染过程中，体内产致热原细胞由于受到细菌、病毒等传染性致热原（激活物）的作用而发生激活，产生和释放内生性致热原，发挥致热作用。可见，外来致热原可成为一种激活物，作用于体内产致热原细胞，使其产生内生性致热原，引起发热。

四、发热的过程和热型

发热过程及分型见下述。

（一）发展过程

发热过程包括以下三个阶段。

1. 增热期 体温上升阶段，又称体温上升期。产热量大于散热量，体温升高。此时患病动物表现精神沉郁，食欲减退或废绝，被毛蓬乱，呼吸和心跳加快，出现寒战等症状。

2. 高热期 高热期又称高热持续期，体温上升到一定高度不再上升而维持在较高水平，产热量接近散热量。此时患病动物皮温增高，眼结膜充血潮红，呼吸和心跳加快，胃肠蠕动减弱，粪便干燥，尿量减少，口干舌燥，精神沉郁。

3. 退热期 退热期又称体温下降期，产热量小于散热量。此时动物的汗腺分泌增加，引起大量出汗散发热量（又称出汗期），使体温下降。大量出汗可造成脱水，甚至循环衰竭，在临床上应注意监护，补充水和电解质，尤其是对心肌炎病畜，更应密切注意其体征。

【临床联系】

在兽医临床工作中，针对发热动物要及时处理，尤其处于退热期时注意补水；否则会造成病畜脱水，甚至机体衰竭。

（二）热型

病畜的发热包括以下6种热型。

1. 稽留热 高热稽留3天以上，日温差在1℃以内，体温维持在40℃以上，称为稽留热。临床常见于大叶性肺炎、猪瘟、猪丹毒、马传染性胸膜肺炎、牛恶性卡他热等急性发热性传染病。

2. 弛张热　体温升高，日温差在1℃以上，体温常在39℃以上，但不降至常温，称为弛张热。临床常见于小叶性肺炎、支气管炎、胸膜炎、败血症、严重肺结核病等。

3. 间歇热　体温骤升至高峰后持续数小时，又迅速降至正常水平，有热期与无热期有规律交替，间歇时间短，且重复出现，称间歇热。临床常见于血孢子虫病、锥虫病等。

4. 回归热　与间歇热相似，无热期间歇时间较长，其持续时间与发热时间大致相等，体温急骤升至39℃或以上，称为回归热。临床常见于亚急性和慢性马传染性贫血。

5. 双相热　其特点是第一次热程持续数天，然后经一至数天的解热期，又突然发生第二次热程，称为双相热。临床常见于某些病毒性疾病，如犬瘟热。

6. 不定型热　发热持续时间不定，变动也不规则，而且体温的日差有时极其有限，有时则有很大波动，称为不定型热。临床常见于慢性猪瘟、慢性猪肺疫、流感、支气管肺炎、肺结核、非典型马腺疫等许多非典型经过的疾病。

五、发热时机体的物质代谢

动物体发热时，物质代谢变化的总趋势是分解代谢加强，以适应产热的物质要求，通常体温上升1℃，基础代谢率提高13%。

1. 糖代谢　发热时因交感神经兴奋，肾上腺素分泌增多，肝脏和肌肉糖元分解加强，血糖升高。机体内糖元无氧酵解也加强，因此，血液和组织液内乳酸增多。

2. 脂肪代谢　发热时常使机体脂库中脂肪大量消耗，因此患病动物日渐消瘦，血液内中性脂肪酸含量增高。因脂肪氧化不全，故有时出现酮血症和酮尿症。

3. 蛋白质代谢　蛋白质的分解可增加0.5～1倍（传染性发热），大量含氮物质蓄积血液中。发热时糖、脂肪、蛋白质等分解的中间产物，刺激机体引起各实质器官发生萎缩、变性及机能衰竭。

4. 水、盐代谢　水、盐代谢的变化在高热期主要为滞留倾向，在退热期因出汗和排尿增多而使体内水、盐潴留减少，严重时出现脱水。长期发热时，因氧化不全的酸性中间产物增多，血液碱贮减少而发生酸中毒。

5. 维生素代谢　长期发热时，由于物质代谢加强，参与酶系统组成的维生素消耗增强。同时由于动物摄食减少，病畜产生维生素缺乏，以维生素B和维生素C缺乏最明显。

六、发热时的机能变化

发热时，病畜机体的机能变化如下。

1. 神经系统　动物在发热初期多表现神经兴奋状态，但在高热期，由于高温血液、有毒产物影响，中枢神经系统产生抑制，病畜精神沉郁甚至昏迷。整个发热期过程中，动物的交感神经兴奋性始终占优势，因而机体的合成代谢受到不同程度的抑制。

2. 心血管系统　交感神经兴奋和高温血液刺激心脏，窦性心率加快。通常体温上升1℃，心跳每分钟增加约10次。长期发热时，因心肌变性常导致心力衰竭。危重病例晚期时心动过速和体温下降，标志着预后不良。

3. 呼吸系统　发热时由于高温血液和酸性代谢产物刺激呼吸中枢，呼吸加深加快，有利于氧吸入和机体散热。但高热持续时，往往又可致中枢神经系统功能障碍和呼吸中枢兴奋性降低，致使动物出现呼吸浅表、精神沉郁等症状，这些变化对机体也是不利的。

4. 消化系统　病畜交感神经兴奋，胃肠分泌减少，蠕动减弱，因而消化机能明显减退，食欲和饮欲也明显下降。粪便在肠内停留过久引起便秘，甚至发酵、腐败。

5. 泌尿系统　由于发热时肾机能障碍及水分蒸发，动物表现尿少和尿比重增加。高热时，一方面由于呼吸加快，水分被蒸发；另一方面因肾组织发生轻度变性，加之体表血管舒张，肾脏血流量相应地减少，以及由于分解代谢增强，酸性代谢产物增多，水和钠盐潴留在组织中，因而使尿液减少，尿比重增加，并且尿中常出现含氮产物。到退热期，由于肾脏血液循环的改善，大量盐类又从肾脏排出，因此又表现为尿量增多。

6. 单核 - 吞噬细胞系统的变化　发热时单核 - 吞噬细胞系统活跃，促使巨噬细胞活动增强，抗体产生，白细胞内酶活性增强，肝脏的解毒机能也加强。

七、发热的生物学意义

发热是机体在进化时获得的一种以抗损伤为主的防御适应反应，对机体有利有弊。

1. 有利方面　一定程度的体温升高，增强单核 - 巨噬细胞系统的吞噬机能，促进抗体形成。同时发热还能促进血液循环，提高肝、肾、汗腺等器官的解毒、排毒机能，加速对炎症有害产物的处理和排泄。

2. 不利方面　一是发热会增大组织能量消耗，加重器官负荷，诱发相关脏器功能不全，动物消瘦和抵抗力下降。二是高热常使实质器官的细胞出现颗粒变性，如中枢神经系统和血液循环系统发生损伤，动物表现出精神沉郁乃至昏迷，心肌变性导致心力衰竭。三是发热可致胎儿发育障碍，是重要的致畸因子，因此母畜在孕期应避免发热。

【临床联系】

对发热动物的处理方法如下。

1. 一般处理　非高热病畜一般不要急于解热，以免干扰热型和热程，不利于疾病诊断，对长期不明原因病例的发热应细查，注意寻找体内隐蔽的化脓部位。

2. 下列情况应及时解热　持续性高热（如体温在40℃以上）、患心脏病（发热会加重心肌负荷）、有严重肺或心血管疾病、妊娠期，在治疗原发病的同时应采取退热措施，但高热不可骤退。

3. 解热措施　具体措施包括药物解热和物理降温及其他措施（休息，补充水分）。高热惊厥者也可酌情应用镇静剂，并加强对其护理，预防脱水，保证充足易消化的营养食物，监护心血管功能，同时注意纠正水、电解质和酸碱平衡紊乱。

第二节　贫　　血

一、贫血的概念

贫血指循环血液总量减少或单位容积外周血液中血红蛋白量、红细胞数低于正常值，并且有红细胞形态改变和运氧障碍的病理现象。动物的原发性贫血很少，多数是某些疾病的继发反应。因此兽医必须研究贫血真正的原因、分类以及贫血和其他疾病的关系，否则往往治疗无效。长期贫血可出现疲倦无力，动物生长发育迟缓、消瘦、毛发干枯、抵抗力下降等。

二、贫血的原因及类型

贫血按其病因可分为失血性贫血、溶血性贫血、营养不良性贫血、再生障碍性贫血四类。

（一）失血性贫血

失血性贫血是以丧失大量红细胞为特征的贫血。

1. 原因

（1）急性失血性贫血：常见于大出血。血液总量减少，单位容积内的红细胞和血红蛋白不减少。如机体来不及代偿可引起低血容量性休克，如外伤，肝脾破裂。

（2）慢性失血性贫血：常见于反复失血。在贫血的初期，症状不明显，后由于反复失血，使铁丧失过多，而致缺铁性贫血，即色素低，红细胞小，大小不均，形态异常。如寄生虫感染、出血性胃肠炎、消化道溃疡、体腔肿瘤等。

2. 病理特征

（1）急性失血性贫血：短时间内血液总量减少，但单位容积的红细胞数和血红蛋白含量正常，经过一定时间，血液总量暂时恢复，单位容积的红细胞数和血红蛋白含量低于正常值，再经过一定时间，外周血液中可见多量的网织红细胞、多染性红细胞和有核红细胞。急性失血性贫血时，如血液大量丧失，机体来不及代偿，可导致低血容量性休克甚至死亡。

（2）慢性失血性贫血：初期由于失血量少，骨髓造血功能可以实现代偿，贫血症状不明显；但是长期反复失血，因铁丧失过多，导致缺铁性贫血。红细胞大小不均，并呈异形性（椭圆形、梨形、哑铃形等）。严重时，骨髓造血功能衰竭，肝、脾内可出现髓外造血灶。

（二）溶血性贫血

溶血性贫血是红细胞大量破坏所致的贫血。

1. 原因

（1）生物性因素：钩端螺旋体、链球菌、葡萄球菌、猪瘟及血液寄生虫病等因素均可致病。

（2）物理性因素：包括高温、低渗溶液等均能引起红细胞大量破坏。

（3）化学性因素：很多化学物质都能使动物发生溶血性贫血。最常见的有铜、铅、皂苷及硝基呋喃妥因、非那西汀及磺胺等药超量使用时，能够产生贫血。

（4）有毒植物：多种有毒植物都能使动物发生溶血性贫血。如蓖麻籽、栎树枝、冰冻芜菁、金雀枝、毛茛属植物、旋花植物、黑黎芦及野葱等。但因其适口性差，动物极少中毒。

（5）代谢性疾病：产后血红蛋白尿是常见于高产乳牛的一种疾病，发生在产后2～3周，特征为发生贫血和血红蛋白尿，可能与磷的不足症有关。犊牛或青年牛常发生水中毒，导致血液低渗，红细胞水肿、破裂而发生溶血和血红蛋白尿。

（6）免疫反应：异型输血、新生畜免疫溶血性疾病、自身免疫溶血性疾病如全身性红斑狼疮等均可致病。

2. 病理特征　血液总量一般不减少，由于红细胞大量破坏，使单位容积的红细胞和血红蛋白减少。由于缺氧和红细胞分解产物的作用，使骨髓造血功能增强。急性溶血性贫血时，大量释放血红蛋白，出现血红蛋白尿。同时血中间接胆红素增多，在心血管内膜、浆膜、黏膜等部位呈现明显的溶血性黄疸。红细胞大量崩解，肝、脾等多个器官组织内，单核 - 巨噬细胞系统机能增强，肝、脾明显肿大，并有含铁血黄素沉着。

（三）营养不良性贫血

营养不良也可致贫血。

1．原因　由造血所必需的营养物质（铜、铁、钴、维生素、叶酸、蛋白质）缺乏导致红细胞生成不足造成的贫血称为营养不良性贫血。临床以营养性缺铁性贫血最为多见。

2．病理特征　营养不良性贫血一般病程较长，动物消瘦，血液稀薄，血红蛋白含量降低，血色淡。铁和铜缺乏时，表现为小红细胞低色素型贫血，红细胞平均体积及血红蛋白平均含量均降低。严重时，红细胞大小不均，并呈异形性（由于缺铁使红细胞的基质结构合成障碍所致）。钴和维生素 B_{12} 缺乏时，由于红细胞成熟障碍，表现为大红细胞高色素型贫血，血红蛋白含量比正常高。

（四）再生障碍性贫血

再生障碍性贫血可导致严重的机体贫血。

1．原因

（1）生物性因素：某些病毒性传染病（马传染性贫血、牛恶性卡他热、鸡传染性贫血、鸡包涵体性肝炎等），能造成再生障碍性贫血。

（2）物理性因素：动物机体长期暴露于 α、γ、X 线、镭或放射性同位素的辐射环境，可以造成选择性的骨髓功能不全。

（3）化学性因素：已经证明从三氯乙烯抽提的饲料、蕨类植物、50 多种化学药物（氯霉素、保泰松、抗癌药、某些抗生素、有机砷化合物）及最常见的苯及其衍生物类化学物质能造成再生障碍性贫血。

（4）骨髓疾病：白血病或骨髓瘤等使骨髓组织破坏或抑制，不能充分利用造血原料，可致再生障碍性贫血。

2．病理特征　红细胞大小不均，并呈异形性。除红细胞减少外，还有白细胞、血小板减少，皮肤、黏膜出血和感染等症状。骨髓造血组织发生脂肪变性和纤维化，红骨髓被黄骨髓取代。血清中铁和铁蛋白含量增高。贫血主要原因是出血、溶血、骨髓功能不全等，症状上不易区分，从血涂片检查红细胞易区别。各类贫血特点见表 4-1。

表 4-1　各种类型贫血的特点

类型 / 特点	失血性贫血		溶血性贫血	营养不良性贫血	再生障碍性贫血
	急性	慢性			
原因	外伤、肝脾破裂、产后大流血等	寄生虫病、胃溃疡等	溶血性微生物、毒物、血液原虫、免疫性溶血等	长期缺乏蛋白质、铁、铜、维生素 B_{12} 等	某些中毒、病毒性传染病，放射性物质照射等
红细胞数量	减少	减少	减少	略减少	减少

续表

特点＼类型	失血性贫血		溶血性贫血	营养不良性贫血	再生障碍性贫血
	急性	慢性			
血红蛋白含量	降低	降低	降低	铁和铜缺乏时降低，钴和维生素 B_{12} 缺乏时比正常高	降低
血色指数	初期正色素性，后期为低色素性	正色素性，补铁不足呈低色素性	初期为高色素性，后期为低色素性	缺铁为低色素性贫血，缺维生素 B_{12} 为高色素性贫血	无明显变化
血细胞象	红细胞基本正常，后期网状红细胞、有核红细胞增多，也见多染性红细胞	红细胞染色淡、大小不均，严重时有异型细胞出现	网织、有核红细胞增多，出现多染性红细胞	红细胞淡染、体积小，有时呈异型性	红细胞大小不均，出现异型红细胞，白细胞和血小板都减少
病变	贫血性心衰、休克	见肝脾髓外造血灶，肝脂变，脾呈肉状，管状骨内红髓区扩大	贫血、黄疸、脾肿大三联征，并血红蛋白尿	呈恶病质（严重水肿、贫血、消瘦）	黏膜、皮肤有出血和感染，反复发热，抗贫血药治疗无效，管状骨内红髓区缩小
	全身性贫血时全身综合表现：被毛粗乱、消瘦、乏力、呼吸急促、生长慢、不愿活动、脉增数、血液稀薄、皮下水肿、可视黏膜苍白、食欲减退、消化不良				

【临床联系】

手术过程中防止大出血，否则会引起失血性贫血，动物出现贫血症状时要及时采取措施治疗。

三、贫血对机体的影响

贫血时，动物体内会发生一系列病理生理变化，有些是贫血造成组织缺氧的直接结果，有些则是对缺氧的生理性代偿反应。

（一）组织缺氧

红细胞是携氧和运氧的工具，它的主要功能是将氧从肺输送到全身组织，并将组织中的二氧化碳输送到肺，由肺排出。贫血时，毛细血管内的氧扩散压力过低，以致对距离较远的组织供氧不足，此外，血液总的携氧能力降低，输送至组织的氧因而减少，结果造成组织缺氧、酸中毒。各器官、组织随之出现细胞萎缩、变性、坏死。

（二）生理性代偿反应

即使在组织缺氧时，血红蛋白中的氧实际上并未完全被释放和利用。身体能通过增加血红蛋白中氧的释放、增加心脏输出量和加速血液循环、血液总量维持、器官和组织中血流重新分布、红细胞增多等发挥多种代偿机制以便充分利用血红蛋白中的氧，使组织获得更多氧气。

四、贫血的防治原则

贫血防治原则包括：①重视防治可导致贫血的各种原发疾病，如钩虫病、溃疡病等。尽可能去除病因，不再与有害物质接触。②加强饲养管理，如圈舍采光充足，通风好且保暖，室内定期消毒。③对仔畜常发的缺铁性贫血，可直接从饲料中补铁，并加维生素C、胃蛋白酶合剂等促进铁吸收。治疗慢性再生障碍性贫血最有效的药物为雄性激素，并辅助以中药治疗。

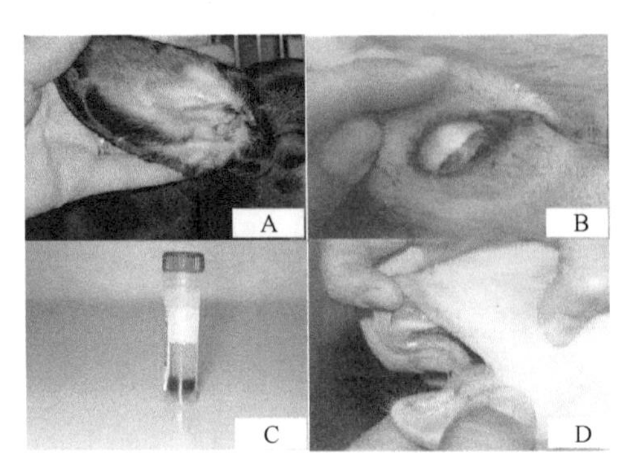

图 4-1 黄疸

A. 皮肤黄染；B. 巩膜黄染；C. 血浆呈黄色；D. 脂肪为黄色

第三节 黄 疸

黄疸是由于胆色素代谢障碍或胆汁分泌与排泄障碍，导致血清胆红素浓度增高，引起皮肤、黏膜、巩膜及其他组织被染成黄色的病理变化（图 4-1）和临床表现。血清总胆红素含量高于正常，而肉眼看不出黄疸，称之为隐性黄疸。

一、胆色素的正常代谢过程

（一）胆色素概念

胆色素是血红素多种代谢产物的总称，包括胆红素（表 4-2）、胆绿素、胆素原、胆素。除胆素原族化合物无色外，其余均有一定颜色，故统称胆色素。

表 4-2 动物正常血清总胆红素的含量（mmol/L）

动物名称	血清总胆红素含量	动物名称	血清总胆红素含量
马	7.1～34.2	山羊	0～1.71
母牛	0.17～8.55	猪	0～17.1
绵羊	1.71～8.55	犬	1.71～8.55

（二）胆色素的正常代谢

胆色素代谢以胆红素为中心。

1. 胆红素的来源 胆红素来自衰老的红细胞、肌红蛋白、细胞色素、过氧化物酶等，其中80%以上来自衰老的红细胞。

2. 胆红素代谢过程 以衰老的红细胞为例，阐述胆红素的正常代谢。

（1）非酯型胆红素的生成：衰老的红细胞被肝、脾及骨髓的巨噬细胞吞噬，在吞噬细胞内分解为珠蛋白和血红素，珠蛋白被分解为氨基酸重新利用，而血红素则在血红素加氧酶的作用下，生成胆绿素，胆绿素又在胆绿素还原酶的作用下生成胆红素（图 4-2）。一部分胆红素随胆汁被排入十二指肠内，受到大肠细菌的作用生成胆素元，胆素元大部分随粪排出体外，还有一部分被肠壁毛细血管重吸收入血，与血浆中白蛋白结合成复合物，被运送到肝，这种胆红素没有和葡萄糖醛酸结合生成酯，故称非酯型胆红素或非结合胆红素。这种胆红素为脂溶性的，不能经尿排出，可通过细胞膜和血 - 脑屏障，进入脑组织，损伤神经元。

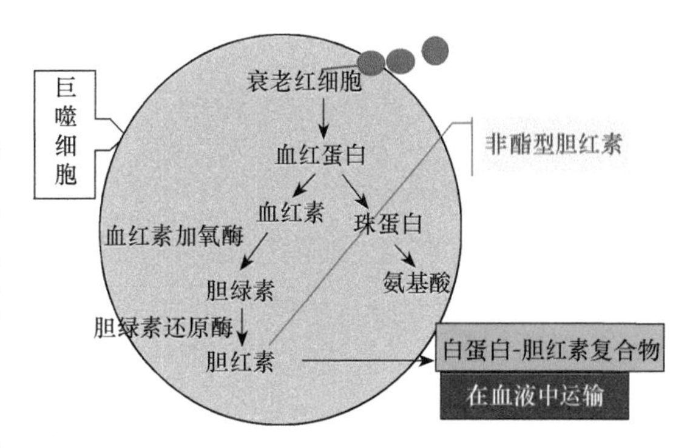

图 4-2 非酯型胆红素的生成过程

（2）非酯型胆红素在肝脏被转化为酯型胆红素：血中胆红素以胆红素 - 白蛋白复合物的形式通过门静脉被运送到肝脏，在肝脏窦周隙，胆红素与白蛋白分离，胆红素进入肝细胞内，与肝细胞浆中载体蛋白结合形成复合物，使胆红素不能返流入血，而不断进入肝细胞，在肝细胞的滑面内质网胆红素与葡萄糖醛酸结合形成葡萄糖醛酸胆红素酯，这种胆红素称为酯型胆红素或结合胆红素（图 4-3）。酯型胆红素水溶性增强，易从胆汁排出，也易透过肾小球从尿排出，不易通过细胞膜和血 - 脑屏障，因此不易造成组织中毒，这是胆红素解毒的重要方式。

（3）酯型胆红素在肠道细菌作用下被还原成无色胆素原：一部分胆红素以粪胆素原随粪排出体外，还有一部分被肠壁毛细血管重吸收入血，通过门静脉回到肝脏，可再一次排入肠内形成胆素原，这个过程叫肝肠循环（图 4-4）；另外，被重吸收的胆素原随尿排出，这一部分叫尿胆素原。

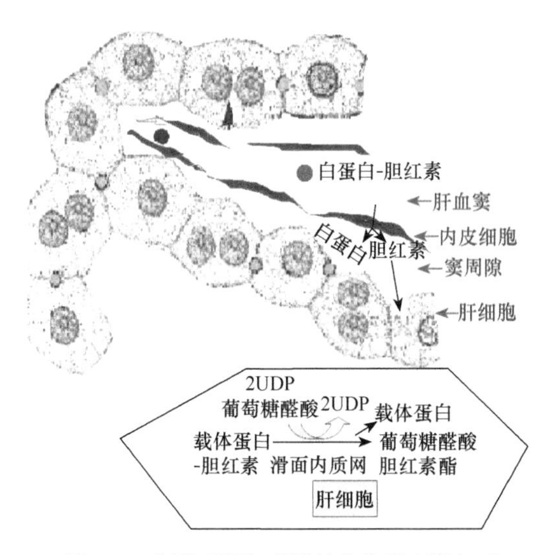

图 4-3 非酯型胆红素被转化为酯型胆红素

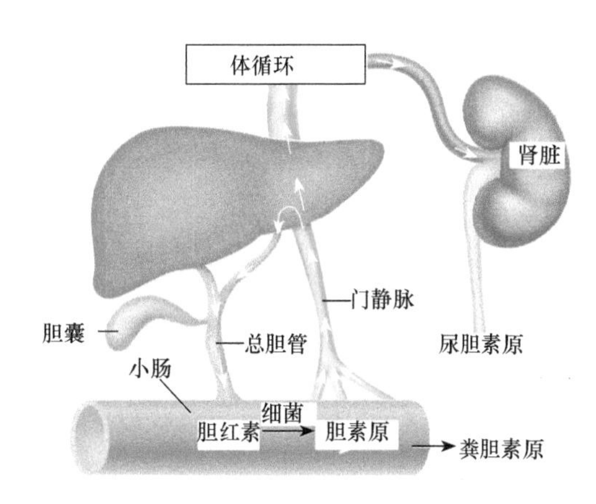

图 4-4 胆素原的肝肠循环

健康机体胆色素的生成、代谢和排泄，维持着动态平衡，因而血液中胆红素含量相对恒定。但某些疾病时，由于各种原因造成血中胆红素生成过多，在肝脏内转化和结合障碍，以及胆汁排出受阻，破坏了这种平衡，最后导致血液中胆红素含量升高，临床上出现黄疸症状。

二、黄疸类型

根据黄疸的发生原因和机理，一般可将黄疸分为三个类型。

（一）溶血性黄疸

1. 概念　由于红细胞破坏过多，血清中非酯型胆红素生成增多而发生的黄疸称溶血性黄疸，也叫肝前性黄疸。

2. 原因　凡能引起循环血液内红细胞大量破坏的各种致病因素，都能引起溶血性黄疸，常见于血孢子虫病、毒物中毒、大面积烧伤、毒蛇咬伤以及溶血性传染病和新生幼畜溶血病等疾病过程。

3. 特点

（1）血清中非酯型胆红素升高，胆红素定性试验为间接反应阳性。

（2）血液中的非酯型胆红素与血浆白蛋白结合成大分子复合物，不能被肾小球滤过，因此尿中检测不到非酯型胆红素。

（3）当血中非酯型胆红素增多时，肝脏对非酯型胆红素的处理功能代偿性增强，使酯型胆红素生成增多，造成粪胆素原、尿胆素原增多，导致粪、尿颜色加深。

（二）阻塞性黄疸

1. 概念　阻塞性黄疸是由于胆管阻塞所引起的黄疸，也称肝后性黄疸。

2. 原因　常见于胆道被寄生虫（蛔虫，肝片吸虫）或结石阻塞，胆管受肿瘤或肿大的淋巴结压迫，胆管和十二指肠炎症以及胆道系统的机能障碍等。

3. 特点

（1）血清中酯型胆红素增高，定性试验呈直接阳性反应。

（2）酯型胆红素是水溶性的，可随尿排出，尿中胆红素含量增高。

（3）酯型胆红素排入肠内障碍，使粪、尿胆素原生成减少，粪、尿颜色变浅（图 4-5）。

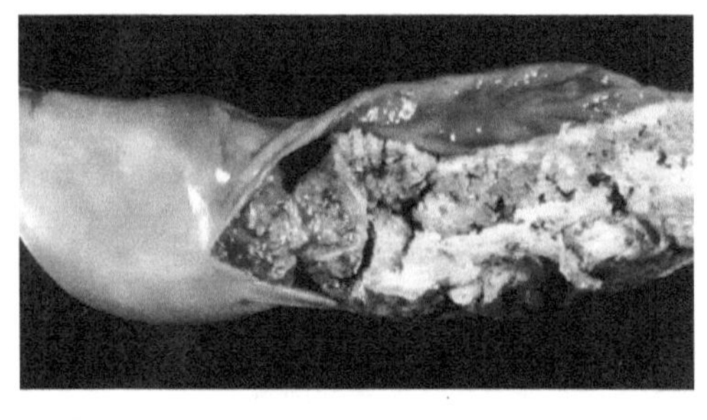

图 4-5　粪便颜色变浅

（三）实质性黄疸

1. 概念　实质性黄疸是由于肝细胞、毛细胆管同时发生损伤，使胆红素代谢发生障碍所引起的黄疸，也称肝原性黄疸。

2. 原因　本病常见于某些传染病、中毒、霉菌毒素、缺乏维生素 E 及肝淤血等。

3. 特点

（1）血中非酯型胆红素、酯型胆红素含量均增高，定性试验呈双向反应。

（2）排入肠道的酯型胆红素减少，粪内胆素原和胆素减少，粪便颜色变浅；因肝细胞酯化和排泄功能障碍，胆素原入血增多，致随尿排出的尿胆素原和尿胆素增多，尿颜色变深。

（3）酯型胆红素可经肾小球滤出，故尿胆红素呈阳性。

三、黄疸对机体的主要影响

黄疸对机体产生的主要影响如下。

1. 非酯型胆红素对神经系统的毒性作用　尤其是新生幼畜，由于血 - 脑屏障发育不成熟，当发生非酯型胆红素黄疸时，非酯型胆红素进入脑内，使神经细胞发生变性和坏死，动物出现抽搐、痉挛、运动失调等神经症状，甚至迅速死亡。

2. 非酯型胆红素对小肠的毒性作用　大量非酯型胆红素进入小肠，刺激小肠黏膜，甚至引起黏膜糜烂，影响小肠的消化和吸收。

3. 阻塞性黄疸的影响　阻塞性黄疸使胆汁逆流入血，其中的胆汁酸刺激迷走神经兴奋，引起心律缓慢和低血压；胆汁酸刺激皮肤感觉神经末梢，引起皮肤瘙痒；胆汁不能进入肠道，导致脂肪和脂溶性维生素的吸收障碍，进而发生因脂溶性维生素缺乏产生的一系列症状。

第四节　水　　肿

一、概念

水肿指组织间隙或体腔内液体蓄积过多的现象。水肿液在机体天然体腔内积聚称积水，如心包积水、胸腔积水；水肿液在皮下结缔组织间蓄积叫浮肿。水肿不是一种独立的疾病。

二、水肿的发生机理

正常动物体组织液总量相对恒定，有赖于血管内外液体交换平衡和体内外液体交换平衡两大因素的调节。这两大因素失衡，即发生水肿。

（一）血管内外液体交换失衡

血管内外液体交换，即血浆和组织液之间体液的交换。血管内外液体交换失衡时，导致组织液增多，液体在组织间隙内积聚。正常动物体血管内外的液体交换见图 4-6。在毛细血管动脉端，有效流体静压大，血管内液体滤出到组织间隙，而毛细血管静脉端，有效胶体渗透压大，组织间隙液体回流到血管内，有少量组织液经淋巴管回到血液循环。三者处于动态平衡，使组织液保持恒定范围。下列因素可破坏上述平衡，导致组织间液过多积聚而形成水肿。

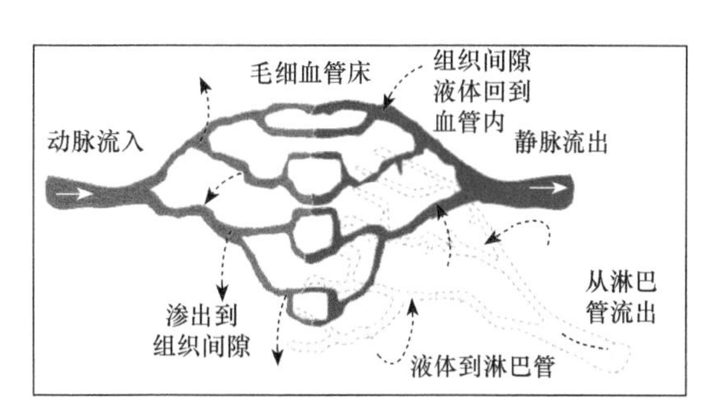

图 4-6　正常动物体血管内外液体交换示意图

1. 毛细血管血压升高　毛细血管血压升高，即毛细血管流体静压升高，毛细血管动脉端滤出液增加，导致组织间液生成过多。心力衰竭时，静脉压增高是全身性水肿的重要原因之一，而肿瘤压迫静脉或血栓阻塞静脉腔也可致毛细血管流体静压增高，引起局部水肿。肝硬化可致肝静脉回流受阻和门静脉高压，造成毛细血管流体静压增高，导致腹水形成。

2. 血浆胶体渗透压下降　血浆蛋白含量决定血浆胶体渗透压，凡能引起血浆蛋白降低的因素均可导致血浆胶体渗透压下降，如饲料中蛋白质含量低，摄入蛋白质少；胃肠疾病使消化吸收障碍，营养不良；严重肝病；肾病综合征病畜，大量蛋白质从尿中丢失等。

3. 微血管壁通透性增加　由于微血管壁通透性增加，使蛋白质渗出到组织间隙，使组织间胶体渗透压升高，另外毛细血管内的血浆胶体渗透压下降，从而引起水肿。

4. 淋巴回流受阻 当淋巴管堵塞（如丝虫病、恶性肿瘤），淋巴管痉挛收缩，淋巴管受到压迫（肿瘤等压迫）时，淋巴回流受阻引起水肿。

（二）体内外液体交换平衡失调

正常情况下，动物对钠、水的摄入量和排出量保持动态平衡，维持体液量的相对恒定，肾脏对此平衡起着重要作用。当这种动态平衡被打破，导致细胞外液总量的增多以致液体在组织间隙或体腔中积聚，引起水肿。下列因素可破坏上述平衡。

1. 肾小球滤过降低 急性肾小球肾炎、肾血流量下降（失血）、肾小囊内压增高（肾盂或输尿管结石）致有效滤过压下降等。

2. 肾小管重吸收增多 激素是调节远端小管和集合管对钠、水重吸收的主要因素，当醛固酮分泌增多或抗利尿激素分泌减少时，导致钠、水潴留，引发水肿。

三、常见水肿类型

常见水肿有如下几种类型。

1. 心性水肿 由于心收缩力减弱，心力衰竭所致的水肿为心性水肿。左心衰竭引起肺水肿，右心衰竭导致全身水肿，水肿首先出现在下垂部位。

2. 肾性水肿 原发性肾功能障碍引起的全身性水肿，称肾性水肿，表现为眼睑部或面部水肿。

3. 肝性水肿 肝原发性疾病引起的体液异常积聚，称肝性水肿，表现为腹水生成增多。

4. 炎性水肿 炎症过程中，引起的局部水肿，称为炎性水肿。炎症常导致血管内皮损伤，血管壁通透性增加，血液中大分子物质如血浆蛋白渗出到组织间隙，导致血浆胶体渗透压降低，进入组织间隙的血浆蛋白增加了组织间隙胶体渗透压，引发水肿，其特征是水肿液中蛋白质含量增高。

四、水肿的病理变化

（一）皮肤水肿（浮肿）

皮肤水肿又叫凹陷性水肿。皮肤水肿时，可见皮肤肿胀，色彩变浅，失去弹性，触之质如面团，指压遗留压痕（图 4-7）。切开皮肤有大量浅黄色液体流出，皮下组织呈淡黄色胶冻状（图 4-8）。

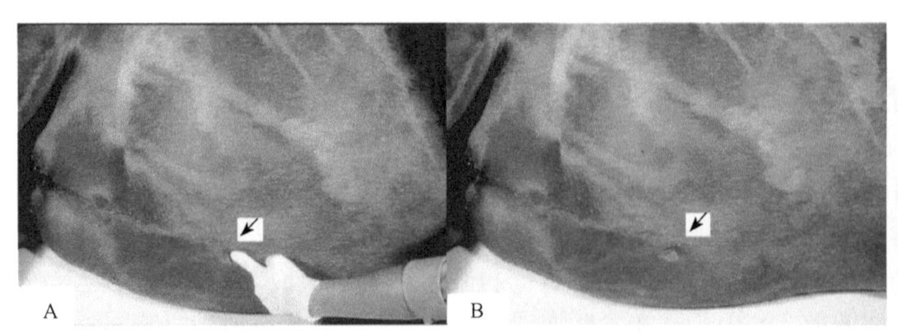

图 4-7 指压留痕（箭头处）（马腹部皮肤水肿）

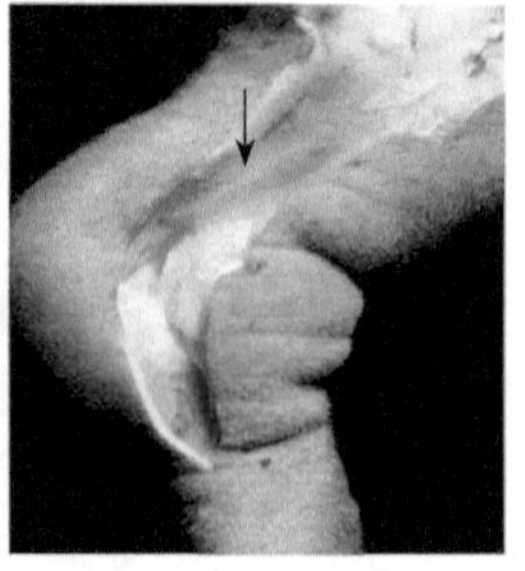

图 4-8 皮下组织呈胶冻状（箭头处）（犬）

（二）肺水肿

眼观，体积增大，边缘钝圆（图 4-9），重量增加，质度变实。肺切面呈暗紫红色，从支气管和细支气管内流出大量白色泡沫状液体（图 4-10）。

镜检，非炎性水肿时，见肺泡壁因毛细血管高度扩张而增厚，肺泡腔内出现多量粉红染的浆液，其中混有少量脱落的肺泡上皮（图 4-11）。

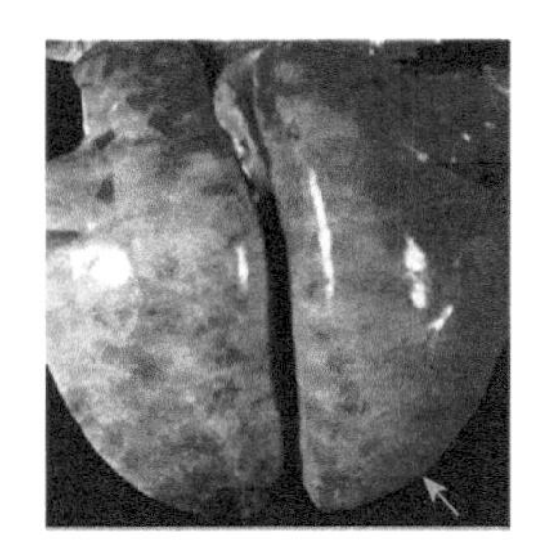

图 4-9　肺体积增大，边缘钝圆（箭头处）（猪）

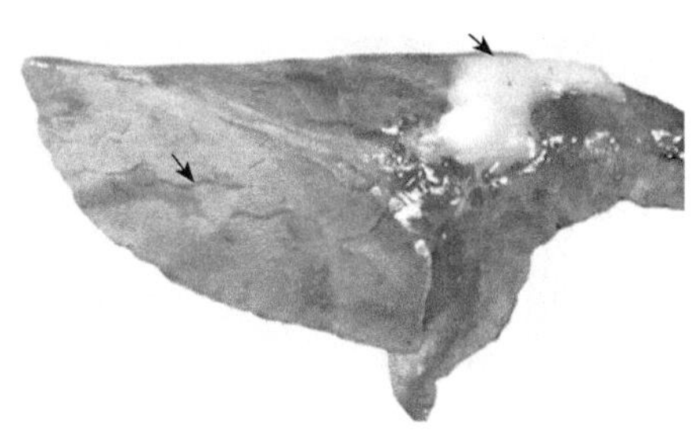

图 4-10　白色泡沫状液体（箭头处）（猪肺水肿）

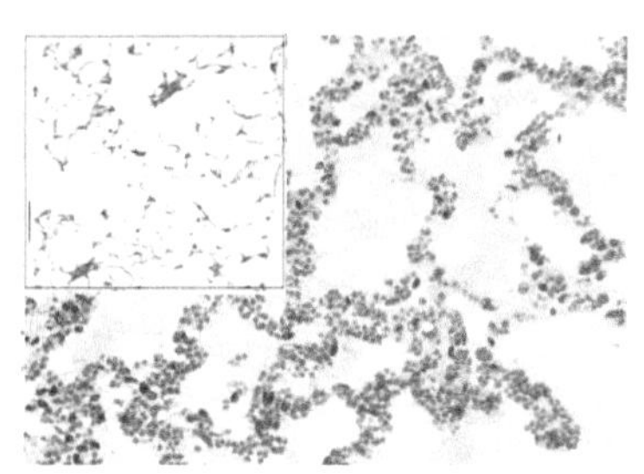

图 4-11　肺水肿（左上角为正常肺组织）

（三）脑水肿

眼观，软脑膜充血，脑回变宽而扁平，脑沟变浅（图 4-12）。

镜检，软脑膜和脑实质内毛细血管充血，神经细胞肿胀，体积变大，细胞质内出现大小不等的水泡。细胞周围因水肿液积聚而出现空隙（图 4-13）。

（四）实质器官水肿

肝脏、心脏、肾脏等实质性器官发生水肿时，器官的肿胀比较轻微，只有进行镜检才能发现。显微镜下观察，肝脏水肿时，水肿液主要蓄积于狄氏腔内；心脏水肿时，水肿液出现于心肌纤维之间；肾脏水肿时，水肿液蓄积在肾小管之间。

（五）浆膜腔积水

当浆膜腔发生积水时，水肿液一般为淡黄色透明液体。浆膜小血管扩张充血。图 4-14 为鸭心力衰竭引起的浆膜腔积水。

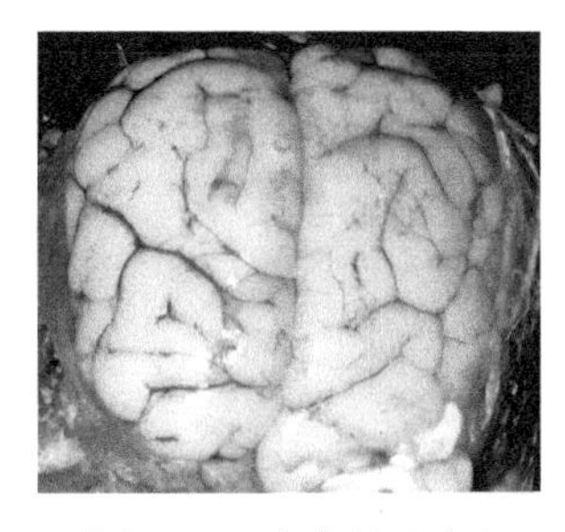

图 4-12　脑水肿（犬）

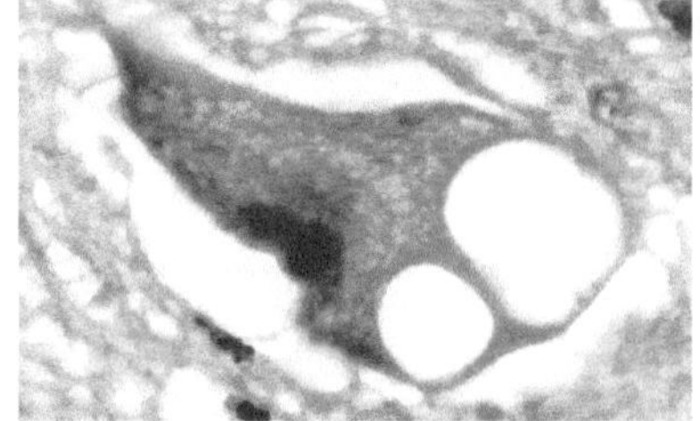

图 4-13　神经元内出现空泡（脑水肿）

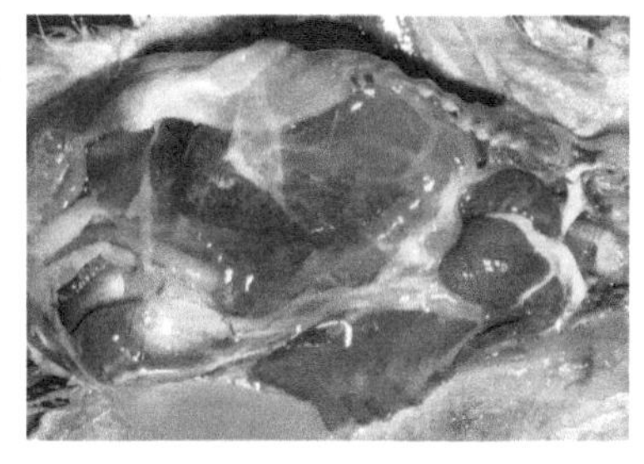

图 4-14　胸腹腔内大量淡黄色液体

（六）炎性水肿

炎性水肿常引起局部组织器官水肿，镜下常出现炎性细胞。如大肠埃希菌引起的猪水肿病，结肠襻肠系膜胶样水肿，面部、眼睑等出现水肿（图 4-15，图 4-16）。

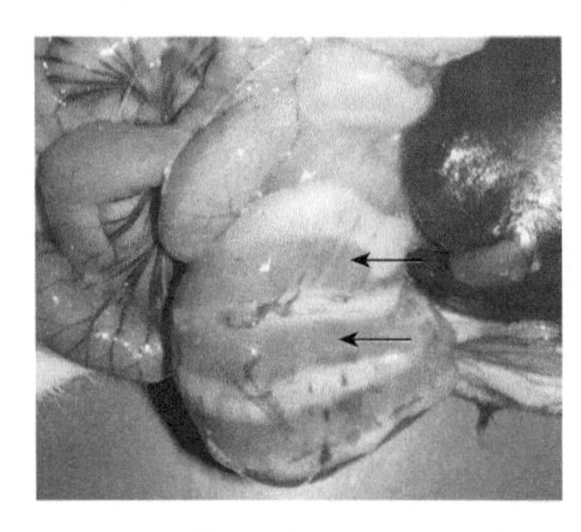

图 4-15 结肠襻肠系膜胶样水肿（箭头处）（猪水肿病）

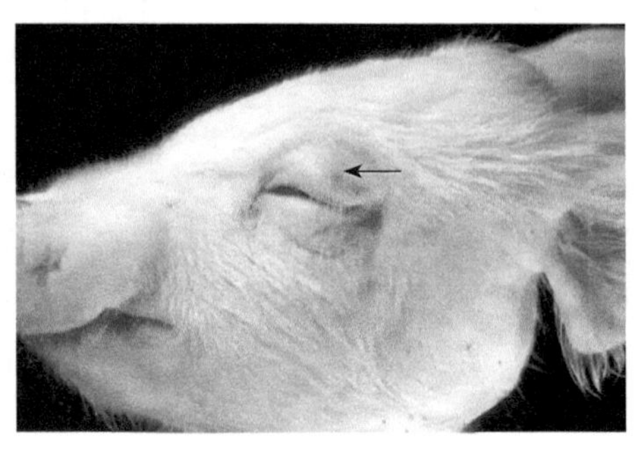

图 4-16 猪眼睑水肿（箭头处）（猪水肿病）

第五节 脱 水

水和电解质是构成细胞和细胞外液（内环境）的必不可少的组分，并参与体内许多重要的生物化学活动。它们对动物机体正常的生命活动具有十分重要的作用。机体在某些情况下，由于水的摄入不足或丧失过多，以致体液总量减少的现象，称为脱水。机体内的无机盐类（主要是氯化钠）是以水为溶媒来发挥其生理作用的，所以机体在丧失水分的同时，都伴有不同程度的盐类丧失。由此可见，脱水实际上包括水分和电解质的共同丢失。脱水按照细胞外液渗透压的不同可分为三种类型：高渗性脱水、低渗性脱水和等渗性脱水。

一、高渗性脱水

高渗性脱水又称缺水性脱水或单纯性脱水，指以水分丧失为主而盐类丧失较少的一种脱水。病理特点：血浆渗透压升高，细胞皱缩。病畜出现口渴、尿少和尿比重增加等症状。

（一）发生原因

其发生原因如下。

1. 饮水不足 饮水不足多见于集约化养殖场较长时间停电、停水，山地或沙漠地区因水源缺乏而饮水不足等情况；也可见于因咽部发炎、食道阻塞、昏迷以及破伤风所引起的牙关紧闭而导致饮水障碍等情况。

2. 失水过多

（1）经胃肠道丢失：如肠炎时，由于在短时间内排出大量的低钠性水样便，故易造成机体丢水多于丢钠。

（2）经皮肤、肺脏丢失：如过度使役使动物大汗淋漓；换气过度导致大量水分随汗液和呼吸运动而丢失。

（3）经肾丢失：见于丘脑因受肿瘤等的压迫而使抗利尿激素合成、分泌障碍，或由于肾小管上皮代谢障碍而对抗利尿激素反应性降低，因而经肾排出大量低渗尿；也可见于因服用过量的利尿剂，使大量水分随尿排出而造成高渗性脱水。

（二）病理过程

高渗性脱水初期，由于血浆渗透压升高，机体常出现一系列以保水排钠为主的抗脱水过程，其表现如下。

（1）由于血浆渗透压升高，组织间液大量被吸收入血，以降低血浆渗透压，但却使组织间液的渗透压升高。

（2）血浆渗透压增高，可直接刺激丘脑下部视上核渗透压感受器，一方面反射性引起患病动物产生渴感，促使其从外界环境中摄入水分；另一方面使脑垂体后叶释放抗利尿激素，加强肾小管对水分的重吸收，减少水分排出，故此时患病动物的尿量减少。

（3）血浆钠离子浓度升高，可抑制肾上腺皮质分泌和释放醛固酮，减弱肾小管对钠离子的重吸收，因此使大量钠盐从尿中排出，故尿液比重增大。通过上述保水排钠的代偿适应反应，使脱水所致血浆渗透压升高与血液循环障碍得到缓解。如果脱水继续发展，则机体的抗脱水能力将逐渐下降，疾病性质亦随之发生变化。

（三）对机体的影响

早期或轻度脱水，对机体影响不大。持久性脱水，可因组织间液渗透压升高，细胞内液中的水被动转移，而导致细胞内脱水，引起细胞皱缩，细胞内氧化酶活性下降，发生代谢障碍。同时，细胞外液得不到补充，使血液浓稠，循环衰竭，组织内的代谢产物聚积，发生自体中毒。另外，脱水过久，机体内各种腺体分泌减少，如唾液分泌少时，患病动物口腔黏膜发干，吞咽困难。同时，由于皮肤和呼吸器官蒸发水分相应减少，使散热障碍，体温升高（脱水热）。严重脱水时，因大脑皮层及皮层下各级中枢机能紊乱，病畜出现运动失调、昏迷，甚至死亡。根据临床症状，可将高渗性脱水分为以下三种程度。

1. 轻度　失水量相当于体重的2%～5%，病畜有渴感，少尿，可视黏膜干燥，皮肤弹性下降。

2. 中度　失水量相当于体重的5%～10%，病畜有明显口渴，少尿，可视黏膜干燥，皮肤弹性丧失、干燥，血液黏稠，心动过速，血浆尿素氮及肌酐水平增高，精神沉郁。

3. 重度　失水量相当于体重的10%～15%，病畜少尿、无尿，血压下降，脉搏细速，心音低弱，血浆非蛋白氮升高，血清 K^+浓度升高，严重酸中毒，容易导致死亡。

二、低渗性脱水

此症又称缺盐性脱水，指盐类丢失多于水分丧失的一类脱水。特点：血浆渗透压降低、血浆容量及组织间液减少，血液浓稠，细胞水肿。病畜无口渴感，尿量较多，尿比重降低。

（一）发生原因

其发生原因如下。

1. 补液不当　最常见的原因是腹泻、剧痛、中暑和过劳等引起体液大量丧失后只补充水分，忽略了电解质的补充，使血浆和组织间液的钠含量减少，渗透压降低所致。

2. 丢钠过多 丢钠过多见于慢性肾功能不全时，肾小管重吸收钠的能力降低，或因产生 H^+不能被回收而随尿排出。此外，治疗水肿时亦可引起低渗性脱水，如长期给予氯噻嗪类抑制肾小管对钠重吸收作用的利尿剂，同时限制钠盐摄入，常可引起低渗性脱水。

（二）病理过程

由于本型脱水主要表现为盐类的丢失多于水分的丧失，血浆中钠离子浓度减小，故使血浆渗透压降低。血浆渗透压降低是导致本型脱水所出现一系列病理变化的关键环节。其表现如下。

（1）血浆渗透压降低可直接抑制丘脑下部视上核中的渗透压感受器，反射性抑制垂体后叶释放抗利尿素，使肾小管对水的重吸收减少，尿量增多，血容量减少。

（2）血浆中钠离子浓度降低，可使 Na^+/K^+比值减少和容量减少，又可使肾上腺皮质分泌醛固酮，促进肾小管上皮细胞对钠离子的重吸收，因此，尿的比重降低。

（3）血浆渗透压降低，组织间液的钠离子向血管内透入，以此使血浆渗透压得以调节。机体通过上述调节，可使轻度脱水得到缓解而不致对机体造成严重的危害。

（三）对机体的影响

通过上述代偿适应过程，轻度低渗性脱水可维持血浆渗透压和血浆容量。如盐类丢失严重并持续发展，可因组织间液渗透压不断下降，细胞水肿逐渐加重而致细胞功能障碍。同时大量水分经肾脏排出，血浆容量减少，循环血量不足，血液黏稠，血流变慢，血压降低，肾血流量下降，尿量减少，进而引起血液中非蛋白氮增多。病畜四肢无力，皮肤弹性下降，眼球下陷，最终因循环衰竭，代谢产物堆积，自体中毒死亡。根据缺钠程度和临床症状，可将低渗性脱水分为以下三度。

1. 轻度 每千克体重丢失氯化钠 0.5g，病畜常表现无力，不爱活动。

2. 中度 每千克体重丢失氯化钠 0.73g，病畜常卧地不起，视力障碍，厌食，心率快而脉搏细弱。

3. 重度 每千克体重丢失氯化钠 1.25g，病畜常出现昏迷等症状。

三、等渗性脱水

等渗性脱水又称混合性脱水，是指体内水分和盐类大致按相等比例丧失的一类脱水。其特点是：血浆渗透压保持不变。

（一）发生原因

等渗性脱水多见于急性肠炎、剧烈而持续性腹痛及大面积烧伤等疾病。这些病变，均可使机体内的水和盐大量丧失，从而引起病畜等渗性脱水。由于消化液和汗液偏于低渗，所以此型脱水时，水的丢失略多一些。此外，中暑、过劳等疾病和长途行进等情况时，由于动物大量出汗，故亦导致等渗性脱水。

（二）病理过程

病初，由于体内的水分和钠盐同时丧失，所以血浆渗透压一般保持不变。随着病情的发展，由于水分不断地从呼吸道和皮肤蒸发，因此水分的丧失略多于盐，故血浆渗透压相对升高。血浆渗透压升高，一方面通过增强对丘脑下部视上核中渗透压感受器的刺激，而使病畜饮欲增加；另一方面又通过抑制肾上腺皮质分泌醛固酮，而使钠排放增多；还可通过加强对组织间液的重吸收和促进细胞内、外液渗入血液而使血容量有所增多。上述这些变化，对于维持血浆渗透压的正常，起着重要调节作用。但此时又常因血液中的盐类也从肾脏丢失，所以从组织间液和细胞内吸收而来的水分以及外界摄入的水分仍不能保持而被排出体外，故最终导致血液浓缩，血流变慢乃至发生低血容量性休克。

（三）对机体的影响

等渗性脱水既有因血量减少而引起的循环衰竭症状，又有因细胞外液渗透压升高及细胞内脱水而引起的口渴和尿少等高渗性脱水症状，故表现出具有高渗性和低渗性的综合性脱水特征。此外，等渗性脱水还可引起电解质代谢紊乱和酸碱平衡障碍，如当严重腹泻引起等渗性脱水时，由于胆汁、肠液、胰液（这些消化液中含有与血浆内浓度相似的钠、钾和浓度较高的 HCO_3^-）大量丢失，导致血钠与血钾过低，血浆碱贮减少，进而引起酸中毒。同时还可能由于血容量降低，循环衰竭，机体缺氧，酸性产物堆积在体内，从而进一步加重酸中毒。

【临床联系】

动物出现脱水时首先要判断脱水的类型并采取相应措施，在补液过程中要注意盐和水的比例。

四、脱水的补液原则

脱水是一种常见的病理过程，在控制原发性疾病的基础上，可通过补液来纠正、治疗。补液的基本原则是缺什么补什么，缺多少补多少。

（1）高渗性脱水时，血钠浓度虽高，但仍有钠的丢失，故除须补充足量的水分（等渗葡萄糖溶液及适量碳酸氢钠）外，还要补充一定量的钠溶液，以防因补充大量水分而使机体的细胞外液处于低渗状态。

（2）低渗性脱水时，一般给予足量的等渗性电解质溶液就可治愈。仅补充葡萄糖溶液，而不补钠，则会加重病情，使之恶化，甚至导致严重的水中毒。对缺钠明显者应首先补充高渗盐水，以迅速提高细胞外液的渗透压，以后再补充一定量的等渗电解质溶液，使机体完全恢复水、钠平衡。

（3）等渗性脱水时，因其缺水较缺钠更甚，所以补液时应输入低渗的溶液，临床上常用 1 份 5% 葡萄糖溶液加 1 份生理盐水来治疗。

补液成功的标准：精神好转，脱水症状消失，呼吸、脉搏正常，尿恢复正常，眼结膜正常。

一般说来，对高渗性脱水以补水为主，盐与水的比例为 1∶2（即一份生理盐水加两份 5%～10% 的葡萄糖溶液）；低渗性脱水以补盐为主，盐与水的比例为 2∶1；等渗性脱水时，盐与水的比例为 1∶1。在补液时，还应根据脱水程度，确定补液剂量。

第六节 酸 中 毒

一、酸碱平衡及其调节

机体的内环境必须具备适宜的酸碱度，才能保证动物机体的正常生命活动。当体液酸碱度超过一定范围时，会引起物质代谢紊乱，甚至会导致动物死亡。

机体在代谢过程中不断产生酸性物质。糖、脂肪、蛋白质完全氧化产生 CO_2，进入血液与 H_2O 形成碳酸，由于碳酸又在肺部变成 CO_2 呼出体外，因此称碳酸为挥发酸。此外，糖、脂肪、蛋白质和核酸在分解代谢过程中，还产生一些有机酸（如丙酮酸、乳酸、乙酰乙酸等）和无机酸（如硫酸及磷酸等）。这些酸不能由肺呼出，过量时必须由肾脏排出体外，故称为固定酸或非挥发性酸。体内酸的产生和排出，受以下三方面的调节。

（一）血液缓冲系统的调节

血液中的缓冲系统共有 4 对，碳酸氢盐 - 碳酸缓冲系统（在细胞内为 $KHCO_3$-H_2CO_3，在细胞外液中为 Na 盐）是体内最大的缓冲系；磷酸盐缓冲系统，是红细胞和其他细胞内的主要缓冲系统，特别是在肾小管内其作用更重要；蛋白缓冲系统（NaPr-HPr）主要存在于血浆和细胞中；血红蛋白缓冲系统（KHb-HHb 和 $KHbO_2$-$HHbO_2$）主要存在于红细胞内。以上 4 对缓冲系统，以碳酸氢盐 - 碳酸缓冲系统的量最大，作用最强，临床上常用此对缓冲系统的量代表体内的缓冲能力。

（二）呼吸系统的调节

肺可通过 CO_2 排出增多或减少以控制血浆 H_2CO_3 浓度，调节血液 pH。如当动脉血二氧化碳分压（PCO_2）升高或氧分压（PO_2）降低，或血浆 pH 下降时，将会反射性兴奋呼吸中枢，出现呼吸加深加快，使 CO_2 排出增多。但 PCO_2 过高，就会产生呼吸中枢抑制。而当动脉血二氧化碳分压（PCO_2）降低或血浆 pH 升高时，呼吸运动就变慢、变浅，减少 CO_2 排出，从而调节血中 H_2CO_3 的浓度，维持血浆 $NaHCO_3/H_2CO_3$ 比值，使血浆 pH 相对恒定。

（三）肾脏的调节

血液和肺的调节作用很迅速，而肾的调节作用出现较慢，维持时间较长。它主要通过肾小管上皮细胞分泌氢和氨经肾小管排出，并重吸收钠和保留 HCO_3^- 的作用来调节血液内的 $NaHCO_3$ 含量，维持血液 pH。正常情况下，草食动物尿液 pH 较高，而肉食和杂食动物尿液 pH 稍低，但根据体内酸碱平衡的状态，尿液 pH 可出现大幅度变化。肾脏的调节常在酸碱平衡紊乱后 12～24h 时才发挥作用，但效率高，作用持久，特别是对于保留 $NaHCO_3$ 和排出非挥发性酸具有重要作用。

二、酸中毒的类型

在生理条件下，通过机体的调节，将体内多余的酸性物质排出体外，使体液的 pH 维持相对恒定，在病理情况下，由于体内酸过多，而引起体液酸碱平衡紊乱，使血液 pH 低于

7.35，机体表现出多方面的临床症状，称为酸中毒。根据起因不同将酸中毒分为两种类型。

（一）代谢性酸中毒

在某些情况下，由于机体内固定酸生成过多或 $NaHCO_3$ 大量丧失而引起血浆中碱储发生减少时，称为代谢性酸中毒。它是临床上酸碱平衡失调最常见的一种类型。

1. 发生原因

（1）固定酸生成过多：由于发热、缺氧、血液循环障碍或病原微生物及其毒素的作用，体内的糖、脂肪和蛋白质分解代谢加强，引起乳酸、酮体、氨基酸等酸性物质生成过多并大量蓄积于体内，从而导致血浆 pH 下降。

（2）碱性物质丧失过多：常见于急性肠炎和肠阻塞等疾病。由于肠液分泌加强，吸收障碍，使大量碱性物质丧失过多，酸性物质相对增多。

（3）肾脏排酸减少：肾功能不全时，常易发生酸性物质的排出障碍。例如，急性或慢性肾功能不全时，体内许多酸性代谢产物如磷酸、硫酸等均不能经肾脏排出而潴留于体内，成为引起代谢性酸中毒的主要原因。此时肾小管上皮细胞分泌氢离子和氨的功能也发生障碍，因而促进了代谢性酸中毒的发生。

（4）酸性物质摄入过多：在治疗疾病过程中，如输入过多的酸性药物（水杨酸，氯化铵，稀盐酸等）亦可引起酸中毒。当反刍动物前胃阻塞时，胃内容物发酵酸解，加之胃壁细胞损伤，大量裂解产生的短链脂肪酸可以通过胃壁血管弥散入血，从而导致代谢性酸中毒。

2. 代偿反应

（1）血液缓冲系统：当血液中 H^+ 浓度增高时，首先是由血浆中的 $NaHCO_3$ 进行缓冲，使血液中的 $NaHCO_3$ 含量降低，而 H_2CO_3 的含量增加。

（2）呼吸系统：由于血液内 pH 降低和 PCO_2 增高，可刺激呼吸中枢，使呼吸加深加快，加速呼出二氧化碳，于是血液中 PCO_2 降低。呼吸系统的代偿反应既迅速又重要。因此，呼吸加快加强是代谢性酸中毒的重要临床特征。

（3）肾脏排酸保碱：酸中毒时，肾小管上皮细胞内碳酸酐酶和谷氨酰胺酶活性增高，使肾小管上皮分泌氢和氨增多，排酸和重吸收 $NaHCO_3$ 加强，血液中 $NaHCO_3$ 含量逐渐恢复，酸中毒得以缓和。虽然血浆内的 $NaHCO_3$ 和 H_2CO_3 含量减少，但两者比值仍保持在 20/1，pH 不变，故称为代偿性代谢性酸中毒。但这种代偿功能是有限的，当代谢障碍进一步加重，或肾与肺的功能发生障碍时，血液内的 $NaHCO_3$ 显著减少，两者比值改变，pH 下降，则可发展成为失偿性代谢性酸中毒。

3. 对机体的影响　血液中氢离子浓度增高，可竞争性抑制钙和心肌肌钙蛋白组合，从而抑制心肌兴奋 - 收缩偶联；加之酸中毒时心肌氧化酶活性下降，心肌能量不足；同时，血内氢离子浓度高，可使心肌和外周血管对儿茶酚胺的反应性降低。故酸中毒时，心肌收缩力减弱，心输出血量减少，血管扩张，血压下降。严重酸中毒时，心传导阻滞，心室颤动，可致急性心力衰竭，反应迟钝，甚至昏迷死亡；同时，部分氢离子进入细胞，细胞内钾外溢，肾小管上皮细胞排氢增多，排钾减少，导致高血钾症，引起心律失常。长期慢性酸中毒影响骨骼钙盐沉积，幼龄动物出现骨骼发育迟缓；成年动物可出现骨软化症。

4. 治疗原则　代谢性酸中毒时，要积极治疗原发病。病重时可补碱性溶液，碳酸氢钠应为首选药物。

（二）呼吸性酸中毒

由于肺泡通气不足，二氧化碳排出困难，或二氧化碳吸入过多，导致血液内 H_2CO_3 原发性增多，PCO_2 增高，pH 低于正常范围时，称为呼吸性酸中毒。

1. 发生原因

（1）二氧化碳排出障碍：当呼吸肌麻痹、呼吸道阻塞、肺脏各种疾病、胸腔积液等时，因肺活动障碍，二氧化碳呼出受阻，使血液中 H_2CO_3 含量增多。

（2）血液循环障碍：当心功能不全时，由于全身淤血，二氧化碳运输和排出障碍，使血液中 H_2CO_3 含量增多。

（3）吸入二氧化碳过多：畜禽舍狭小，通风不良，动物在过度拥挤的情况下，吸入气中二氧化碳过多，引起血液中二氧化碳含量增高。

2. 代偿反应 呼吸性酸中毒主要由于呼吸功能障碍所致，因此呼吸代偿能力减弱或不能起作用。当血液内的 PCO_2 增高时，二氧化碳进入红细胞内，经碳酸酐酶作用形成碳酸，再与血红蛋白系统作用，使红细胞内形成的 HCO_3^- 进入血浆。另外，呼吸性酸中毒时，通过肾小管上皮分泌氢和氨增多，$NaHCO_3$ 重吸收入血增加，使血液内 $NaHCO_3$ 含量增加，从而维持血液中 $NaHCO_3/H_2CO_3$ 比值为 20/1，血液 pH 在正常范围内，称为代偿性呼吸性酸中毒。

通过上述过程，虽然可使血浆 $NaHCO_3$ 得到补充，但这种缓冲能力是有限的。若碳酸含量再度增加，超过代偿调节能力，同时肾脏又来不及代偿，使血液中的 $NaHCO_3/H_2CO_3$ 比值小于 20/1，pH 下降，则成为失偿性呼吸性酸中毒。

3. 对机体的影响 呼吸性酸中毒对机体的影响和代谢性酸中毒相似。但是，呼吸性酸中毒对中枢神经功能影响更大，由于伴有高碳酸血症，可使脑血管扩张，颅内压增高，动物出现不安、挣扎、沉郁、昏迷甚至死亡。

4. 治疗原则 治疗原发病，控制感染，改善通气功能，如 pH 过低可谨慎使用碱性药物。

第七节 应 激 反 应

一、应激反应的概述

（一）概念

应激指机体在受到各种内外环境因素刺激时所出现的非特异性全身反应。如环境温度过低或过高、中毒、噪声、惊吓等，除了原发因素引起的直接效应（如寒冷引起寒战、冻伤等）外，还出现以交感神经过度兴奋和肾上腺皮质功能异常增强为主要特点的一系列神经 - 内分泌反应，并由此引起动物各种功能代谢改变，如心跳加快、血压升高、肌肉紧张、分解代谢加快、血浆中某些蛋白质的浓度升高等，以维持内环境的相对稳定和提高机体的适应能力，也就是机体应付突然刺激或紧急状态的一种非特异性防御反应。

（二）类型

1. 按刺激的发生速度分类

（1）急性应激：机体受到突然刺激发生的应激。

（2）慢性应激：长期而持久的紧张状态。

2. 按应激的结果分类

（1）生理性应激（良性应激）：机体适应了外界刺激，并维持了机体的生理平衡。

（2）病理性应激（恶性应激）：由于应激而导致机体出现一系列机能、代谢紊乱和结构损伤，甚至发病，即应激反应过于强烈或持久，超过机体负荷限度，内环境的稳定性破坏，这意味着疾病的开始甚至死亡的到来，这种应激为病理性应激，如猪因为应激而影响猪的肉质。

除疾病外，还有饥饿、温度、震动、拥挤、噪音、恐惧、疲劳等均可引起应激反应。

（三）作用

一方面，它是机体的一种非特异性防御反应，可以提高机体自身的适应能力和维持内环境的相对恒定，使机体逐渐适应逆境和提高生产性能；另一方面，如果应激刺激特别强烈或时间过久，常因神经、内分泌系统功能紊乱而引起或促使某些潜在性疾病发生，并且应激本身也可以造成严重疾患，甚至导致病畜死亡。

二、应激反应的三个时期

应激是机体维持正常生命活动必不可少的生理反应，其本质是防御适应性反应，但反应过强或持续过久，会对机体造成损害，甚至引起应激性疾病或成为许多疾病的诱因。凡能引起机体产生应激反应的各种因素称为应激原。对于一个短期的、不过分强烈的应激原，在去除应激原后，机体可以很快趋于平静。但如果应激原持续作用于机体，则应激可表现为一个动态的连续过程，有人将其称为全身适应综合征，并将其分为以下三期。

（一）动员期

动物在应激原刺激下，一方面出现各种损伤现象，另一方面进行抗损伤反应的动员，但主要表现为损伤现象，如神经系统抑制、血压与体温下降、肌肉松弛、毛细血管壁通透性增高、胃肠黏膜溃疡、组织分解代谢加强、嗜酸粒细胞和淋巴细胞减少等；同时机体也出现抗损伤反应，如肾上腺活动加强、皮质肥大，血压上升，循环血量增加，血糖升高及嗜中性粒细胞增多等。如此时机体抵抗力降低，有的可发生休克死亡，但多数很快过渡到抵抗期。

（二）抵抗期

通过一系列的适应防御反应，机体对应激原已获得最大限度的适应，损伤现象消失或减轻。这时，机体对引起应激反应的应激原表现抵抗力增强，而对其他各类应激原的抵抗力则有时增高，称为交叉抵抗力；有时抵抗力反而下降，称为反交叉致敏。如果机体适应能力良好，则代谢开始加强，进入恢复期；反之，则过渡到衰竭期。

（三）衰竭期

持续有害（或过强）的刺激将机体的抵抗力消耗，动员期的症状再次出现，肾上腺皮质激素持续升高，糖皮质激素受体数量和亲和力下降，机体内环境明显失衡，应激反应的负效应陆续出现，与应激相关的疾病、器官功能衰退，甚至休克、死亡都可在此期出现。

三、应激时机体的病理生理变化

机体每天都生活在各种应激原刺激中，但正常机体的内环境却仍能处于相对的稳定，是由于神经、内分泌两大生物信息传递系统的精确调节，互相作用，相互配合，在它们的控制下，机体能针对应激原对体内各种功能不断进行迅速而完善的调节，使内环境不致发生波动。

（一）交感神经和肾上腺髓质变化

应激原的刺激所产生的神经冲动从大脑皮层到下丘脑，并刺激自主神经系统，使交感神经兴奋，其产生的结果如下。

（1）交感神经兴奋，交感神经末梢释放去甲肾上腺素，其中一部分进入血液循环。

（2）神经冲动到达肾上腺髓质，引起肾上腺髓质的肾上腺素和去甲肾上腺素的大量分泌释放，使循环血液中儿茶酚胺（肾上腺素与去甲肾上腺素的总称）的量异常增多。

这样就会引起惊恐反应，动物心跳加快，呼吸加深加快，血糖和血压升高，瞳孔扩大。通过这些变化可以动员机体的潜在力量，应对环境的急剧变化，以保持内环境的相对恒定。

（二）下丘脑-垂体-肾上腺皮质的变化

如应激原持续对机体作用，则动物下丘脑分泌促肾上腺皮质激素释放激素（CRH），通过垂体门静脉系统转运到垂体前叶时，使垂体前叶分泌促肾上腺皮质激素（ACTH）增多。ACTH增多后，可刺激肾上腺皮质束状带细胞分泌糖皮质激素（GC），以更快的速度释放到血液循环中，皮质醇可提高机体对应激原刺激的抵抗力。同时，早期分泌的肾上腺素也可刺激垂体前叶释放ACTH。整个过程受负反馈系统控制，当应激原不再起作用时，上述过程即中断。应激时，肾上腺皮质分泌醛固酮的能力明显增强。醛固酮主要作用于肾小管上皮细胞，促进钠重吸收和钾排出，以维持内环境水盐平衡稳定，增强机体适应能力。肾上腺功能的变化也反映到形态上。急性应激时，眼观肾上腺变小、浅黄色，有散在小出血点。当应激原作用弱而持续时间长时，则肾上腺肿大，肾上腺皮质增宽。肾上腺病变是应激的指征之一。

（三）其他激素的分泌变化

应激时由于交感神经兴奋，儿茶酚胺或糖皮质激素的作用使机体其他激素：胰高血糖素、生长激素、醛固酮、血管升压素等的合成增多，这些激素从不同角度协同或增强儿茶酚胺或（和）糖皮质激素的生理效应，以促进内环境的平衡和协调。

1. 调节水盐代谢的激素　ACTH分泌增多，刺激皮质醇分泌增多，同时刺激醛固酮分泌增加；应激时血液中抗利尿激素明显升高，尿量减少、比重增高，同时小血管收缩、血压升高，但微循环灌流量减少；生长激素是垂体前叶分泌的一种激素，应激反应时在血浆中很快升高，几小时后达高峰，并维持数天，它能促进脂肪分解，抑制细胞对葡萄糖的利用，使血糖升高和游离脂肪酸增多，为能量消耗提供能源，增强机体非特异性抵抗力。

2. 胰高血糖素和胰岛素　应激时血液中胰高血糖素逐渐增加，可以使血液中血糖和游离脂肪酸浓度增高，以供组织氧化利用的需要。它和胰岛素相互促进，以维持体内能量的平衡，如应激初期胰岛素在血液中浓度很低，有利于血糖升高和糖原异生等代谢反应。

3. 生长激素分泌增多　生长激素能促进甘油、丙酮酸合成为葡萄糖，抑制组织对葡萄糖的利用，升高血糖，以适应应激反应的需要。

四、应激时机体机能的代谢变化

应激时，由于交感神经兴奋和下丘脑 - 垂体 - 肾上腺皮质系统分泌亢进，作用于靶器官，可引起机体一系列机能、代谢的改变。

（一）循环系统的变化

应激时的交感 - 肾上腺髓质反应使心跳加快，心收缩力加强，外周小血管收缩，再加上醛固酮和抗利尿激素的作用，水、钠排出减少，有效循环血量增加，血压升高，血流加快，这有利于维持或增加心、脑以及运动时的骨骼肌的血液供应，但若外周小血管收缩强烈，持续时间过久，则可引起相应器官组织的微循环缺血和细胞缺氧。

（二）消化系统的变化

应激时，胃肠道是受害最严重的器官之一，其病变是应激反应的一个主要特征，表现为胃肠道黏膜出血、坏死及溃疡形成。其发生机制主要与下述四方面因素有关。

1. 胃肠道黏膜微循环障碍 胃肠道微循环缺血，以及随之发生的淤血、水肿和出血，可使胃肠黏膜上皮细胞坏死，屏障功能破坏，胃液中的 H^+ 回渗。

2. 胃酸和胃蛋白酶分泌亢进 应激时胃酸和胃蛋白酶分泌增加，进一步加重了胃黏膜上皮细胞的损伤，促进了胃溃疡的发生。

3. 胃黏液的分泌量降低及其组成改变 正常状态下胃黏膜上皮细胞会持续分泌一种黏稠度很大的、不溶性的胶冻状黏液，覆盖在胃黏膜表面，对胃黏膜起保护作用。糖皮质激素可引起黏液分泌减少及成分改变，使黏液易被消化，利于胃溃疡的形成。

4. 黏膜细胞脱落超过再生 正常胃黏膜上皮细胞的脱落与更新处于平衡状态，从而保持黏膜的完整性。糖皮质激素可使胃黏膜上皮细胞再生率降低，黏膜上皮细胞的脱落大于再生，胃黏膜的完整性遭受破坏。

此外，应激时胃肠道的正常菌群失调，致病菌过度繁殖，甚至引起细菌性肠炎，也是引起胃肠道黏膜损伤的重要原因之一。

（三）免疫系统的变化

应激时，免疫功能的改变主要表现为细胞免疫功能降低，单核 - 巨噬细胞系统的吞噬功能降低，炎症反应减弱，这些变化主要与糖皮质激素分泌增多有关。

（四）血液的变化

应激时血液的变化是复杂的，包括血液内部的嗜中性粒细胞增加，嗜酸粒细胞和淋巴细胞减少，pH 下降，血凝性升高，微血栓形成等。

（五）代谢的变化

应激时，肾上腺素、糖皮质激素、胰高血糖素等分泌增加，血糖升高，血浆内游离脂肪酸和酮体增多，蛋白质分解代谢加强，尿氮排出增多，出现负氮平衡。

（六）电解质和酸碱平衡紊乱

应激时，醛固酮和抗利尿激素分泌增多，促进钠和水的重吸收，造成尿少、钠水潴留。应激时，由于大多数组织器官的小血管收缩，使乳酸等酸性代谢产物蓄积，同时由于尿量减少，不能充分排出，易发生代谢性酸中毒。

五、应激性疾病

（一）应激与疾病的关系

应激是机体的一种防御机制，没有应激反应，机体将无法适应随时变动的环境。过分应激反应，超出机体适应能力或反应异常，则造成内环境紊乱，诱发疾病发生、发展、恶化。

（二）应激性疾病

现代化畜牧业规模经营和生产管理中存在很多应激原，可致病理反应和疾病，使动物生产性能下降，甚至死亡，在生产实际中要高度重视应激，防止应激性疾病发生。

1．猪常见的应激性疾病

（1）猪猝死综合征：这是应激反应最严重的形式，常见于捕捉、惊吓或注射时，事先看不到任何症状而突然死亡，有的公猪甚至在配种时，由于过度兴奋而突然死亡。

（2）猪应激综合征：多见于应激敏感猪，主要是运输应激、热应激、拥挤应激等造成的。早期症状表现为肌震颤、尾抖，继之则呼吸困难、心悸，皮肤出现红斑或紫斑，体温上升，可视黏膜发绀，最后衰竭死亡。死后尸僵快，尸体酸度高。肉质发生变化，如水猪肉、暗猪肉、背最长肌（即背肌）坏死等。

1）水猪肉（PSE 肉）：猪肉色泽灰白，质地松软；缺乏弹性，切面多汁。组织学检查可发现，肌纤维变粗，横纹消失，肌纤维分离，甚至坏死。其发生与遗传易感性关系密切，主要是由于宰前运输、拥挤、热或电等刺激，导致部分肌肉发达的猪过度应激，肌肉强直，糖酵解过多，生成大量乳酸，pH 下降到 5.7 以下；再加上屠宰前后的高温和肌肉痉挛所产生的僵直热，使肌纤维膜发生变性，肌浆蛋白凝固收缩，肌肉保水能力下降，游离水增多且迅速由肌细胞渗出。水猪肉的好发部位主要是眼肌、背最长肌、半腱肌、半膜肌，其次是腰肌、股肌等。由于水猪肉不新鲜，营养价值低，虽能食用，但属次品。

2）暗猪肉（DFD 肉）：猪肉色泽深暗，质地粗硬，切面干燥，主要见于强度较小而时间较长的应激反应。这类猪的肌糖原消耗多，贮备水平低，产生乳酸较少，且多被呼吸性碱中毒产生的碱所中和，故出现 DFD 肉变化。这种肉保水能力较强，切割时不见汁液渗出。

3）成年猪背肌坏死：病猪表现为双侧或单侧性背肌无痛性肿胀，背肌呈苍白色变性坏死，个别猪可因酸中毒死亡。

（3）猪应激性溃疡：猪应激性溃疡是在严重应激反应中所发生的急性胃、十二指肠黏膜溃疡。平时无慢性溃疡的典型临床症状，常见猪在打斗、运输、严重疾病中突然死亡。应激性溃疡是一种急性胃肠黏膜的病变，剖检可见胃或（和）十二指肠黏膜有细小、散在的点状出血，线状或斑片状浅表糜烂，或浅表呈多发性圆形溃疡，边缘不整，但不隆起，深度一般达黏膜下层，也可深达肌层，甚至造成胃肠壁穿孔。

（4）消化道菌群失调：在突然更换饲料或饲喂方法、市场交易、转圈混群等应激状态下，猪消化道的正常微生物遭到破坏，致使大肠埃希菌、沙门菌等菌群的致病菌株大量繁殖，加之应激时胃肠道黏膜损伤，从而引起细菌性肠炎或更为严重的细菌性败血症。

【临床联系】

长途运输、拥挤、闷热条件下易引起猪应激综合征，使其生产性能下降，造成经济损失；应激情况下，动物抵抗力降低，可发生内源性细菌感染，甚至导致动物死亡。因此，在生产实际中要高度重视应激，防止应激性疾病发生。

2. 其他动物的应激性疾病

（1）牛运输热：这是在应激状态下牛发生的多种病原微生物（现已发现与此病有关的病原体至少有10种细菌和8种病毒）感染，临床上表现为发热与支气管肺炎症状，常见于饥渴、寒冷或过热、精神恐惧或焦虑、疲劳、去势、断奶等应激原引起应激反应时。

（2）鸡应激性疾病：随着养鸡业向规模化、集约化发展和生产水平的提高，应激因素对鸡的健康和生产力都产生重要影响。鸡在应激状态下的产蛋率、蛋的质量、受精率、增重及健康状况会明显降低，鸡的免疫生物学指数显著下降，许多疾病随之发生。如肉仔鸡猝死症、鸡慢性呼吸道病、传染性法氏囊病、新城疫等疾病，应激因素均是它们发生的诱因。

第八节　休　克

休克是英语“shock”的音译，是各种强烈致病因子作用于机体引起的以微循环障碍为主的急性循环衰竭、重要器官灌流不足和细胞功能代谢障碍的全身性危重的病理过程。其临床主要症状为可视黏膜苍白，耳、鼻和四肢末端发凉，体温下降，血压下降，脉搏细速，呼吸浅表，尿量减少或无尿，肌肉无力，反应迟钝，精神高度沉郁，常卧倒，严重病例可在昏迷中死亡。微循环指微动脉、微静脉之间的微细血管间的循环，是循环系统最基本的结构单位，是血液物质代谢交换的最基本功能单位。由微动脉、后微动脉、毛细血管前括约肌、真毛细血管、通血毛细血管、动静脉吻合支、微静脉七部分构成。

一、休克的原因和分类

休克种类很多，按病因分为：低血容量性休克、感染性休克、过敏性休克、心源性休克、创伤性休克和神经源性休克。

（一）低血容量性休克

1. 失血和失液　大量失血，血容量减少可引起失血性休克，见于外伤、胃溃疡出血、内脏破裂出血及产后大出血等。剧烈呕吐或腹泻、大出汗等导致体液丢失，也可引起有效循环血量（血容量减少）的锐减，造成脱水性休克。

2. 烧伤　大面积烧伤时可伴有伤口大量血浆丢失和水分通过烧伤的皮肤蒸发，引起烧伤性休克。

（二）感染性休克

严重感染尤其是革兰阴性、革兰阳性细菌，立克次体，病毒和霉菌等感染，均可致感染性休克。内毒素及其在体内作用后释放出的生物活性物质，可使微血管扩张，白细胞黏附，毛细血管通透性增大，血压下降。感染性休克常伴有败血症，故又称败血症休克。

（三）过敏性休克

给过敏体质机体注射某些药物、血清制剂或疫苗可引起过敏性休克，这种休克属Ⅰ型变态反应。发病机制是在肥大细胞表面IgE与抗原结合，大量组胺和缓激肽被释放进入血中，引起血管床容积扩张，毛细血管通透性增加，血浆渗出，有效循环血量相对不足而发生休克。动物表现为呼吸困难、出冷汗、可视黏膜苍白或青紫、脉细速、血压下降，甚至昏迷、抽搐等。如给豚鼠注射鸡蛋白溶液后14天，再用稀蛋白溶液喷雾，使豚鼠吸入少量鸡蛋白溶液，很快便出现呼吸困难、黏膜苍白等症状，并迅速死亡，剖检可见肺淤血。

（四）心源性休克

急性心力衰竭、大面积急性心肌梗死、急性心肌炎及严重的心律失常、心输出量急剧降低、有效循环血量和灌流量显著下降等，均可引起心源性休克。

（五）创伤性休克

严重创伤、骨折等，因疼痛、失血和组织损伤所致血管活性物质释放，引起广泛小血管扩张，导致微循环缺血或淤血而发生休克。

（六）神经源性休克

由于剧烈疼痛、高位脊髓麻醉或损伤等引起血管运动中枢抑制，血管扩张，外周阻力降低，回心血量减少，血压下降时，可导致神经源性休克。

二、休克的发展过程

不同类型的休克，虽然发生机理不同，但最基本的发病环节都是有效循环血量减少、心泵衰竭和血管舒缩失常，导致微循环有效灌注量不足，而促进休克的发生发展。根据微循环变化规律，将休克分为以下三个时期（以失血性休克为例）。

（一）微循环缺血性缺氧期（又称休克早期、休克代偿期）

1. 微循环变化特点 在休克早期由于血容量和血压降低，交感-肾上腺髓质系统兴奋，儿茶酚胺分泌增多，使皮肤、肺、腹腔器官等微血管系统包括小动脉、微动脉、后微动脉、毛细血管前括约肌和微静脉、小静脉都持续痉挛，口径变小，毛细血管前阻力增加，大量真毛细血管网关闭。此时微循环血流速度减慢，动静脉吻合支开放，组织灌流量减少，出现少灌少流，灌少于流的情况。

2. 代偿意义 这些代偿反应可保证心、脑等重要器官的血液供应。

3. 临床表现 此时，动物可视黏膜苍白、皮肤湿冷、心跳加快加强、尿量减少、血压无明显变化。

（二）微循环淤血缺氧期（又称休克期、代偿不全期）

1. 微循环变化的特点

（1）淤血期的形成：如果休克的原始病因不能及时除去，病情继续发展，交感 - 肾上腺髓质系统长期过度兴奋，组织持续缺血和缺氧，引起酸性代谢产物增加，酸性环境使微动脉对儿茶酚胺的反应性降低，而微静脉具有耐受性仍处于收缩状态，此时血液经过开放的毛细血管前括约肌大量涌入真毛细血管网，但不能及时流出，组织灌大于流，而导致淤血现象，主要发生在肝、肠、肺等内脏器官。

（2）淤血期血液流变学的改变：微循环淤血导致毛细血管内流体静压增高、血管壁通透性增大、血浆漏出、血液浓缩、血浆黏度和血细胞压积增大、红细胞聚集、血小板黏附聚集和形成血小板微聚物。此外，淤血导致血流变慢，白细胞贴壁、滚动黏附于内皮细胞上。激活的白细胞通过释放氧自由基和溶酶体酶导致内皮细胞和其他组织细胞损伤，进一步引起微循环障碍及组织损伤。

2. 代偿意义　该期属失代偿期。由于微循环血管床大量开放，血液淤滞在内脏器官如肠、肝和肺内，造成有效循环血量锐减，静脉充盈不良，回心血量减少，心输出量和血压进行性下降。此期交感 - 肾上腺髓质兴奋，组织血液灌流量下降，组织缺氧，形成恶性循环。

3. 临床表现　动物在该期主要表现为神志淡漠甚至昏迷，血压下降，少尿或无尿，皮肤、可视黏膜紫绀等。总之，酸中毒导致微循环淤血，而微循环淤血又加重酸中毒，两者互为因果，导致休克恶化。因此，临床上纠正酸中毒是一个重要的治疗环节。

（三）微循环凝血期（又称 DIC 期、微循环衰竭期）

1. 微循环变化的特点　该期微血管平滑肌麻痹，对任何血管活性药物均失去反应，所以又称为微循环衰竭期。由于缺氧和酸中毒加重、血液黏稠、血流速度变慢、血管内皮细胞受损，因而发生弥散性血管内凝血（DIC），并导致重要器官功能衰竭，甚至发生多系统器官障碍，故又称难治性休克期或不可逆休克期。

2. 代偿意义　休克后期，血流动力学障碍和细胞损伤越来越严重，心、脑、肝、肺、肾各重要器官功能代谢障碍也更加严重，在酸中毒、缺氧、休克时的许多因素的作用下，可使多个重要生命器官发生“不可逆性”损伤。促炎介质与抗炎介质稳态失衡，以及氧自由基和溶酶体酶的损伤作用，导致内皮细胞和实质脏器细胞的损伤和多器官功能障碍。

3. 临床表现　组织器官的小血管内广泛形成微血栓，动物血压继续下降，脉搏弱，呼吸不规则，少尿或无尿，全身皮肤有出血点或出血斑，四肢冷，各器官机能严重障碍。

三、休克时机体的病理变化

（一）细胞代谢障碍

此时，机体表现为供氧不足、糖酵解加强及组织酸中毒。缺氧致葡萄糖有氧氧化受阻，ATP 生成减少，无氧酵解增强，乳酸生成增多，局部酸中毒；由于灌流障碍，CO_2 不能及时清除，加重局部酸中毒；ATP 产生不足则致细胞水肿，并导致一系列器官代谢的变化。

（二）多器官功能障碍综合征

多器官功能障碍综合征（MODS）是指在严重创伤、感染和休克时，原无器官功能障碍的动物相继出现两个以上系统和器官功能障碍时，称多器官功能障碍综合征。休克时各系统和器官几乎均可被累及，常见的功能障碍是肺、肝、肾、心和免疫器官等，表现为急性肾功能衰竭、急性肺功能衰竭、心功能障碍、消化功能和肝功能障碍等。

（三）全身炎症反应综合征

“炎症失控学说”认为炎症本质是活体组织对损伤的反应，而全身炎症反应综合征（SIRS）指机体失控的自我持续放大和自我破坏的炎症；该学说同时认为休克的难治期与肠道严重缺血缺氧，屏障和免疫功能降低，内毒素入血及肠道细菌转位入血，引起全身炎症反应综合征有关，表现为播散性炎症细胞活化和炎症介质泛滥到血中并在远隔部位引起全身性炎症，尤其是体温、血压、呼吸数、白细胞值均增高和全身高代谢的“五高”状态。

四、休克的防治原则

原则：治疗原发病，改善微循环，保护细胞，防止器官功能衰竭和全身炎症反应综合征。

（一）治疗原发病

积极防治休克的原发病，除去休克的原始动因，如止血、镇痛、控制感染、输液等。

（二）改善微循环

1. 纠正酸中毒 临床应根据酸中毒的程度及时补碱纠酸。酸中毒还可导致高血钾症。

2. 补充血容量 除心源性休克外，补充血容量是提高心输出量和改善组织灌流的根本措施。输液应强调及时尽早，补液量遵循“失多少，补多少”是不够的，低血容量性休克发展到微循环淤血，血浆外渗，补充量应大于失液量。感染性休克和过敏性休克血管床容量扩大，虽无明显失液，有效循环量也显著减少，故正确输液原则是“需多少，补多少”。

3. 合理使用血管活性药物 血管活性药物分为缩血管药物（阿拉明、去甲肾上腺素等）和扩血管药物（阿托品、山莨菪碱和酚妥拉明等）。当血容量减少时，先补液再使用扩张血管药，当血压过低时，应交替使用。临床上用大剂量阿托品抢救中毒性休克，缩血管药物治疗过敏性休克疗效最佳，但必须在纠正酸中毒的基础上使用。

（三）细胞膜保护剂的应用

休克时细胞损伤有的是原发的，有的是继发于微循环障碍之后。改善微循环是防止细胞损伤的措施之一。此外，细胞保护剂的应用可有效防止细胞的损伤，如糖皮质激素能保护溶酶体膜，山莨菪碱能保护细胞膜，还能抑制内毒素对细胞的损伤。

（四）防止器官功能衰竭和全身炎症反应综合征

1. 防止器官功能衰竭 一旦出现 DIC 及重要器官功能衰竭，应针对不同器官衰竭采取不同的治疗措施，如强心、利尿、给氧等。

2. 促炎介质拮抗剂的作用　实验证明苯海拉明拮抗氨茶碱，抑肽酶能减少激肽生成，皮质激素能减少前列腺素和白细胞三烯的生成，非甾体类药能减少前列腺素的生成。

第九节　败　血　症

一、败血症的概念

败血症是由病原微生物所引起的一种急性全身感染的病理过程，不是一种独立性疾病，而是许多病原微生物感染造成的共同结局，是引起畜禽死亡的一个重要原因。引起败血症的主要病原微生物有细菌、病毒和一些寄生虫。当病原微生物入侵机体后，在动物抵抗力显著降低时，会突破机体的防御屏障，由局部感染灶进入血液，在血液中持续繁殖，并产生大量的毒素，使机体处于严重的中毒状态，造成广泛组织受损，这种全身性病理过程称败血症。

二、败血症发生原因和类型

几乎所有细菌性、病毒性传染病都能发展为败血症，特别是一些急性传染病往往以败血症形式表现。发生慢性传染病时，当机体抵抗力降低的情况下，也可出现败血症的形式。根据引起败血症的病原体不同，可将败血症分为非传染病型败血症和传染病型败血症两种类型。

（一）非传染病型败血症

非传染病型败血症又称感染创伤型败血症。其发生原因是机体发生局灶性创伤的基础上，由细菌感染引起炎症，进而发展为败血症，如葡萄球菌、链球菌、绿脓杆菌等病原菌，先在局部创伤部位引起炎症，当机体抵抗力较强时，可被机体消灭，一般不形成败血症；当机体抵抗力降低或治疗不及时，细菌大量繁殖，局部组织破坏加剧，炎症波及血管和淋巴管，引起局部静脉管炎、淋巴管炎和淋巴结炎。局部病灶部位细菌及毒性产物大量进入血液，经血液和淋巴液扩散全身，使全身器官或组织受损，机体出现物质代谢和生理机能障碍，并表现全身性病理变化，即引起败血症。临床中，动物体表创伤、手术创伤、产后子宫及新生幼畜脐带创伤等，因护理不当或治疗不及时，导致细菌感染均可致败血症。

（二）传染病型败血症

传染病型败血症是由传染性病原菌或病毒侵入机体而引起的败血症，尤其是急性传染病。如炭疽、猪丹毒、巴氏杆菌病等特异性病原菌和猪瘟、马传染性贫血及鸡新城疫等病毒感染的传染病，往往以败血症的形式表现出来。当病原微生物毒力较强时，其病变经过特别迅速，往往在未形成典型传染病病变前机体的防御机能迅速瓦解，因败血症而死亡。若机体与病原体经过一定时间持续斗争过程而发展起来的败血症，则表现出明显的全身性病理变化。

三、败血症的病理变化

（一）全身性病理变化

死于败血症的动物因机体物质代谢高度障碍以及严重的毒血症，使机体各组织器官呈现明显的变性、坏死和出血等病变。

1. 尸体腐败 败血症死亡的动物尸体内，有大量的病原微生物和毒素存在，使机体发生腐败，臌气，尸僵不全，血液凝固不良，呈紫黑色黏稠状态。由于血管内溶血，大血管和心脏的内膜被血红蛋白染成污红色。

2. 出血 病菌毒素损伤小血管壁，引起渗出性出血。皮肤、浆膜、黏膜出现广泛出血点或出血斑。疏松结缔组织中有浆液性或浆液出血性浸润，浆膜腔积液。

3. 黄疸 由于溶血和肝功能不全，间接胆红素在体内蓄积，可视黏膜和皮下组织黄染。

4. 急性脾炎 脾脏急性肿大，有时可肿大2～3倍。脾脏表面呈青紫色，被膜紧张，质地柔软；切面隆起，脾髓易刮下，呈血粥样，结构模糊。镜检可见脾窦高度充血和出血，脾组织呈大片出血，脾小体受压迫发生萎缩，并有不同程度的坏死。在被破坏的脾髓组织内有大量白细胞浸润和吞噬细胞增生。脾肿大是败血症的特征性变化之一。但也有一些急性传染病，如猪瘟和巴氏杆菌病等，脾脏肿大不明显。

5. 急性淋巴结炎 全身淋巴结肿大，呈急性浆液性和出血性淋巴结炎变化。镜检可见淋巴结充血、出血、水肿及白细胞浸润，窦壁细胞增生等。

6. 实质器官变性 实质器官如心、肝、肾等发生颗粒变性、脂肪变性，甚至发生坏死。心脏因心肌变性而使心脏发生扩张，可能是导致动物死亡的直接原因。

7. 肺炎 肺脏呈浆液性或出血性炎症。

8. 中枢神经系统变化 有时可见脑膜充血、出血和水肿。脑组织镜检可见充血、出血、水肿、白细胞浸润和神经细胞变性。

（二）原发病灶病理变化

由创伤感染非传染性病原菌，成为败血症的原发病灶，主要病理变化是局部呈现浆液性化脓性炎症或呈现蜂窝织炎。幼畜断脐时消毒不彻底，感染病原菌而形成败血症的原发病灶，主要病理变化是脐带根部发生出血性化脓性炎症，有时蔓延到腹膜，引起纤维素性化脓性腹膜炎。产后子宫感染，主要病理变化是化脓性子宫内膜炎。

四、败血症对机体的影响

败血症对机体的影响主要取决于两方面因素：一是病原菌数量和毒力强弱，若侵入机体的病原菌数量多、毒力强则可引起败血症，往往引起家畜死亡；二是机体抵抗力和治疗情况，若机体抵抗力较强和及时治疗，病原菌可被消灭，败血症有可能治愈。

第五章 心脏血管系统病理

第一节 心 脏 炎 症

根据心脏的结构，人们将心脏炎症分为心内膜炎、心肌炎和心包炎三种类型。

一、心内膜炎

心内膜炎是指心脏内膜的炎症，据炎症发生部位不同，心内膜炎分为瓣膜性、心壁性、腱索性和乳头肌性（图 5-1～图 5-3）心内膜炎。临床上最常见的是瓣膜性心内膜炎，慢性败血性疾病中常发生瓣膜性心内膜炎，其原因是细菌随着血液循环感染心内膜，而使其发生炎症。表 5-1 中列出了几种动物的常见瓣膜性心内膜炎及其病原菌。在动物中，猪和牛多发心内膜炎，犬的心内膜炎少见，但一旦发生，死亡率极高。

表 5-1 动物心内膜炎及其病原

动物种类	感染动物心内膜的细菌
马	马链球菌，马肾炎志贺菌
牛	化脓棒状杆菌，链球菌，来源于创伤性网胃炎，化脓性子宫炎，乳腺炎的栓子细菌，化脓性放线菌
犬	链球菌（如来源于泌尿生殖系统、皮肤、呼吸道的感染），葡萄球菌（如来源于脓皮病），大肠埃希菌（胃肠道、腹膜炎、尿路的感染），绿脓杆菌，棒状杆菌属（皮肤、黏膜感染）
猪	猪丹毒杆菌，化脓棒状杆菌，链球菌

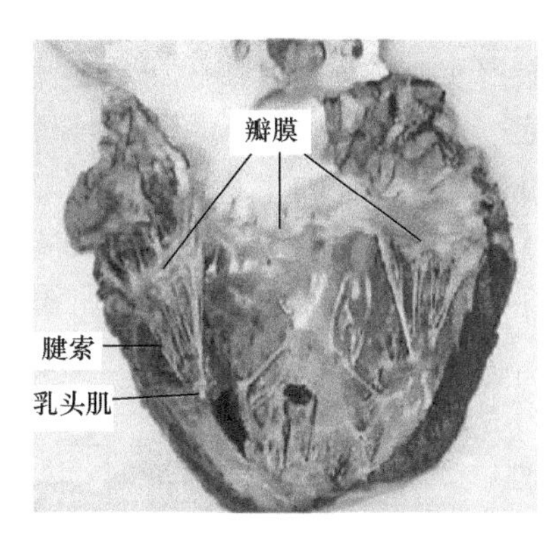

图 5-1 心内膜各部位（牛）

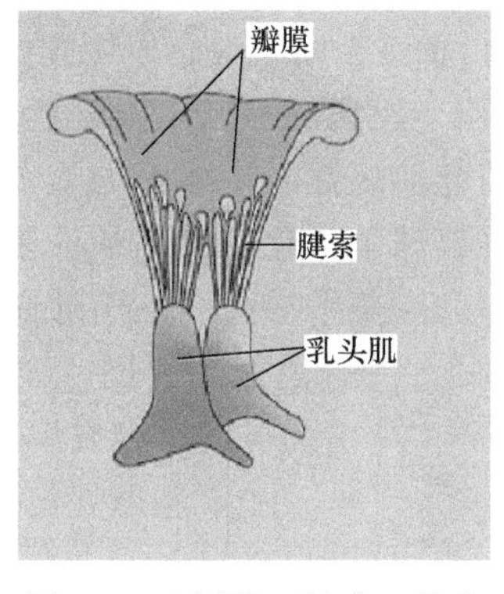

图 5-2 心瓣膜、腱索、乳头肌模式图

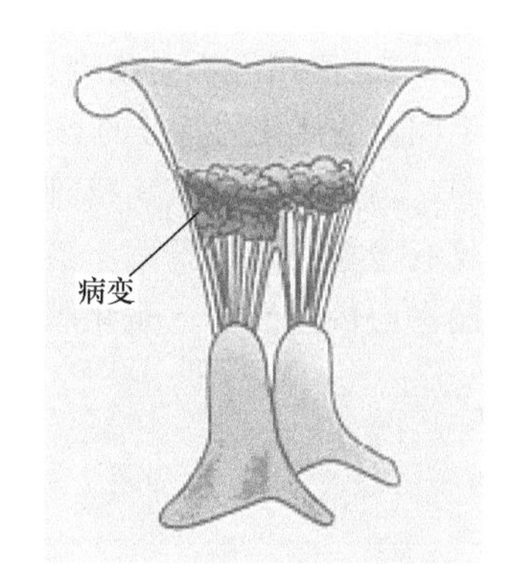

图 5-3 心内膜炎模式图

（一）心内膜炎的类型

根据心内膜炎的病变特点，将其分为疣性心内膜炎和溃疡性心内膜炎两种类型。

1. 疣性心内膜炎 疣性心内膜炎也叫单纯性心内膜炎，是以心瓣膜轻微损伤和出现疣状赘生物为特征的炎症，主要病变为局部组织变性、坏死、血栓形成、血栓机化，代表病例为慢性猪丹毒的疣性心内膜炎。

（1）原因和发病机理：猪感染猪丹毒杆菌后，菌体蛋白与内皮下层胶原纤维的黏多糖结合，形成复合性抗原，刺激机体产生相应的抗体，通过抗原抗体反应，并激活补体，引起局部损伤。内皮下结缔组织发生纤维素样坏死，可进一步导致内皮细胞肿胀、变性，甚至坏死、脱落，暴露内皮下胶原纤维，在局部形成血栓，此即疣性心内膜炎的早期赘生物。

（2）病理变化：眼观，病变常发生于心瓣膜关闭缘的血流面边缘（见图 5-4，图 5-5）。在病变部位处，可见瓣膜增厚，失去正常光泽，瓣膜血流面出现一种黄白色、微细颗粒状赘生物，此物易于剥离。随着炎症的发展，疣状赘生物不断增大。到后期由于病变被机化，结缔组织增生，赘生物变硬实，呈灰白色，与瓣膜紧密相连，不易剥离。镜下，早期赘生物是由血小板和少量纤维蛋白构成的白色血栓，附着在心瓣膜上。赘生物下面的内皮细胞大多已脱落，内皮下结缔组织水肿，白细胞浸润。后期血栓赘生物被结缔组织取代而机化。

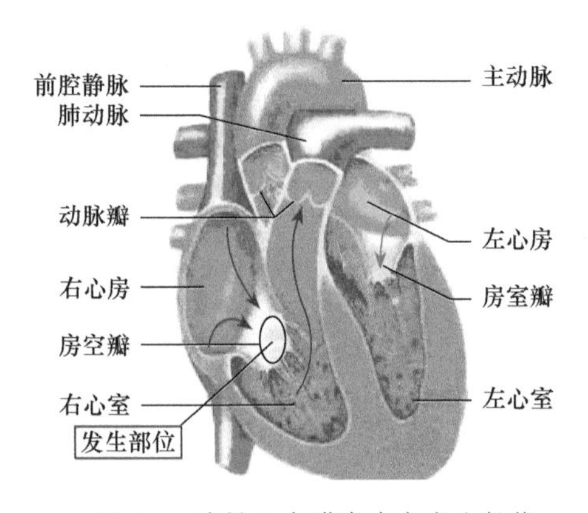

图 5-4　疣性心内膜炎病变发生部位

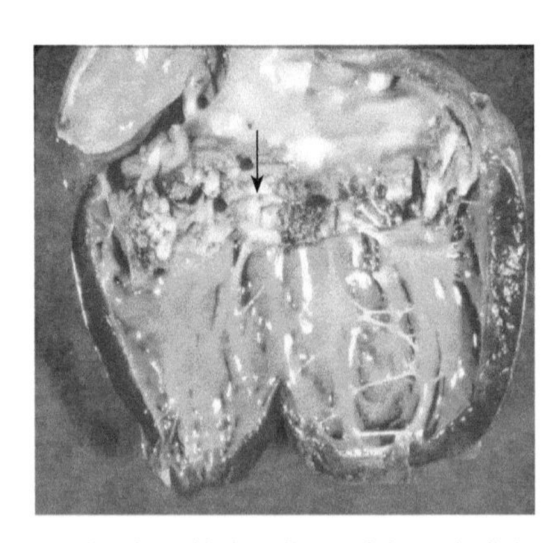

图 5-5　赘生物（箭头所指），疣性心内膜炎（牛）

2. 溃疡性心内膜炎　溃疡性心内膜炎是以瓣膜受损较严重、炎症侵及瓣膜深层、发生明显的坏死为特征的炎症，由于患病动物机体常发生败血症，也称为败血性心内膜炎。

（1）原因和发病机理：引起溃疡性心内膜炎的主要原因是毒力较强的化脓菌感染，常见有金黄色葡萄球菌，溶血性链球菌，化脓性棒状杆菌等。化脓菌可通过以下途径引发溃疡性心内膜炎。一是化脓菌引起脓毒败血症，细菌随血液流动到心脏；二是心脏邻近组织的化脓性炎症，细菌蔓延到心脏；三是动物患疣性心内膜炎后，继发细菌感染引起溃疡性心内膜炎。

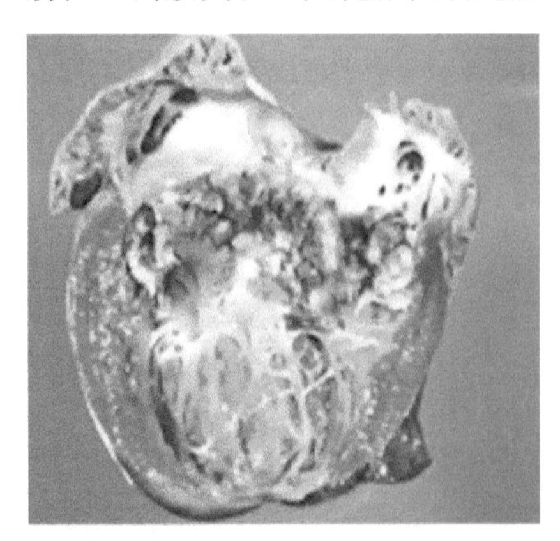

图 5-6　溃疡性心内膜炎

（2）病理变化：眼观，心瓣膜病变，出现混浊、淡黄色的坏死斑点，随着病变发展，转变成较大的坏死灶，继而发生脓性分解，形成溃疡，创造出血栓形成的条件，进而形成血栓，外观可见花椰菜状的赘生物，另外，溃疡周围有炎症反应，病变严重者，向深层发展，导致瓣膜穿孔或破裂（图 5-6）。镜下，可见瓣膜正常结构消失，瓣膜固有结构坏死崩解最为突出，坏死波及深层；坏死边缘有大量中性粒细胞浸润和肉芽组织形成，其表面有纤维蛋白和血小板构成的白色血栓，并混有坏死崩解的细胞与细菌团块。

（二）心内膜炎的结局

心内膜炎一般最终会形成栓塞和瓣膜病。

1．栓塞 血栓溶解、脱落进入血流，随着血液循环，到达脑、肾脏、脾脏、心脏等器官，引起相应器官的栓塞甚至梗死。

2．瓣膜病 血栓性疣状物、溃疡导致的瓣膜缺损，都将肉芽组织取代发生机化，在被机化的过程中，受损瓣膜皱缩或互相粘连，瓣膜皱缩可引起瓣膜闭锁不全；瓣膜互相粘连可造成瓣口狭窄，形成瓣膜病。

附：瓣膜病指心瓣膜受到损伤所造成的器质性病变，表现为瓣口狭窄和（或）瓣膜闭锁不全，最后导致心功能不全，引起全身血液循环障碍。瓣膜闭锁不全指心瓣膜关闭时不能完全闭合，使部分血液回流到心房，如二尖瓣关闭不全，左心室收缩时，血液返流到左心房，左心房既接纳肺静脉的灌注，又有左心室反流的血液，使其容量负荷增加，左心房发生扩张，当左心室舒张时，左心房内大量血液注入左心室，也导致左心室容量负荷，使左心室扩张。在机能加强和有足够营养供应的基础上，左心房和左心室逐渐肥大。通过代偿，左心室搏出血量增多，尽管有部分血液回流入左心房，但仍可满足机体需要，不引起血液循环障碍。如病情加重，发生失代偿时，左心室收缩末期仍有余血，将影响左心房的血液注入左心室，左心房收缩末期的残余血，又影响到肺静脉回流，导致肺循环淤血，最终导致右心室和右心房扩张和肥大。如果右心出现代偿失调则将招致全身淤血。瓣口狭窄是指瓣膜口开放时不能充分张开，引起血流通过障碍，如二尖瓣狭窄，心脏舒张早期，从左心房流入左心室的血液受阻，左心房代偿性扩张肥大，使血液在加压情况下快速通过狭窄口，后期左心房代偿失调，左心房内血液淤积，肺静脉回流受阻，引起肺淤血、肺水肿或漏出性出血。临床出现呼吸困难、发绀、咳嗽和咯出带血的泡沫状物等左心衰竭症状。当肺静脉压升高时，通过神经反射引起肺内小动脉收缩或痉挛，使肺动脉压升高。长期肺动脉高压，可致右心室代偿性肥大，继而失代偿，右心室扩张，三尖瓣因相对关闭不全，最终引起右心房淤血及体循环静脉淤血。

【临床联系】

犬心内膜炎多预后不良，尤其是炎症发生在主动脉瓣，死亡率高，其原因是清除感染的赘生物有难度，纤维素性赘生物病变为细菌提供了躲避场所，能逃避宿主的防御，并给抗生素渗透提供了一个难以逾越的障碍，即使是瓣膜处的细菌被消灭，瓣膜瘢痕往往会导致明显的血液返流、容量超负荷和充血性心力衰竭，最后导致犬急性死亡。

二、心肌炎

心肌炎是指各种原因引起的心肌炎症。动物原发性心肌炎少见，多伴发于某些全身性疾病过程中，如传染病、代谢病、变态反应性疾病时可发生心肌炎。

（一）心肌炎的类型

根据心肌炎的发生部位和性质，可分为实质性心肌炎、间质性心肌炎和化脓性心肌炎。

1. 实质性心肌炎 实质性心肌炎是以心肌纤维的变质性变化占优势的炎症，间质内可见程度不同的渗出和增生过程。

（1）原因：实质性心肌炎常由于血源性（菌血症、毒血症和败血症等）感染引起，常见于一些病毒性疾病，如犊牛口蹄疫、犬细小病毒感染等。病毒亲心肌的特性，可直接破坏心肌细胞引起实质性心肌炎。另外，营养缺乏，如缺乏维生素 E 和微量元素硒，也可引发心肌炎，发生白肌病等。

（2）病理变化：眼观，可见心脏扩张，病变部位心肌色泽变淡，呈灰黄色或灰白色斑块状或条纹状（图 5-7），病灶质地变软，无光泽。镜下，可见心肌纤维有明显的颗粒变性或脂肪变性和坏死（图 5-8），在坏死的心肌纤维上常见钙盐沉积。间质内可见不同程度的渗出性变化，表现为毛细血管充血、出血、浆液渗出和单核细胞、淋巴细胞浸润。病程延长时可见成纤维细胞增生。

2. 间质性心肌炎 间质性心肌炎是以心肌间质的渗出与增生性变化占优势的炎症，而心肌纤维变质性变化相对比较轻微。

（1）原因：某些寄生虫感染（如弓浆虫）和变态反应可引起间质性心肌炎。

（2）间质性心肌炎病理变化：眼观，与实质性心肌炎相似。镜下，间质性炎多呈局灶性分布，间质内充血、出血、浆液性渗出和大量炎性细胞（主要是单核细胞、淋巴细胞和浆细胞）浸润与增生（图 5-9）。慢性时局部心肌纤维发生萎缩、变性、坏死甚至消失，间质结缔组织增生。变态反应性心肌炎除具上述病变外，尚见间质中有嗜酸粒细胞浸润，小血管壁发生纤维素样坏死。

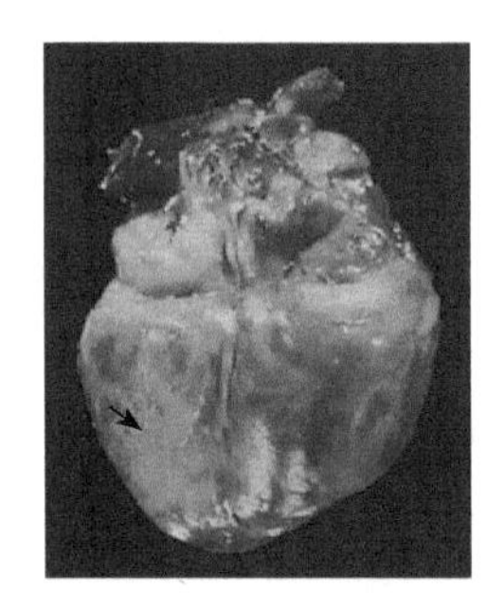

图 5-7 心肌坏死

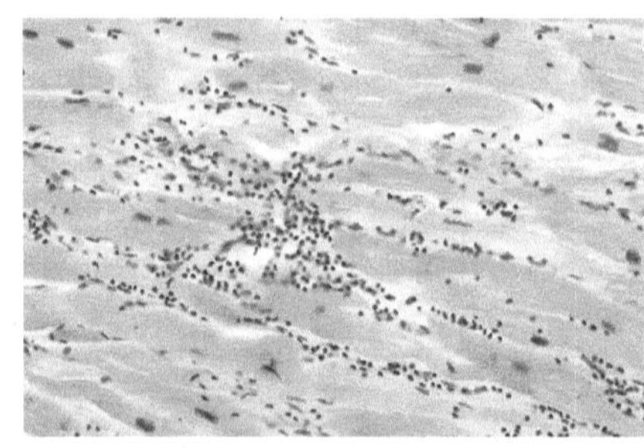

图 5-8 心肌纤维坏死、断裂

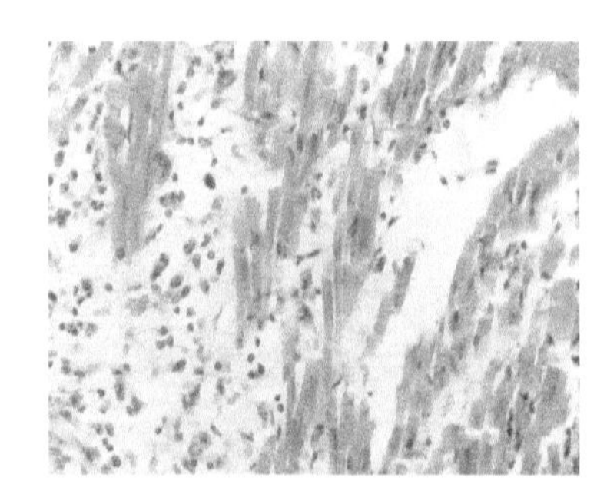

图 5-9 间质性心肌炎（犬细小病毒病）

3. 化脓性心肌炎 化脓性心肌炎是以大量中性粒细胞渗出和脓液形成为特征的心肌炎症。

（1）原因：多由化脓菌继发性感染所引起。

（2）病理变化：眼观，心肌内有大小不等的化脓灶。镜下，化脓灶内心肌纤维变性、坏死、断裂和崩解，有大量中性粒细胞，周围小血管扩张、充血、出血，组织中有中性粒细胞浸润，慢性的化脓灶周围有结缔组织增生、包裹。

（二）心肌炎的结局

心肌炎往往最终有以下两个发展结果。

1. 非化脓性心肌炎 心肌发生变性、坏死后，被机化、钙化（图 5-10，图 5-11），使心肌纤维化，导致心肌的收缩力减弱。

2. 化脓性心肌炎 常发生钙化、包囊形成、纤维化，严重者脓肿破溃，脓汁混入血液，化脓菌随血流进入其他器官，形成转移性脓肿或引起脓毒败血症。

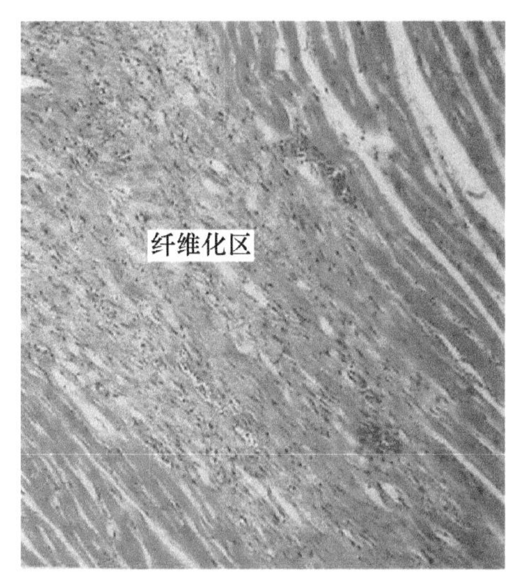

图 5-10 心肌坏死后的纤维化（犬心脏）

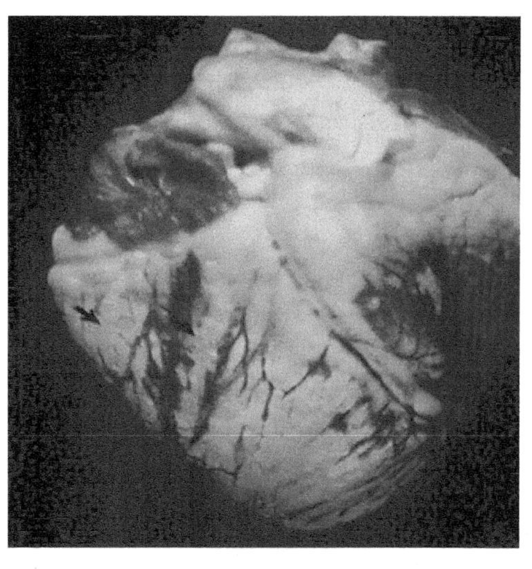

图 5-11 心肌坏死后的钙化（羔羊缺乏维生素 E）

三、心包炎

心包炎是指心包壁层和脏层（即心外膜）的炎症，大多伴随其他疾病过程，亦可独立发生（创伤性）。

（一）心包炎的类型

根据渗出物的性质，心包炎可分为浆液性、纤维素性、出血性和化脓性心包炎。临床上最常见的是浆液 - 纤维素性心包炎。

1. 浆液 - 纤维素性心包炎 浆液 - 纤维素性心包炎是以大量浆液和纤维素渗出为特征的心包炎症。

（1）原因：本病常由各种病原微生物，如猪瘟病毒、链球菌、巴氏杆菌、鸡沙氏杆菌等引起。病毒和细菌经过血液或由邻近器官组织（如心肌、胸膜）侵入心包，导致炎症。

（2）病理变化：眼观，炎症早期，可见心包表面血管扩张充血，心包腔内有淡黄色、透明渗出液渗出（图 5-12）；随着炎症的发展，当有较多的白细胞和脱落的间皮细胞进入心包腔时，渗出液变混浊；如果纤维素渗出到心包腔，可见絮状的呈灰黄色的纤维素团块，另外，在心外膜表面、心包壁层内表面均覆盖黄白色的纤维素性薄膜层（图 5-13），形成的纤维素膜易剥离，随心脏的跳动，反复被摩擦，如时间长久，沉积在心外膜上的纤维素呈绒毛状，这种心脏的外观称为“绒毛心”。慢性经过时，被覆于心包壁层和脏层上的纤维素可发生机化，造成心包壁层和脏层粘连。镜下，心外膜下血管充血和出血。心外膜上有浆液 - 纤维素性渗出物，其中有一定数量的白细胞。间皮肿胀、变性与脱落。邻近的心肌纤维发生颗粒变性与脂肪变性，心肌间质内有充血、水肿、白细胞浸润等炎症性反应。

2. 创伤性心包炎

（1）原因和发病机理：本病主要发生于牛，是创伤性网胃炎时异物刺破网胃、横膈和心包而引起的炎症（图 5-14）。

（2）病理变化：眼观，心包增厚，扩张；心包腔内蓄积多量浆液 - 纤维素 - 脓性渗出物，并混有气泡，有恶臭味。心外膜被覆污浊的纤维素性脓性渗出物，这层凝固块可厚达数厘米，形似盔甲，称“盔甲心”（图 5-15）。剥离后心外膜混浊粗糙，有充血与点状出血。病程久者，由于纤维结缔组织增生，损伤的网胃、膈和心包会粘连，常可在粘连处找到异物。

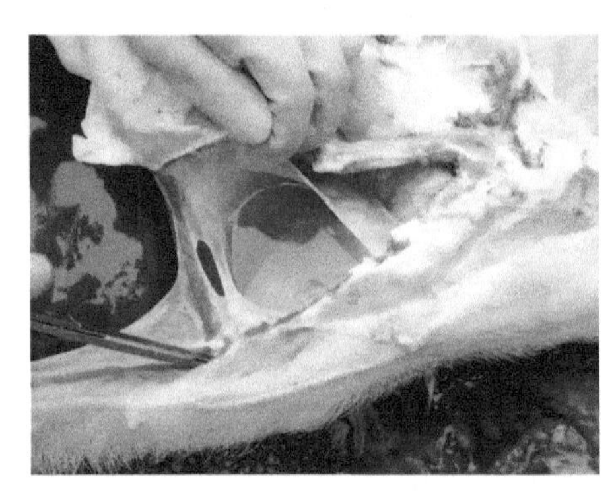

图 5-12　心包积液

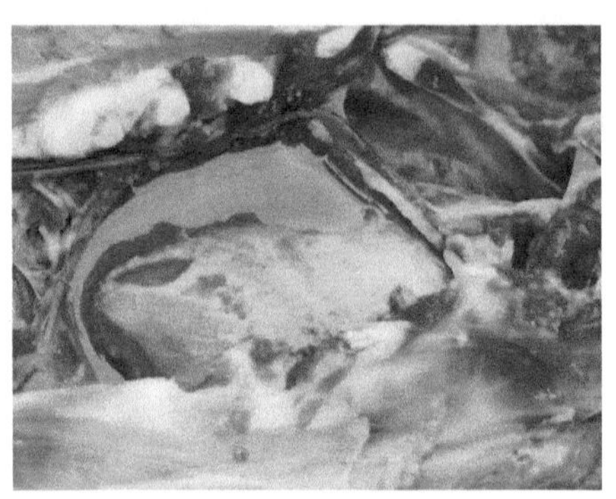

图 5-13　浆液 - 纤维素性心包炎

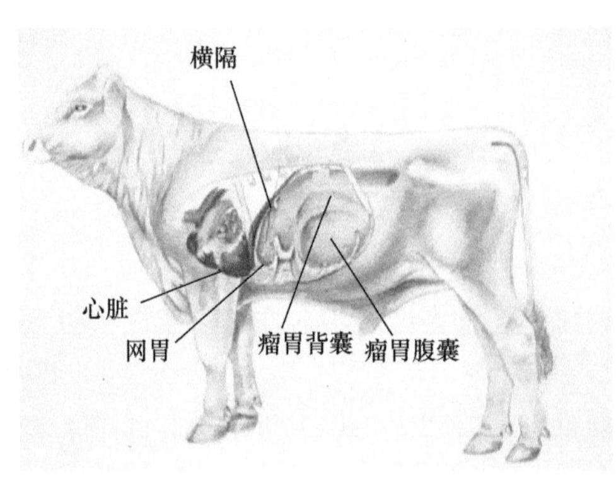

图 5-14　牛胸腹腔部分器官透视图

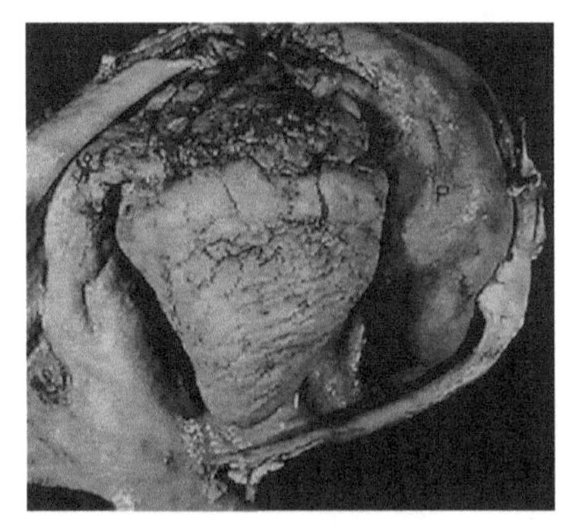

图 5-15　牛创伤性网胃心包炎

（二）心包炎结局

轻微的心包炎，渗出物可被溶解吸收。如渗出物数量多，不能被完全吸收，渗出物被结缔组织取代而发生机化，形成灰白色纤维素性绒毛，导致心包壁层与脏层粘连。若心包腔内蓄积大量渗出液，当心脏舒张时受到限制，引起静脉血回流受阻，导致全身性淤血。

四、心功能不全

（一）概述

心功能不全是指在各种致病因素的作用下，心肌收缩力减弱，引起心输出量减少，以致于心脏搏出的血量不能满足机体组织细胞物质代谢的需要的一种病理过程。严重的心功能不全称为心力衰竭。心功能不全不是一种独立性疾病，是在许多疾病中（如心肌炎、心包炎、瓣膜病及某些传染病等）都可发生的一种病理过程。

（二）分类

心功能不全按病变累及的部位不同，分为左心功能不全（冠心病、心肌病、高血压病），右心功能不全（肺动脉高压、慢性阻塞性肺疾病）和全心功能不全（心肌炎、心肌病）；按发展速度不同，分为急性心力衰竭和慢性心力衰竭。

（三）病因

1. 心肌受损 心肌炎，心肌变性（如冠状动脉痉挛、血栓形成或栓塞、心肌梗死），某些传染病，中毒病，营养代谢障碍（维生素 E、微量元素硒缺乏等）均可导致心肌受损。

2. 心脏负荷过重 心脏负荷过重指心脏舒张和收缩时所做的功超过了正常范围，包括容量负荷过重和压力负荷过重。

（1）容量负荷过重：因舒张末期心腔内血容量过多，从而导致每搏搏出量增加所引起的心脏负荷过重，如各种瓣膜闭锁不全、大量快速输液等。

（2）压力负荷过重：各种原因造成心室搏血阻力增大，使收缩期心室内压升高而引起心脏负荷过重，如主动脉瓣口狭窄可引起左心室压力负荷过重，肺气肿、肺纤维化可引起右心室压力负荷过重。

3. 心包病变 动物急性心包炎时，大量炎性渗出物积聚在心包，压迫心脏，使静脉血回流受阻和心脏充盈不足引起心输出量减少；创伤性心包炎和纤维素性心包炎引起心包粘连，妨碍心脏的舒张与收缩，影响其泵血功能。

（四）心功能不全的代偿机制

心功能不全时，心脏的代偿有以下几种方式。

1. 心率加快 在一定程度范围内可增加心输出量（心输出量＝每搏血量 × 心率）。若每搏血量不变或略有降低，通过心率加快，可保持心输出量不降低，这对维持血压，保证脑、心脏等重要器官的血液供应有积极意义。但心率过快，超过 180 次 /min 时，由于舒张期缩短，影响冠状动脉灌流，可引起心肌缺血、缺氧，导致心收缩力减弱，心输出量下降；舒张期太短，心室充盈不足，也会引起心输出量进一步降低。

2. 心脏扩张 心脏扩张有两种类型。一种是伴有心肌收缩力增强的扩张，称紧张源性扩张；另一种是代偿失调后出现的不伴有心肌收缩力增强的扩张，称肌源性扩张。

3. 心肌肥大 心肌肥大指心肌细胞体积增大，心壁增厚，心脏重量增加的病理变化，此种代偿方式更有效。

（五）对机体的影响

1. 左心功能不全，致肺淤血、肺水肿和呼吸困难 当左心功能不全时，左心肌收缩力减弱，左心室血液输出量减少，使肺静脉血液回流受阻，导致肺淤血，一方面，肺内毛细血管血压上升；另一方面，淤血造成缺氧，使肺毛细血管壁通透性升高，引起肺水肿。在肺淤血、肺水肿基础上，动物表现出呼吸困难。

2. 右心功能不全，致全身静脉淤血、全身水肿 右心功能不全时，右心肌收缩力减弱，右心室输出量减少，使前腔、后腔静脉血液回流受阻，导致全身静脉淤血、全身水肿。

第二节 血管炎症

一、急性动脉炎

（一）概述

急性动脉炎即动脉管壁的急性炎症。按炎症发生的部位不同，可分为动脉内膜炎、动脉中膜炎和动脉周围炎，当动脉各层都发炎时，则称为全动脉炎。

（二）病因

引起动脉炎的原因包括细菌、寄生虫、支原体、病毒感染、免疫复合物沉积，以及机械性、化学性、物理性等致病因素。

（三）病理变化

发生急性动脉炎症时，动脉管壁变硬、增粗，内膜表面粗糙不平，管腔变狭窄，有时可见血栓。镜下，动脉内皮细胞肿胀、变性或坏死，管腔内可有血栓形成，内膜与中膜见水肿、中性粒细胞浸润、弹性纤维断裂溶解、中膜平滑肌细胞发生变性或坏死；血管外膜有充血、出血、水肿、胶原纤维肿胀和炎性细胞浸润等。

二、急性静脉炎

（一）概述

急性静脉炎指静脉管壁的急性炎症。

（二）病因

急性静脉炎多由感染引起，如炎灶内病原微生物的蔓延可引起炎灶周围急性静脉炎；注射或穿刺时消毒不严等，均可导致急性静脉炎的发生。

（三）病理变化

病变部位质地较实，稍增厚，内膜色红，粗糙，多见血栓。镜下，内皮细胞肿胀、脱落，常见血栓附着。中膜平滑肌变性、坏死。内膜、中膜、外膜各层均有水肿和炎细胞浸润。急性静脉炎对败血症的发生、发展有着重要意义。在败血症中，要注意检查原发性炎灶邻近的静脉病变。急性静脉炎是病原微生物突破局部屏障，经血液向全身进行播散的重要标志。

第六章 免疫系统病理

第一节 脾　炎

一、概述

脾脏是动物体外周免疫器官，在机体的免疫反应中起重要作用。动物发病时，会引起脾脏炎症。在各种传染病、部分寄生虫病和一些非传染性疾病中，多有脾炎发生。根据其病变特征和病程的不同，可分为急性炎性脾肿、坏死性脾炎、化脓性脾炎和慢性脾炎四种类型。

二、病因

以上四种类型脾炎的病因如下。

（一）急性炎性脾肿

急性炎性脾肿多见于急性败血性疾病过程中，如急性猪丹毒、急性副伤寒、急性马传染性贫血、弓形体病等。

（二）坏死性脾炎

坏死性脾炎多见于坏死杆菌病、禽霍乱、鸡新城疫及鸡包涵体肝炎等疾病。

（三）化脓性脾炎

化脓性脾炎多由化脓性细菌性栓塞而引起，如肺脓肿、幼年动物脐带感染等；也有因直接感染而化脓，如外伤及因脾周围组织或器官化脓性炎症蔓延而致。

（四）慢性脾炎

慢性脾炎多见于结核、鼻疽、马传染性贫血、布氏杆菌病、放线菌病等慢性传染病及锥虫病、焦虫病等慢性侵袭病过程中。

三、病理变化

（一）急性炎性脾肿

急性炎性脾肿是指伴有脾脏明显肿大的急性脾炎。

眼观，脾脏呈紫红色或黑红色，体积肿大（较正常大2～3倍，甚至5～10倍，图6-1），质地柔软，被膜紧张，边缘钝圆，切面隆突，脾小梁和白髓消失。严重时，脾髓呈粥状，易从切面流失，用刀可刮下大量脾髓。当脾脏高度肿大时，可能发生破裂、出血。

镜检，脾静脉窦高度扩张，脾髓内充盈多量血液。淋巴细胞和网状细胞坏死（图6-2），白髓几乎消失，有时仅可在脾小梁和被膜附近见到少量残存的淋巴组织；同时可见嗜中性粒

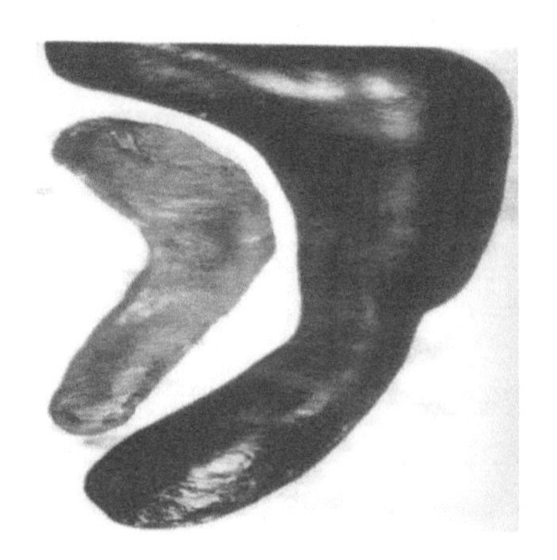
图 6-1　脾脏极度肿大、出血

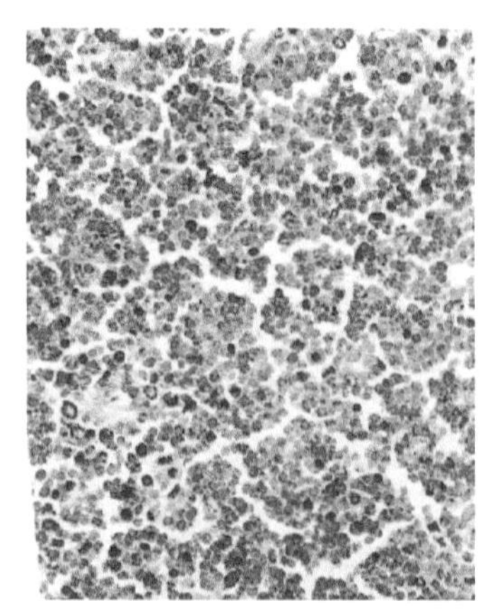
图 6-2　脾脏红髓出血，淋巴细胞坏死

细胞浸润和浆液性渗出物蓄积。脾脏肿大的主要原因是大量血液和炎性渗出所致，脾脏的网状细胞、淋巴细胞等坏死，是脾脏质地松软、脾髓软化的主要原因。

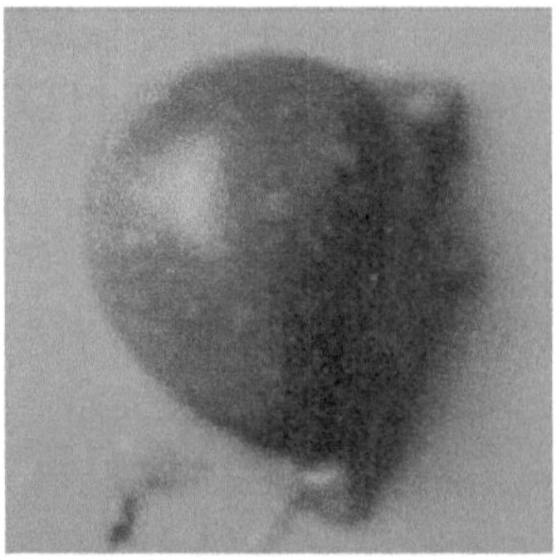

（二）坏死性脾炎

坏死性脾炎是指脾脏实质坏死明显的急性脾炎。

眼观，脾脏不肿大或轻度肿大，表面和切面可见大小不等的黄白色坏死灶（图 6-3），有时可见被膜下散在点状出血。

图 6-3　脾脏坏死灶（鸡新城疫）

镜检，脾脏红髓淤血，散在出血，有多量巨噬细胞和少量嗜中性粒细胞浸润。白髓稍显萎缩、变小。脾髓中散在小坏死灶，其中网状细胞和淋巴细胞坏死，细胞核溶解、消失。初期细胞轮廓尚可辨认，严重时，细胞崩解，并与浆液、纤维素性渗出物相融合成为一片，内常含细菌团块。例如，鸡新城疫，主要表现鞘动脉周围的网状细胞和淋巴组织坏死，故可见脾内散在以鞘动脉为中心的坏死灶，该部失去固有结构，坏死细胞、浆液纤维素性渗出物相互融合为一片均质。其他部位的网状细胞亦可见坏死变化。

（三）化脓性脾炎

眼观，急性化脓性脾炎可见脾脏肿大或稍肿大，在被膜下或实质内出现大小不等，黄白或白色小病灶；初期，病灶中央松软，以后形成脓肿，中央为乳糜状脓汁。

镜检，急性化脓性脾炎时，初期化脓灶内有大量嗜中性粒细胞聚集、浸润，以后嗜中性粒细胞变性、坏死、崩解，与局部组织坏死细胞形成脓汁，该部固有结构被破坏。

（四）慢性脾炎

慢性脾炎多由急性脾炎转来。

眼观，脾稍肿或不肿，质地硬实，边缘稍钝圆，切面干燥，稍隆突，呈淡红褐色。在红褐色背景上，可见灰白色增大的白髓呈颗粒状突出于表面。若有较大结核病灶出现于脾脏时，则可见到大小不等、中心呈干酪样的结核结节。慢性化脓脾炎时，在陈旧化脓灶周围可见结缔组织包囊形成，中央脓汁干涸，呈豆腐渣样，有时中间出现钙盐沉着，发生钙化。

镜检，其特征是脾白髓内网状细胞和淋巴细胞显著增生。淋巴细胞增生使脾小体扩大。例如，仔猪副伤寒时，脾脏中散在小坏死灶，有些坏死灶由于反应性网状细胞增生，取代坏死组织而形成典型的副伤寒结节结构，肉眼观察时呈灰白色颗粒状。在鼻疽、结核、放线菌病及布氏杆菌病等过程中，脾脏除上述细胞增生变化外，尚可见特殊性肉芽肿形成。肉芽肿由上皮样细胞和多核巨细胞组成，形成结核结节、鼻疽结节或放线菌肿，结节中心多发生坏死，结节最外层多由纤维结缔组织包绕形成包囊。在慢性化脓性脾炎时，化脓灶周围常见结缔组织增生、包绕，嗜中性粒细胞浸润。

第二节　淋巴结炎

一、概述

淋巴结的炎症称为淋巴结炎，是淋巴结受病原因素刺激而引起的炎症过程。淋巴结是动物机体的外周免疫器官，淋巴结对于病原因素作用的反应极为敏感。有时只有局部淋巴结发生炎症，也可能全身淋巴结均发生炎症。当局部组织或器官有炎症时，其所属淋巴结就会发生炎症反应。例如，肠道发生病变，肠系膜淋巴结发生炎症；肺脏感染时，肺门淋巴结也会发生炎症。全身性淋巴结炎多见于败血症性疾病，如炭疽、猪瘟、巴氏杆菌病等急性败血性传染病。淋巴结炎按其经过可分为急性淋巴结炎和慢性淋巴结炎；按其病变性质不同，又可分为单纯性淋巴结炎、出血性淋巴结炎、坏死性淋巴结炎和化脓性淋巴结炎。

二、病因

（一）急性淋巴结炎

急性淋巴结炎的常见病因如下。

1. 单纯性淋巴结炎　某些急性传染病的初期或某一器官、组织发生急性炎症时，其相应的淋巴结发生单纯性淋巴结炎。

2. 出血性淋巴结炎　本病多由单纯性淋巴结炎发展而来，常见于炭疽、猪丹毒、猪瘟、猪肺疫等急性传染病。

3. 坏死性淋巴结炎　本病常见于猪弓形体病、坏死杆菌病、仔猪副伤寒等。

4. 化脓性淋巴结炎　本病多继发于所属器官和组织的化脓性炎症，由化脓性细菌经淋巴或血液浸入淋巴结引起。

（二）慢性淋巴结炎

慢性淋巴结炎一般由急性淋巴结炎转来，或由于病原因素反复或持续作用而引起。

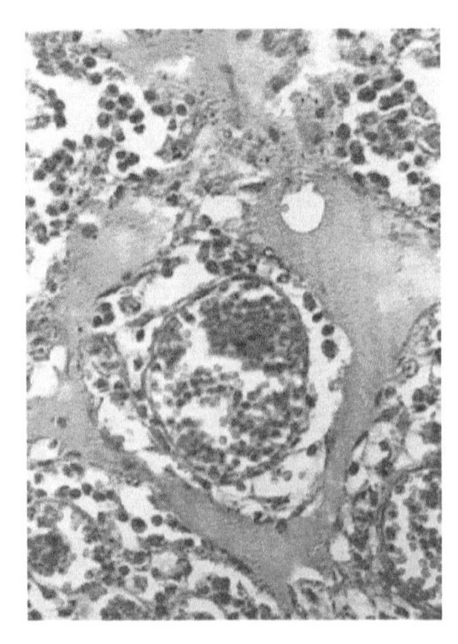
图 6-4 淋巴结的髓质血管充血，髓窦扩张，充满浆液

三、病理变化

（一）急性淋巴结炎

急性淋巴结炎多见于急性败血性传染病，如炭疽、猪瘟、巴氏杆菌病等。

1. 单纯性淋巴结炎 本病也称为浆液性淋巴结炎。眼观，淋巴结肿大、质地柔软、被膜紧张、切面隆突、湿润多汁，呈淡红黄色。镜下，淋巴结内毛细血管高度扩张、充血、淋巴窦扩张，含有多量的浆液（图 6-4），其中混有多量的单核细胞、淋巴细胞、嗜中性粒细胞以及少量的红细胞。淋巴窦中的单核细胞，少部分来源于血液中的单核细胞，大部分来自淋巴窦内网状细胞的增生和脱落，这种现象称为淋巴结的窦卡他，是急性单纯性淋巴结炎的主要标志之一。另外，输入及输出淋巴管均扩张，管腔中充满淋巴液。

初期，淋巴小结和髓索变化不明显。但随炎症的发展，可见淋巴组织增生性变化，淋巴小结生发中心扩大，淋巴小结周围（外围区）、副皮质区及髓索也均因淋巴细胞增殖而扩大。

单纯性淋巴结炎常在病因消除后，淋巴结充血和水肿逐渐消退，增殖细胞变性、坏死或随淋巴流被带走，淋巴结炎症消散，恢复原来的结构和功能。若病因持续作用，则炎症迁延不愈；若病原微生物毒力增强，进一步发展为出血性、坏死性或化脓性淋巴结炎。

2. 出血性淋巴结炎 出血性淋巴结炎是指伴有严重出血的单纯性淋巴结炎。眼观，淋巴结肿大，切面稍隆起，湿润，富有光泽，呈暗红或黑红色。淋巴结的出血有两种病变外观，一种是部分区域出血，常见于皮窦、髓窦，切开淋巴结，其切面呈暗红与灰白色相间的大理石样花纹，如败血型猪瘟的淋巴结出血病变（图 6-5）；另一种是淋巴结的严重出血，整个淋巴结呈均匀一致的暗红色，如猪链球菌病的下颌淋巴结出血（图 6-6）。镜下，除单纯性淋巴结炎病理变化（充血、渗出、窦卡他）之外，最明显的变化是出血。在淋巴窦及周围组织中有大量红细胞（图 6-7），淋巴组织坏死、萎缩。

图 6-5 大理石样淋巴结（猪瘟）

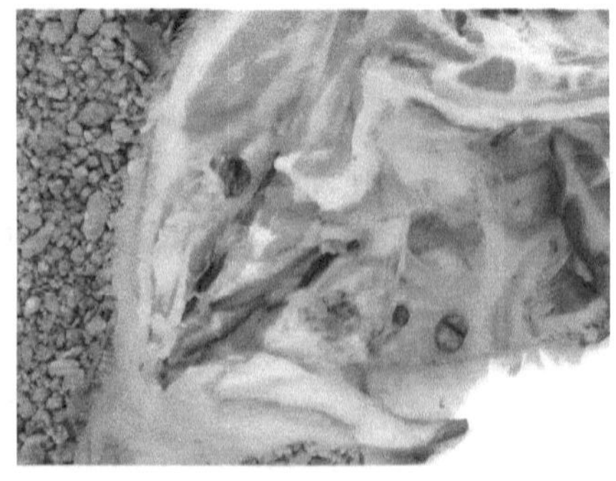
图 6-6 下颌淋巴结出血（猪链球菌病）

出血性淋巴结炎的结局取决于原发疾病。若疾病走向康复，则渗出物经溶解、吸收而消散；若淋巴结进一步发生坏死，则淋巴结呈干燥的砖红色，质地硬，切面可见在砖红色背景

上出现稍凹陷的干燥的黑红色坏死灶。

3. 坏死性淋巴结炎　坏死性淋巴结炎是以淋巴结的实质发生坏死为特征的炎症，常见于猪弓形体病、坏死杆菌病、仔猪副伤寒等。眼观，淋巴结明显肿大，淋巴结可肿大至板栗大甚至核桃大；质地坚硬，被膜及周围结缔组织有时呈黄色胶样浸润；切面稍显湿润、隆起，其中散在黄色或褐色坏死灶，有时可出现出血斑点。镜下，淋巴结部分或大部分发生坏死，坏死区组织结构不易辨认，淋巴细胞坏死、溶解，呈大片均质红染（图 6-8）。猪弓形体病时可见淋巴小结生发中心与副皮质区的淋巴细胞和网状细胞变性、坏死，淋巴窦扩张，积聚多量淋巴细胞、巨噬细胞和嗜酸粒细胞，在巨噬细胞中可见弓形虫的滋养体及假囊。

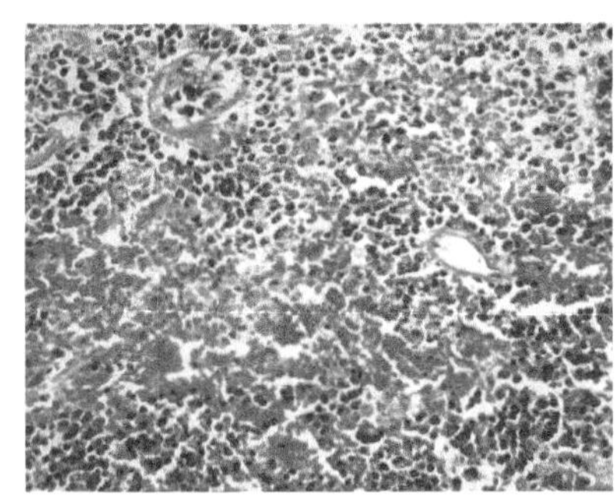

图 6-7　淋巴结出血（猪丹毒）

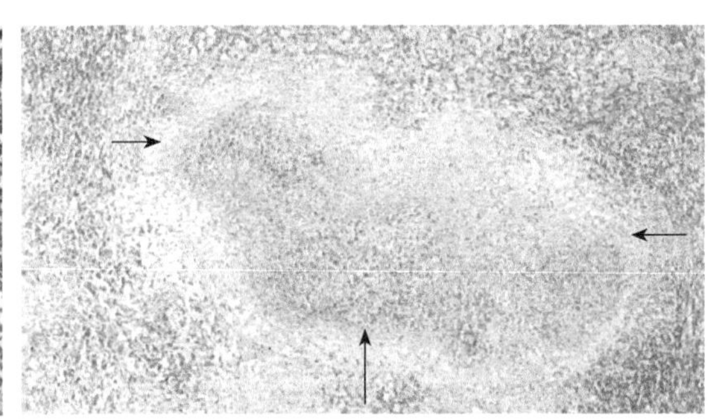

图 6-8　坏死性淋巴结炎（箭头处）

坏死性淋巴结炎结局取决于病变程度及机体状态。小坏死灶可经溶解、吸收而消散，受损组织再生而恢复；大坏死灶多由肉芽组织增生、机化形成瘢痕或包囊。

4. 化脓性淋巴结炎　化脓性淋巴结炎是指淋巴结的化脓过程。其特征是有大量嗜中性粒细胞渗出和组织的脓性溶解。眼观，淋巴结肿大，透过被膜或在切面上可见黄白色化脓灶，有脓汁流出。脓汁颜色和性状因化脓菌种类而异。在某些感染中，淋巴结可变成一个由结缔组织包围的脓肿，淋巴组织几乎全部消失，由脓汁代替，用手触压时，有波动感（图 6-9）。镜下，炎症初期，淋巴窦内充满大量嗜中性粒细胞，以后嗜中性粒细胞浸润继续增加，并发生坏死、崩解和局部坏死组织发生脓性溶解，形成化脓灶。小化脓灶进一步发展，互相融合形成大的病灶。在化脓性炎症过程中，淋巴结网状细胞和淋巴细胞变性、坏死，而网状纤维均能完整保存下来。

图 6-9　下颌淋巴结化脓性炎

化脓性淋巴结炎的结局取决于病原体性质、作用强度以及机体的状态。若在化脓性炎症初期病变得到控制，则渗出物可以被吸收，淋巴结结构完全恢复；否则，化脓性炎可向被膜及周围组织发展，形成化脓性淋巴结周围炎。小的脓肿可由增生的肉芽组织机化，形成瘢痕；大的脓肿，通常由结缔组织形成包囊，其中的脓汁浓缩、干涸或发生钙化。若发生在体表，淋巴结的化脓性炎症可向体表排脓，形成局部溃疡。排脓时，脓汁流经组织的通道称为窦道。若窦道由肉芽组织被覆时，则经久不愈。若化脓菌侵入血流或淋巴，将在其他器官组织形成转移性脓肿或引起脓毒败血症。

（二）慢性淋巴结炎

1. 细胞增生性淋巴结炎 眼观，淋巴结肿大，灰红或灰白色，质地变硬，切面较干燥，隆突，呈脑髓样又称髓样肿胀，有时因淋巴小结增生而呈细颗粒状。如患副伤寒病的仔猪，其肠系膜淋巴结、咽后淋巴结等均明显肿大，切面呈灰白色脑髓样，并常有散在灰黄色坏死灶。镜下，淋巴结内淋巴细胞和网状细胞显著增生。淋巴小结增大，生发中心明显。淋巴小结与髓索以及淋巴窦之间的界限消失。淋巴细胞弥漫地分布在整个淋巴结内。仔猪副伤寒时，淋巴结中有局灶状坏死，同时可见由带有淡染细胞核的大型网状细胞和上皮样细胞组成的副伤寒结节，其中有少量嗜中性粒细胞和散在红细胞，这种细胞增生性炎可以维持很长时间，最后淋巴结发生纤维化。在结核病、鼻疽、布氏杆菌病及放线菌病的增生性淋巴结炎，除有淋巴细胞和网状细胞增生之外，可见由上皮样细胞和多核巨细胞构成的特殊性肉芽组织，形成特异性的结节（如结核结节、鼻疽结节、布氏杆菌病结节及放线菌病结节等）。在淋巴结结核，可见淋巴结稍肿大，重症时可肿大数倍至数十倍，被膜增厚而粗糙，质地坚实，切面可见大小不等、混浊、灰黄色、中心呈干酪样的结核结节与增生的灰白色淋巴组织。这种以特殊性肉芽组织增生为主的增生性淋巴结炎的转归，取决于原发疾病。若病情加剧，则上皮样细胞发生坏死、崩解，坏死灶扩大；若疾病走向痊愈，则上皮样细胞消失或转变为成纤维细胞，纤维结缔组织增多，最后以纤维化为结局。

2. 纤维性淋巴结炎 本病主要见于化脓性淋巴结炎和细胞增生性淋巴结炎的后期。特征是淋巴结内结缔组织增生和网状纤维胶原化。眼观，淋巴结体积变小，质地坚硬，表面高低不平，切面可见增生的结缔组织呈灰白色条索状不规则地交错排列，淋巴结固有结构被破坏。镜下，被膜、小梁及血管外膜结缔组织显著增生，由于胶原纤维增多，小梁增粗、被膜变厚，原来细胞成分因受增生的胶原纤维及成纤维细胞挤压而萎缩，数量减少（图 6-10），整个淋巴结可变成纤维性结缔组织。

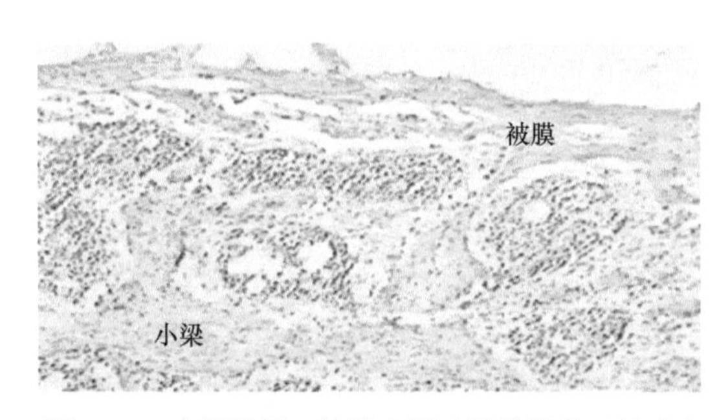

图 6-10 小梁增粗、被膜变厚（纤维性淋巴结炎）

> **【临床联系】**
> 当体表淋巴结肿大、触摸有波动感时，可用穿刺方法取内容物，在镜下检查，做出进一步诊断。

第三节 法氏囊炎

一、概述

法氏囊又称腔上囊，是禽类特有的免疫器官，其功能类似哺乳动物的骨髓或集合淋巴小结。鸡法氏囊位于泄殖腔后上方，是一个椭圆形盲囊，以很短的管道开口于泄殖腔，黏膜皱褶中有大量淋巴小结。

二、病因

法氏囊炎主要见于鸡传染性法氏囊病、鸡新城疫、禽流感以及禽隐孢子虫感染。大肠埃希菌病、呼肠病毒可以加重本病，饲料中的某些霉菌毒素（黄曲霉毒素）可以引起法氏囊萎缩。

三、病理变化

眼观，法氏囊肿为正常的1.5～2倍，有时出血，呈红色。切开，囊腔内有灰白色黏液、血液或干酪样渗出物蓄积，黏膜肿胀、充血、出血或坏死。

镜下，法氏囊的淋巴滤泡（淋巴小结）结构被破坏，淋巴小结间血管充血、出血，炎性细胞浸润，淋巴滤泡的皮质和髓质部淋巴细胞发生不同程度的变性、坏死，淋巴滤泡的髓质部空隙增大、增宽，黏膜固有层炎性细胞浸润。

第四节 扁桃体炎

一、概述

家畜的咽部扁桃体、家禽的盲肠扁桃体、兔的圆小囊和盲肠蚓突、畜禽的消化道以及生殖道固有层的淋巴滤泡等，为免疫组织，在动物免疫中发挥了重要的作用。在各种传染病和寄生虫病的疾病过程中，淋巴组织均有不同程度的炎症反应。

二、病因

扁桃体炎可由物理因素、化学因素、生物性因素引起，如猪瘟、鸡瘟、鸡传染性法氏囊炎、大肠埃希菌病等疾病过程中均可引起扁桃体炎。

三、病理变化

扁桃体炎可出现如下病理变化。

（一）急性扁桃体炎及黏膜有关组织的炎症

扁桃体的淋巴组织黏膜肿胀、出血、发生溃疡，有时可见局部性化脓灶，甚至发生穿孔。兔病（伪结核、球场病等）可见圆小囊和蚓突，有散在或弥漫性灰白色坏死灶。镜下，局部淋巴组织坏死、崩解，坏死灶内可见充血、出血、浆液或纤维素渗出、炎性细胞浸润。

（二）慢性扁桃体炎及黏膜有关组织的炎症

扁桃体的淋巴组织黏膜出现局灶性肿胀，兔圆小囊和蚓突部壁显著增厚，肠道表面呈现枣核状且不光滑，可见充血或不充血。慢性猪瘟病例，可见肠道黏膜坏死呈现扣状隆起于黏膜表面，形成“扣状肿”外观。显微镜检查可见局部淋巴组织增生，淋巴滤泡增多、体积扩大，生发中心明显，滤泡的间质有弥漫性的淋巴细胞、巨噬细胞增生，也可见结缔组织增生，结核病病变可见病灶有上皮样细胞和多核巨细胞增生，并形成典型的“肉芽肿”病灶。

第七章 呼吸系统病理

第一节 肺 炎

一、概念与分类

肺炎通常是指肺组织发生的急性渗出性炎症，是呼吸系统的一种常见疾病。肺炎可由外界直接吸入的各种致病因子引起，但更多见的是呼吸道常在微生物，在机体抵抗力降低，特别是在呼吸系统的防御机能低下时，侵入肺组织，引起肺炎。肺炎有许多类型，按病因可分为细菌性、病毒性、霉形体性、立克次体性、霉菌性、寄生虫性、中毒性和吸入性肺炎等。按病变部位和病变范围大小，将肺炎分为小叶性、融合性、大叶性和间质性肺炎。按炎性渗出物的性质，将肺炎分为浆液性、卡他性、纤维素性、化脓性、出血性和坏疽性肺炎等。

临床上最常见的肺炎是支气管肺炎和纤维素性肺炎两种，其他几种肺炎除个别情况外，很少独立发生，并发于支气管肺炎和纤维素性肺炎。例如，浆液性和出血性肺炎多数是支气管肺炎和纤维素性肺炎的初期表现形式，而化脓性和坏疽性肺炎又常是这两种肺炎的后期并发病变。

二、支气管肺炎

支气管肺炎指炎症首先由支气管开始，继而蔓延到细支气管和所属肺泡组织。由于病变多局限于肺小叶范围，又称为小叶性肺炎。支气管肺炎在马比较多发，是肺炎的一种最基本形式，其炎性渗出物以浆液和剥脱的上皮细胞为主，通常也称为卡他性肺炎。

（一）原因及发病机理

支气管肺炎大多由细菌感染引起，可作为独立疾病发生，但较多的是与其他疾病并发。引起支气管炎的病原菌很多，最常见的有巴氏杆菌、霉形体和霉菌等，也可由流行性感冒病毒或刺激性气体引起。病原菌主要从呼吸道侵入，首先在细小的支气管引起炎症，继而顺着管道蔓延至肺泡；或经支气管周围的淋巴管扩散到肺间质，最后到达邻近肺泡；有时病原菌也可经血流到达肺组织，引起血源性肺感染。例如，当身体某处有感染时，病原菌可由该处侵入血管，随着血流到达支气管周围的血管、间质和肺泡，从而引起支气管肺炎。支气管肺炎常发生于幼龄和老龄畜禽。在冬春季发病较多。寒冷、感冒、过劳和维生素 B 缺乏，可诱发本病，这是因为上述因素可导致机体抵抗力降低，局部黏膜免疫机能减弱，使呼吸道内常在菌乘虚而入，沿着支气管进入肺泡而引起感染。此外，当动物发生咽喉炎、脑炎后遗症、破伤风、喉神经麻痹或投服药物造成误咽时，也常引发支气管肺炎。

（二）病理变化

支气管肺炎常侵犯左、右两肺叶，其病变多数发生于肺的尖叶、心叶和膈叶的前下部。发炎的肺组织坚实，病灶部表面因充血呈暗红色，散在或密集地存在有多量粟粒大、米粒大或黄豆粒大的灰黄色病灶。切面呈暗红色，在暗红色背景上，小范围内呈现密集灰黄色大小不等的岛屿状炎性病灶。病灶中心常见有一个细小的支气管，用手压迫支气管断端流出灰黄色混浊液体。有时支气管被栓子样炎性渗出物堵塞，支气管黏膜潮红、肿胀。病灶部的间质及周围组织发生炎性水肿。

支气管肺炎的组织学变化：支气管壁充血、水肿并有较多的嗜中性白细胞浸润，支气管壁周围淋巴小结明显增生、肿大，支气管内聚集有浆液性渗出物，并混有较多的嗜中性白细胞和脱落的上皮细胞。肺泡壁毛细血管扩张、充血，肺泡内充满浆液（图 7-1），其中有少量纤维蛋白和较多的肺泡 上皮剥脱细胞及组织细胞。如果并发化脓则上述变化的肺泡内还有蓝色细菌团块和大量嗜中性粒细胞（图 7-2）。炎症病灶周围的肺泡呈现炎性肺水肿和代偿性肺气肿变化。

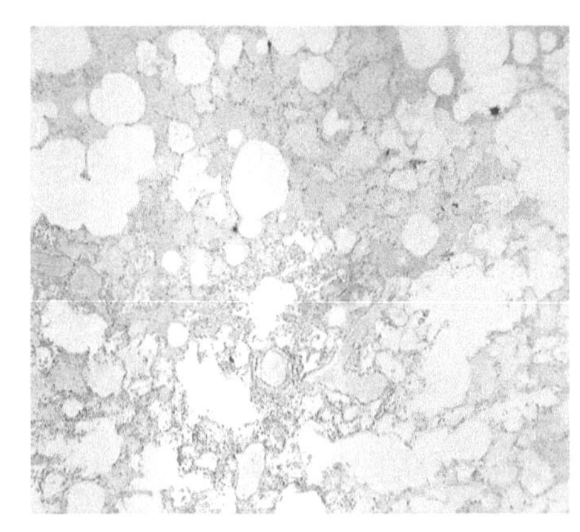

图 7-1 肺泡内充满浆液

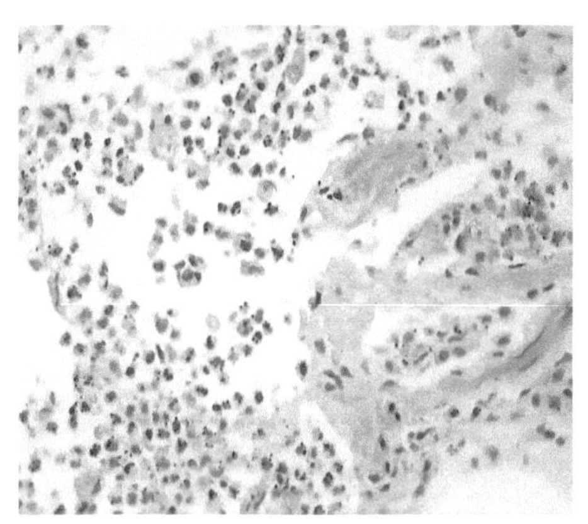

图 7-2 肺组织有大量中性粒细胞

（三）结局

支气管肺炎只要得到及治疗、消除病因，炎症渗出物即可溶解吸收，损伤的肺组织可经再生而修复。但若病因不能消除而病变持续发展，常继发化脓或腐败分解，引起肺脓肿或肺坏疽，有时病变转为慢性经过，常发生机化而形成间质性肺炎。

三、纤维素性肺炎

纤维素性肺炎是以细支气管和肺泡内填充大量纤维素性渗出物为特征的急性炎症。此型肺炎常侵犯一侧肺脏或全肺，通常又称为大叶性肺炎。

（一）原因和发病机理

本病的原因常有两种说法，一种认为是非传染性的独立病理过程；另一种则认为由一些特殊传染病所引起。多数学者认为纤维素性肺炎是一种变态反应性疾病，具有超敏性反应性质。这些炎症在预先致敏的机体中或致敏的肺组织内发生。其根据是：炎症呈急性突发型，迅速波及整个肺叶；血管壁迅速遭受损害，并出现浆液性、出血性和纤维素性渗出物。但在牛多发于传染性胸膜肺炎（牛肺疫）；猪多发于巴氏杆菌病，有时也见于炭疽；马多发于传染性胸膜肺炎或继发于马腺疫；羊多见于出血性败血症和传染性胸膜肺炎；鸡和兔也可发生于出血性败血症等疾病。引起纤维素性肺炎的病原菌多经呼吸道感染，有的为寄生于呼吸道的常在菌，一旦机体发生感冒、过劳、长期运输或吸入刺激性气体时，可诱发纤维素性肺炎。

本病的发病机理还不太清楚，有人认为纤维素性肺炎是由于寒冷、过劳及抗原物质等致敏因素，使机体特别是肺对病原微生物的敏感性异常增高，从而引起的变态反应性疾病。

（二）病理变化

典型的纤维素性肺炎通常以肺间质和肺实质高度充血开始，依次经历肺炎基本病理过程的四个不同发展时期，在各个时期肺组织病变各不相同。屠畜的纤维素性肺炎常会在同一病变肺叶上显示出四个不同时期。

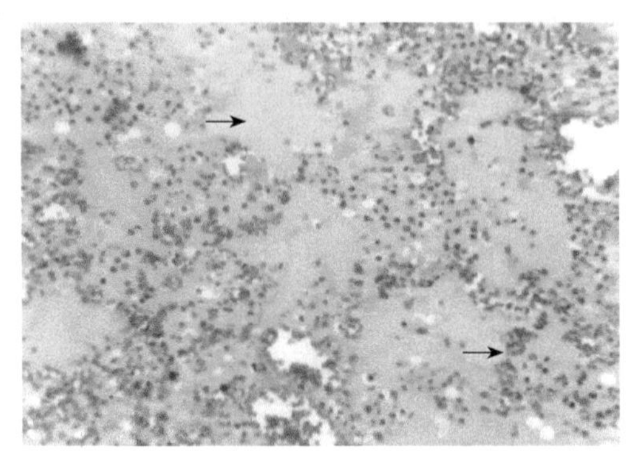

图 7-3 充血水肿期，肺泡壁毛细血管充血（实心箭头），肺泡腔内大量浆液（空心箭头）

1. 充血水肿期 此期为肺炎的初期，肺毛细血管充血和肺泡浆液性水肿。刺激性化学物质作用于肺组织，可在 2min 内引起肺水肿。传染性因子作用于肺组织时，需经过几小时才发生这一炎症过程。病畜大多不会在此期内死亡，故此期病变不常见到。眼观，肺叶增大，肺组织充血、水肿，呈暗红色，切面呈红色，按压时流出多量血样泡沫液体。镜下，肺泡壁毛细血管扩张充血，肺泡腔有大量浆液性渗出物及少量红、白细胞和巨噬细胞（图 7-3）。

2. 红色肝变期 本期由充血水肿期发展而来，受侵害的肺组织实变，色泽和硬度与肝脏相似，故称为红色肝变。眼观，肺脏肿大特别明显，肺组织致密、坚实，表面和切面呈红色或紫红色（图 7-4），切面稍干燥，呈细颗粒状突出，病变肺组织投入水中，下沉至底。镜下，肺泡壁毛细血管高度扩张充血，浆液、纤维蛋白和红细胞填充于肺泡腔中（图 7-5）。

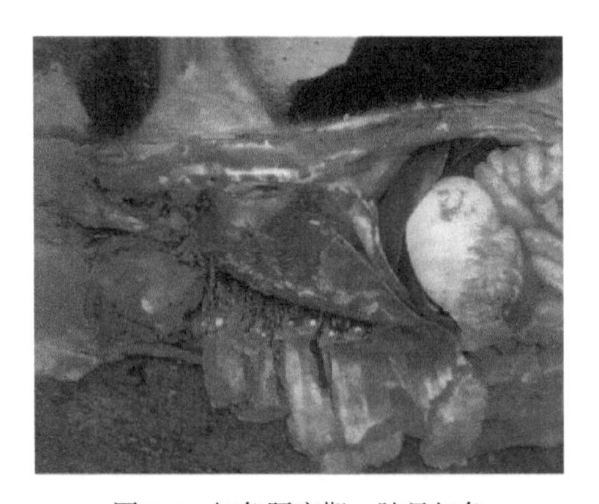

图 7-4 红色肝变期，肺呈红色

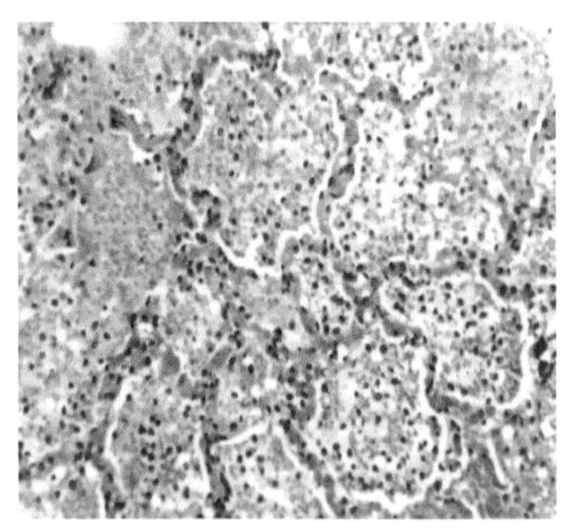

图 7-5 红色肝变期，肺泡壁毛细血管充血，肺泡腔内充满纤维素和红细胞

3. 灰色肝变期 眼观，病变肺叶体积仍明显肿大，重量增加，肺充血减退，颜色为灰白色，质地硬如肝，故称为“灰色肝变”。镜下，肺泡腔内渗出物较前期明显增多，肺泡壁毛细血管因受压而呈缺血状态。肺泡壁内毛细血管充血减退，肺泡腔内有大量纤维素和中性粒细胞，红细胞几乎溶解消失（图 7-6）。

4. 消散期 本期的特征是肺泡腔内的纤维素渗出物溶解，嗜中性粒细胞崩解，肺泡

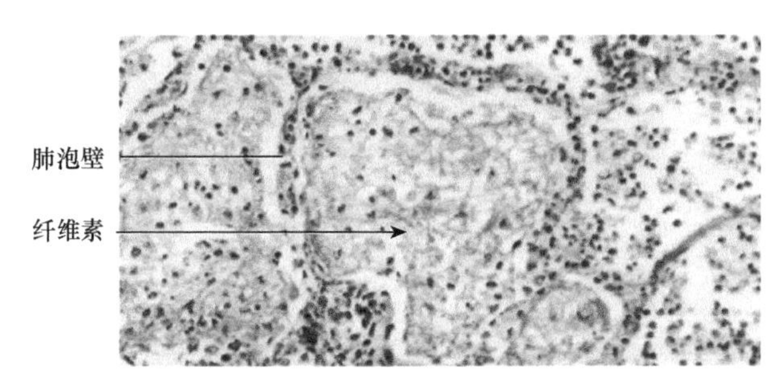

图 7-6 灰色肝变期，肺泡壁内毛细血管充血减退，肺泡腔内有大量纤维素

上皮再生。眼观，病变肺组织呈灰黄色，质地柔软，切面湿润。镜下，肺泡腔内的中性粒细胞坏死、崩解，纤维素被白细胞释放出的蛋白分解酶所溶解，坏死的细胞碎片由巨噬细胞所清除，还有部分物质通过支气管排除。

上述四期不是在每种肺炎中都可以见到。

（三）结局

患大叶性肺炎多不能消散痊愈，一些病程较急的肺炎，机体在肺炎的水肿期或红色肝变期就因缺氧或窒息而死亡。存活下来的动物，渗出的纤维素被肉芽组织机化，形成纤维组织，此时肺组织变得致密、坚实，其色泽呈“肉”样，故称此为肺肉变（图 7-7）。

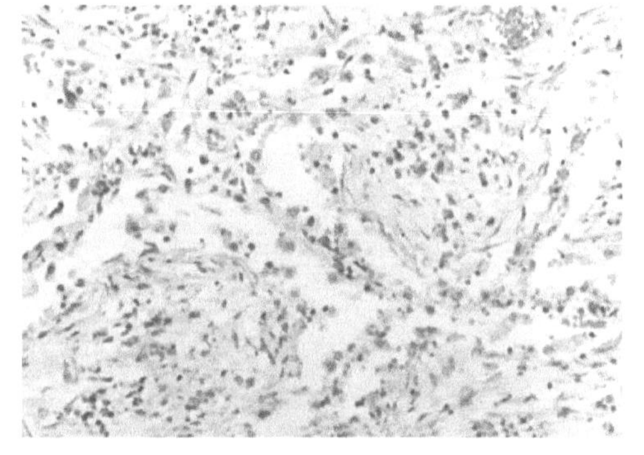
图 7-7 肺肉变（肺泡腔内纤维素被肉芽组织取代）

四、化脓性肺炎

化脓性肺炎是以感染化脓性细菌而出现的大小不等的化脓性病灶为特征。

（一）原因

化脓性病菌侵入肺的途径有二：一是呼吸道，多与支气管肺炎和纤维素性肺炎并发，称化脓性支气管肺炎或化脓性纤维素性肺炎；二是血液途径，由其他器官的化脓性病灶转移而来，称转移性化脓性肺炎。例如，马多因腺疫链球菌或脐带感染时的志贺杆菌所引起，牛、猪主要是感染化脓杆菌所致，牛也可继发于化脓性子宫内膜炎。

（二）病理变化

1. 化脓性支气管肺炎 此病时，支气管肺炎病灶的基础上，常出现大小不等的脓肿。肺胸膜下的脓肿多突出于肺胸膜表面，该部胸膜增厚，粗糙，呈黄白色，有时有波动感，时间久的脓肿周围常包绕一层脓肿膜；若脓肿侵蚀，会破坏坏死病灶内的支气管，常于肺脏内形成空洞性病灶。在病变部的间质内存有多量灰白色浆液，因而间质增宽十分明显；病变部的支气管内含有多量黄白色混浊的脓性渗出液。

2. 转移性化脓性肺炎 这型肺炎的特点是在肺组织内可见均匀散布、大小不等的脓肿，脓肿边缘充血、出血和水肿，时间久的也有脓肿膜围绕，支气管病变一般不明显。

五、坏疽性肺炎

坏疽性肺炎是在支气管肺炎或纤维素性肺炎的基础上，继发感染腐败菌，病灶肺组织以腐败分解为特征的炎症。

（一）病因

支气管肺炎或纤维素性肺炎的基础上，继发感染腐败菌，有时见于食道疾病、咽喉炎、破伤风、喉神经麻痹等；将药物误投入肺内，也可首先引起支气管肺炎，在此基础上感染腐败菌，使发炎的组织腐败分解后，形成坏疽性肺炎。

（二）病理变化

发炎肺组织肿大，质地坚硬，切面呈灰绿色斑块状，边缘不整，肺组织腐败分解呈污绿色，豆腐渣样，释放恶臭气味。有时病变部位因腐败、液化而形成空洞，流出污灰色恶臭的液体。肺炎若因误咽所致，则在坏死的支气管内常可找到误咽的异物。患坏疽性肺炎的病畜呼出的气体也带恶臭。

六、间质性肺炎

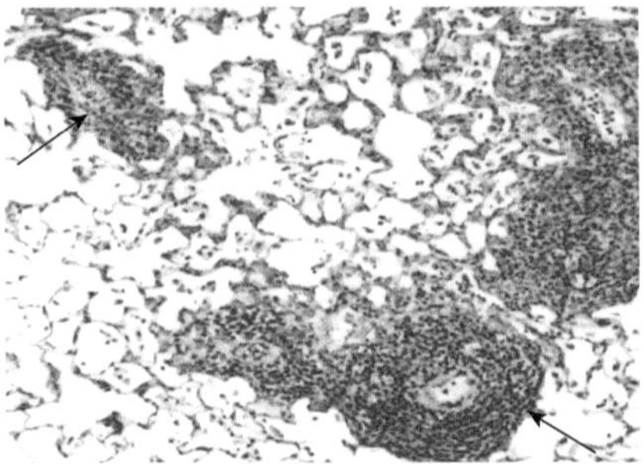

间质性肺炎是以肺间质结缔组织呈局灶性或弥漫性增生为特征的一种炎症（图 7-8）。肺间质是指支气管周围、血管周围、肺小叶间和肺泡壁的结缔组织区域。

图 7-8　间质性肺炎（箭头所指：细支气管周围、血管周围淋巴细胞浸润）

（一）原因

一般由慢性支气管肺炎和纤维素性肺炎转化而来，也可原发于马、牛、羊、猪的肺丝虫病，羊的梅迪—维什拉病和马骡的酵母样真菌病等疾病。

（二）病理变化

眼观，基本病变呈局灶性分布，大小不一，慢性经过的病变，有大量结缔组织增生而纤维化，切面可见纤维束的走向，通常间质性肺炎肉眼较难判断，必须靠组织学检查。

镜检，主要表现为支气管周围、血管周围、肺小叶间和肺泡壁的结缔组织显著增生，并有较多的组织细胞、淋巴细胞、浆细胞或嗜酸性粒细胞浸润，并伴发代偿性肺泡气肿。病变严重时，由于间质和肺泡壁结缔组织大量增生，肺组织被结缔组织取代，使肺组织纤维化。在较大支气管周围有大量结缔组织增生时，形成瘢痕组织，其收缩会牵引支气管壁，造成支气管扩张。

第二节　肺　气　肿

肺气肿是指肺组织内空气含量过多，肺脏体积膨大，是支气管和肺脏疾病的并发症，不是一种独立疾病。按病变发生部位不同可分为肺泡性肺气肿和间质性肺气肿，其中肺泡性肺气肿在临床上多见。

一、肺泡性肺气肿

肺泡性肺气肿是指肺泡内含空气较多，引起肺泡过度扩张。

（一）原因

1. 长期不合理的剧烈使役或过劳 此为肺气肿发生的主要原因。当动物过度劳役，机体代谢强，使呼吸反射性加深加快，肺泡通气量过多。深吸气使肺泡空气容量扩大；呼气时由于呼吸频率快，不能将肺泡内的多量气体呼出，肺泡内积气增多，肺泡过度扩张。同时肺泡壁毛细血管受压迫，肺泡壁营养障碍，肺泡壁弹性减退，发生肺泡性肺气肿。例如，肺气肿进一步发展，肺泡内压持续增加，或在剧烈咳嗽的诱发下，使扩张的肺泡壁破裂而融合成含空气的大空腔。

2. 年龄因素 随着病畜年龄增长，肺泡壁弹力纤维减少，弹性减退，肺组织伸展性降低，顺应性减小。呼吸时肺泡不能充分扩展和回缩，造成肺泡储气量过多，发生老龄性肺泡气肿。

3. 继发于某些疾病 如慢性支气管炎和马、牛、羊及猪发生肺丝虫病时，由于支气管黏膜肿胀和管腔被渗出的黏液和虫体不完全堵塞，吸气时因支气管扩张，空气尚能通过气道进入肺泡；而呼气时则因支气管腔狭窄，气体呼出受阻，使呼吸性细支气管和肺泡储气过多而长期处于高张力的状态，故弹性减弱。同时肺泡扩张，肺泡孔扩大，肺泡间隔自间孔处破裂，使扩张的肺泡相互融合而形成肺气肿。

4. 代偿性肺气肿 由于肺脏的某一部位发生纤维素性等实变病灶，病灶周围的肺组织表现过度充气，形成局灶性代偿性肺气肿。

（二）病理变化

眼观，肺脏体积显著膨大，被膜紧张，肺组织柔软而缺乏弹性，指压留下压痕。由于肺组织受气体压迫而相对缺血，肺脏成淡粉红黄色，刀刮肺表面常发出捻发音；肺切面呈海绵状。切取气肿的肺组织投入水中，漂浮于水面。

镜检，肺泡高度扩张，肺泡壁菲薄、破裂或消失，相邻的肺泡往往互相融合形成较大囊腔（7-9）。肺泡壁的毛细血管受压而缺血，呼吸性细支气管明显扩张，形成较大空腔，空腔间隔壁薄。如因肺丝虫所致的肺气肿，则见支气管和支气管周围有慢性炎症反应，并有大量嗜酸性粒细胞浸润。

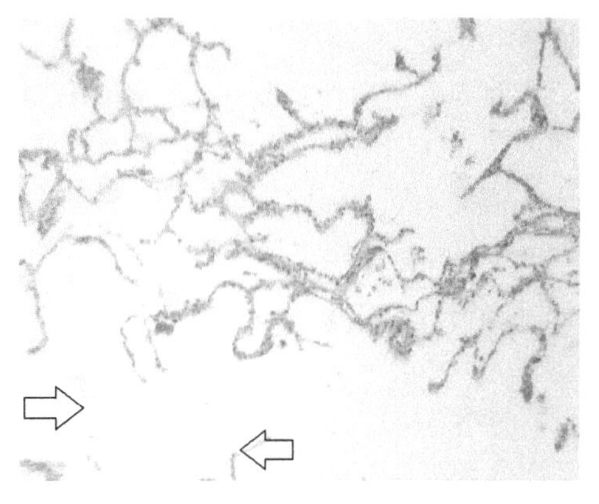

（箭头所指：肺泡壁菲薄、破裂或消失，相邻肺泡融合形成大囊腔）

图 7-9 相邻肺泡形成的较大囊腔

（三）结局和对机体的影响

肺气肿发展缓慢，轻度肺气肿，临床症状不明显，仅在重剧劳役时，表现呼吸急促，一旦除去病因，病变可以恢复。重度肺气肿特别是老龄性肺气肿，病畜胸廓外形往往发生改变，肋间隙增宽，呼吸运动弱而浅表，吸气延长。临床叩诊因肺脏过度充气而呈过轻音；心浊音间界缩小；听诊呼吸音减弱。由于气体交换不足，机体发生缺氧，黏膜发绀。有时因肺泡破裂而造成气胸。动物最终常因心脏负担过重而致心力衰竭性死亡。

二、间质性肺气肿

间质性肺气肿是因强烈、持久的深呼吸和胸部外伤，使细支气管和肺泡发生破裂，空气进入肺间质而引起的。同时，硫、磷、牛黑斑病、甘薯中毒等也导致间质性肺气肿。

病理变化：肺膜下和肺小叶间结缔组织内有大小不等的连串气泡，此种肺气肿有时可见于全肺叶的间质。小气泡可融合成直径达1～2cm的大气泡，如果肺膜下气泡破裂，可形成气胸。胸腔中的气体有时经肺根部进入纵隔和胸腔入口处而到达肩部和颈部皮下，造成纵隔和皮下气肿。

第三节 肺 萎 陷

肺萎陷又称肺膨胀不全、肺不张，是指已经正常呼吸和气体交换的肺组织因某些病因的作用而使肺泡内空气含量明显减少以致塌陷。先天性的、从未被空气扩张过的肺组织通常称肺不张。根据引起肺萎陷的原因分为压迫性肺萎陷和阻塞性肺萎陷两种类型。

一、压迫性肺萎陷

（一）原因

压迫性肺萎陷是由于肺外或肺内的压迫所致。肺外的压迫可来自气胸、胸腔积液、脓胸、胸膜肿瘤、动脉瘤、纵隔肿瘤、肿大的支气管淋巴结、胸腔变形和纵隔前移等。肺内的压迫常见于肺内的肿瘤、脓肿、寄生虫和炎性渗出物等。

（二）病理变化

眼观，压迫性肺萎陷组织的体积减小，含气量减少，呈灰白色或灰红色，肺胸膜增厚，间或有皱纹，切面干燥平滑，挤压无液体流出，质地柔韧。

镜下，见肺泡壁成行排列，并相互靠近，肺泡管和呼吸性细支气管也瘪塌，显得非常致密。细支气管腔也呈扁平状。肺泡腔和细支气管腔内无炎症反应。

二、阻塞性肺萎陷

（一）原因

本病发生于支气管或细支气管被炎性渗出物、肿胀的黏膜、异物、寄生虫和肿瘤堵塞的情况，当堵塞部下方所属的肺泡内空气被逐渐吸收后，即完全陷于肺萎陷状态。

（二）病理变化

眼观，阻塞性肺萎陷，体积缩小，表面低于周围健康肺组织。与压迫性肺萎陷不同的是，阻塞性肺萎陷的组织常发生充血或淤血，因此，病变部色泽暗红或紫红色，切面湿润，常因伴发局灶性肺水肿，切面上见有多量液体流出，质地似肉样，缺乏弹性。

镜下，见肺泡腔、肺泡管和呼吸性细支气管均有不同程度的瘪塌，肺泡壁毛细血管扩张充血，肺泡腔内常见均质的液体或脱落的肺泡上皮细胞。病程长时，病变部可因结缔组织增生而发生纤维化。

三、结局和对机体的影响

肺萎陷若时间不长，去除病因即可恢复正常，若病程较长而发生淤血、水肿并引起结缔组织增生，则形成永久性病变。当并发感染时，可继发肺炎。

第四节　呼吸功能不全

呼吸系统的主要作用是摄入氧和排出二氧化碳，以保持体内氧和二氧化碳含量的相对稳定。完整的呼吸功能包括外呼吸过程、内呼吸过程和血液运输氧及二氧化碳的功能。呼吸功能不全是指外呼吸功能障碍所产生的后果，即机体在静息状态下，呼吸系统难以有效地进行气体交换，不能满足机体物质代谢和能量代谢的需要。呼吸功能不全发展到动脉氧气分压（PO_2）低于 8kPa，或二氧化碳分压（PCO_2）高于 6.6kPa 时，称为呼吸衰竭。

一、病因

（一）神经系统疾病

1. 中枢或外周神经的器质性病变　如脑、脊髓或肋间神经外伤，脑部感染，脑水肿性神经炎等。

2. 呼吸中枢抑制　如使用麻醉药、镇静药等过量和中毒。

（二）胸廓与胸膜腔疾病

1. 胸廓骨骼病变　如佝偻病、严重发育不良使胸廓变形、肋骨骨折等限制胸廓扩张。

2. 呼吸肌活动障碍　如重症肌无力、有机磷农药中毒、呼吸肌群创伤、肌营养不良血症以及腹压增大使膈肌活动受限等。

3. 胸膜病变　如传染性胸膜肺炎、胸膜纤维化、胸腔大量积液、张力性气胸等。

（三）肺和气道的疾病

1. 上呼吸道阻塞或狭窄　如喉头炎、气管炎时炎性渗出物的淤积，马腺疫时咽淋巴结化脓、过度肿胀压迫气管，病畜常表现为吸气时间延长。

2. 下呼吸道阻塞或狭窄　如异物、肿瘤、炎症时小支气管或细支气管狭窄，多见于变态反应性支气管哮喘、慢性支气管炎、慢性阻塞性肺气肿等。病畜常表现为呼气时间延长。

3. 肺泡、肺间质和肺血液循环病变　如肺部炎症、肺泡透明质膜形成、肺不张、弥漫性肺间质纤维化、肺气肿、肺充血、肺水肿、肺肿瘤、肺栓塞和肺动脉灌流不足等。

二、发生机制

（一）肺泡通气不足

1. 气道阻力增大　气道狭窄或阻塞引起气道阻力增加，导致肺泡通气不足。

2. 肺或胸廓顺应性下降　胸壁与肺的弹性通常用顺应性表示。当肺淤血、肺水肿、肺纤维化或肺泡表面活性物质减少时，可降低肺的顺应性，使肺泡扩张的弹性阻力增加而导致限制性通气不足。当胸廓骨骼病变（胸廓畸形、佝偻病、胸壁外伤等），胸膜病变（胸膜纤维化、胸腔积液等）时，可限制胸部扩张，导致胸廓顺应性下降，引起通气障碍。

3. 呼吸肌的神经调节或胸廓的功能障碍 如中枢或外周神经的器质性病变、呼吸中枢抑制、呼吸肌的收缩功能障碍等，均可因呼吸肌收缩减弱或膈肌活动受限，使肺泡不能正常扩张而发生通气不足。

（二）弥散障碍

弥散是指氧和二氧化碳分子通过肺泡膜的过程。弥散速度与血流经肺泡膜面积、气体分压以及气体溶解度成正比，与肺泡膜厚度成反比。肺的弥散障碍系指肺泡气体弥散量下降，见于下列情况。

1. 弥散面积减少 如肺实变、肺不张或肺泡萎陷和肺气肿等，凡是肺泡面积减少一半以上者，就可能导致气体弥散障碍，进而发展为呼吸衰竭。

2. 呼吸膜增厚 呼吸膜是由肺泡上皮细胞、基底膜、肺泡毛细血管内皮以及肺泡表面活性物质所构成。矽肺、弥漫性肺间质纤维化、间质性肺炎、间质性肺水肿以及肺泡表面形成透明膜时，均可使肺泡膜显著增厚，气体弥散速度减慢，肺泡气和动脉血之间 PO_2 差值增大。因此，在静息状态下即可发生低氧血症。而在运动或使役时，血液流速加快，流过肺毛细血管全程的时间缩短，气体交换减少，更加重低氧血症。弥散障碍主要导致动脉 PO_2 降低，一般不伴有动脉 PO_2 升高。这是由于二氧化碳与氧相比具有很高的溶解度，且极易穿过脂质膜进行弥散。因此，当血中二氧化碳含量升高时，过高的二氧化碳通过另一部分正常肺泡，借助于过度通气而被排出。

（三）肺泡通气和血流比例失调

血液流经肺泡时能否获得足够的氧和充分地排出二氧化碳，还取决于肺泡通气量与肺泡壁毛细血管灌流量的配比。如果该比例失调，亦可导致气体交换障碍，这是肺部疾患引起呼吸功能不全的最主要机制。肺泡通气、血流比例失调的主要类型及原因如下。

1. 部分肺泡通气不足 在慢性支气管炎、肺萎缩引起的阻塞性通气不足，或肺实变、肺水肿所引起的限制性通气障碍时，病变部位肺泡通气明显减少，甚至完全不通气，但肺泡壁毛细血管灌流并未减少，甚至还可因炎性充血等使血流量增多。所以，通气／血流比值显著降低，以致流经该部位的肺泡静脉血未得到充分的气体交换，便掺入动脉血内，这一现象称肺动 - 静脉血功能性分流，又称静脉血掺杂。

2. 部分肺泡血流不足 在肺动脉栓塞，肺泡毛细血管痉挛，肺毛细血管弥散性血管内凝血等情况下，病变部位肺泡毛细血管血流减少，肺泡腔通气虽然正常，但没有血流与之交换气体，即这一部分肺泡的通气／血流比值增大，这种肺泡通气称为死腔样通气。当这种死腔达全部肺脏的 60%～70%，则引起显著的呼吸功能衰竭。

3. 严重创伤、烧伤、休克 由于肺动 - 静脉短路开放，使一部分未经肺泡气体交换的静脉血直接混入动脉血中，称为肺动 - 静脉血解剖分流。由于静脉血掺入到动脉，亦造成动脉血氧含量降低。

第八章 消化系统病理

第一节 胃　　炎

一、概述

胃肠炎是畜禽的一种常见病变，胃肠道某一段炎症的严重程度与致病刺激物在这一部分的浓度高低、有毒物质溶解度、胃肠道不同区段的酸碱度、有毒物质的排出部位以及某些病原体对组织的特殊亲嗜性等有关。临诊上很多胃炎和肠炎往往相伴发生，故常合称为胃肠炎。胃炎是指胃壁表层和深层组织的炎症，按病程可将其分为急性胃炎和慢性胃炎两种。

二、病因

急性胃炎可由强烈的化学物质（如消毒剂、药物等），温热，病毒（猪瘟、猪传染性胃肠炎等），细菌（猪丹毒等），寄生虫，霉败饲料，尖锐异物损伤等而引起。

慢性胃炎多由急性胃炎迁延不愈转变而来，也可由寄生虫（马胃蝇虫）寄生所致。

三、病理变化

（一）急性胃炎

急性胃炎的病程较短，炎症变化明显，渗出病变也较明显。根据炎性渗出物的性质和病变特点，一般可将其分为以下五种类型。

1. 急性卡他性胃炎　　急性卡他性胃炎是最常见的一种胃炎类型，是以胃黏膜表面被覆多量黏液为特征的炎症。眼观，胃黏膜全部或部分充血、潮红，以胃底部最严重，被覆大量黏液，并常有出血点和糜烂。镜下，胃黏膜上皮细胞变性、坏死、脱落，固有层、黏膜下层毛细血管扩张、充血，甚至出血，并有淋巴细胞浸润。

2. 出血性胃炎　　出血性胃炎以胃黏膜出血为特征（图 8-1）。胃黏膜呈深红色的弥漫性、斑状或点状出血，黏膜表面或胃内容物内含有血液。时间稍久后，血液颜色呈棕黑色，与黏液混在一起呈现淡棕色的黏稠物，附着在胃黏膜表面。镜检红细胞弥漫或局灶性分布于黏膜内，黏膜固有层、黏膜下层毛细血管扩张、充血（图 8-2）。

图 8-1　胃出血（猪瘟）

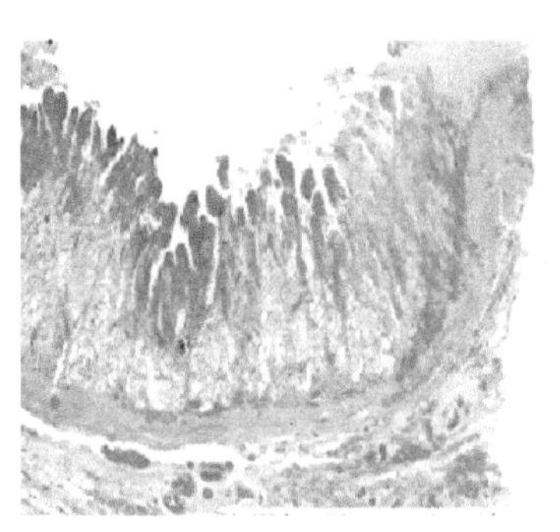

图 8-2　胃黏膜出血

3. 纤维素性胃炎 以黏膜表面渗出大量纤维素性渗出物为特征。眼观，胃黏膜表面被覆有一层灰白色纤维素性假膜。剥离假膜后，黏膜面充血、肿胀、出血和糜烂。镜下，黏膜表面、黏膜固有层，甚至黏膜下层有大量纤维素渗出。

4. 化脓性胃炎 以胃黏膜形成脓性渗出物为特征。眼观，胃黏膜表面被覆一层黄白色脓汁样黏液性分泌物，黏膜上皮肿胀、湿润、充血及出血。严重时化脓性病变可深达黏膜下组织，造成糜烂、溃疡，甚至穿孔而继发化脓性腹膜炎。镜下，主要是黏膜固有层和黏膜下层有大量嗜中性粒细胞浸润，浸润部组织伴发脓性坏死。

5. 坏死性胃炎 以胃黏膜坏死和形成溃疡为特征的炎症。眼观，胃黏膜表面有大小不等的坏死病灶，病灶呈圆形或不规则形，浅的仅呈糜烂，深的溃疡可达整个黏膜层，有时可造成胃穿孔，引起弥漫性腹膜炎。镜下，溃疡部组织呈溶解状态，边缘的黏膜上皮轻度增生，底部明显充血，并有程度不同的炎性细胞浸润和成纤维细胞增生。

（二）慢性胃炎

慢性胃炎是以黏膜固有层和黏膜下层结缔组织显著增生为特征的炎症。

病理变化：胃黏膜表面被覆大量灰白色黏稠的液体，黏膜固有层和黏膜下层结缔组织明显增生，并有多量炎性细胞浸润。固有层的部分腺体受增生的结缔组织压迫而萎缩，部分存活的腺体则呈代偿性增生。腺体的排泄管也受增生的结缔组织压迫而变得狭长，形成闭塞的小囊泡。由于增生性变化，使全胃或幽门部黏膜肥厚，形成肥厚性胃炎。病程发展到后期，结缔组织大量增生、收缩，腺体大部分萎缩，胃壁由厚变薄，形成萎缩性胃炎。

【临床联系】

1. 治疗注意 由于胃黏膜损伤，停喂食物和水，一段时间后，给予少量水，之后再给予少量低脂、低纤维、柔软、易消化的食物。每天少量多次饲喂。

2. 用药注意 避开非甾体抗炎药，以防刺激胃黏膜，造成进一步损伤。

第二节 胃 溃 疡

一、概述

胃溃疡是指急性消化不良与胃出血引起胃黏膜局部组织糜烂、坏死或自体消化，从而形成圆形溃疡面，甚至胃穿孔。

二、病因

1. 传染性因素 多由病毒感染引起，如禽呼肠孤病毒、网状内皮增生症病毒；杯状病毒（传染性矮小综合征）；类冠状病毒（吸收不良综合征）；类肠道病毒；细小病毒；棒状病毒（腹泻和肠炎）；轮状病毒（腹泻和肠炎）；流感病毒（消化道型流感）等。

2. 非传染性因素 多由饲料引起，如①饲料品质不佳，饲料粗糙、霉败，难于消化，缺乏营养；②日粮中混入大量刺激性的矿物质合剂；③日粮中缺乏足够的纤维；④谷物日粮中含玉米的比例过高；⑤异食癖，如食入各种杂物等。

3. 应激因素　本病多发于圈养猪，尤其是接受大量谷类食物和生长快的猪，往往易受过分拥挤、过度惊扰、临产前管理不当等应激作用引起神经体液调节机能紊乱。

4. 遗传因素　猪的胃溃疡与遗传选育生长快及背脂少有关，在蛋鸡或肉鸡发生腺胃炎等。

5. 继发因素　继发感染白色念珠菌、梭菌、球虫、螺旋杆菌、猪瘟、慢性猪丹毒、猪蛔虫感染、铜中毒性肝营养不良等因素。

三、病理变化

（一）急性胃溃疡

猪患急性胃溃疡时，可以无任何异常表现而突然死亡，也有的猪在强烈运动、相互撕咬、分娩前后突然吐血，排煤焦油样血便，体温下降，呼吸急促，腹痛不安，体表和黏膜苍白，体质虚弱，终因虚脱而死亡。猪因胃穿孔引起腹膜炎时，一般在症状出现后1～2天死亡，主要限于胃的贲门部（近食管处）的无腺区，病初可见黏膜表面起皱纹，变得粗糙，很易被胆汁或胃内容物染成黄、黄褐色或绿色；进而黏膜上皮被破坏，形成糜烂、不平；最后形成溃疡、出血。严重时食管区凹陷，边缘隆起成堤状。胃溃疡的胃多膨大，胃内容物软或液状，有出血时呈黄褐色（图8-3），严重出血时则为酱油样。

鸡的胃溃疡，可见腺胃肿胀如橄榄状或乒乓球大小，胃壁水肿、增厚，腺胃乳头坚硬，挤压有液体射出；腺胃与肌胃连接处有不同程度的溃疡（图8-4）；肌胃角质膜腐烂、易剥离，外观如树皮样，呈墨绿色或褐色。

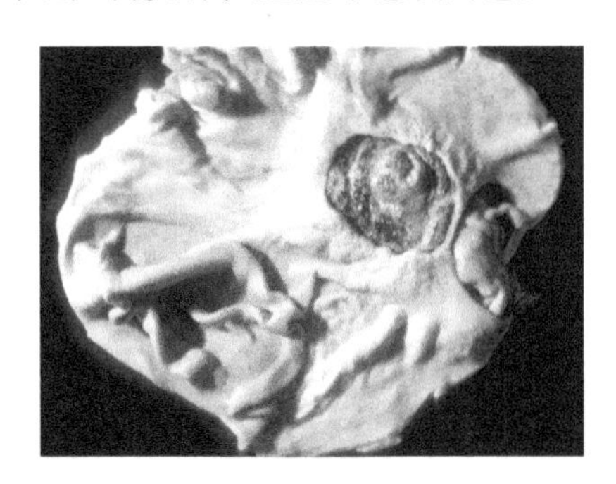

图8-3　猪传染性胃肠炎（胃底黏膜出血）

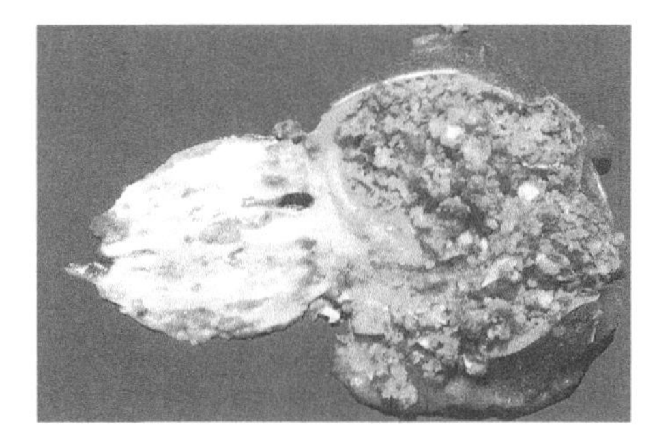

图8-4　产蛋鸡猝死症（腺胃糜烂溃疡胃壁变薄乳头有黄褐色液体）

（二）慢性胃溃疡

患病动物食欲减退或不食，体表和可视黏膜明显苍白，时有吐血或呕吐时带血，弓背或伏卧，因虚弱而喜躺卧，渐进性消瘦。剖检可见结缔组织增生、黏膜上皮脱落等。

第三节　肠　　炎

一、概述

肠炎是指某段或全部肠道发生的炎症。如炎症局限在某一部位，就以相应名称命名，如十二指肠炎、空肠炎、回肠炎、盲肠炎、结肠炎和直肠炎等。临诊上依据病程长短将肠炎分为急性肠炎和慢性肠炎两种。

二、病因

（一）急性肠炎

急性卡他性肠炎除与急性卡他性胃炎相同外，还可继发于流感和猪瘟等传染病。此外，因过劳而发生心衰时，由于肠壁淤血，营养障碍，使肠黏膜屏障机能降低，也可诱发此型肠炎（过劳性肠炎）。出血性肠炎多由强烈的化学毒物、微生物或寄生虫引起痢疾等，如鸡霍乱、球虫病、急性猪丹毒、猪痢疾等。化脓性肠炎多由各种化脓性细菌（链球菌、沙门杆菌等）所引起。纤维素性肠炎常由强烈毒物、霉败饲料、细菌及病毒引起，如猪瘟、鸡副伤寒、牛瘟和鸡新城疫等传染病。

（二）慢性肠炎

慢性肠炎主要是由急性肠炎发展而来的，也可因长期饲喂不当，肠内有大量寄生虫或其他致病因子所引起。

三、病理变化

（一）急性肠炎

根据炎性渗出物的性质和病变特点可将其分为以下五种类型。

1. 急性卡他性肠炎 以肠黏膜被覆多量浆液和黏液性渗出物为特征，为临床上最常见的一种肠炎类型，如猪传染性胃肠炎（图 8-5）、猪轮状病毒病、鸡白痢、鸡伤寒等呈现急性卡他性肠炎的病变。

病理变化：主要发生于小肠。眼观，小肠膨胀，肠壁变薄，肠腔内有大量稀薄内容物（图 8-6），肠黏膜潮红、肿胀，表面附有大量黏液，有时见肠黏膜有点状或线状出血，肠壁孤立淋巴滤泡和淋巴结肿胀，形成灰白色结节，呈半球状凸起。镜下，黏膜上皮变性、脱落，杯状细胞显著增多，可见黏液分泌。黏膜固有层毛细血管扩张、充血，并有大量浆液渗出和嗜中性粒细胞、组织细胞、淋巴细胞浸润，有时可见出血性变化。

2. 出血性肠炎 出血性肠炎是以肠黏膜明显出血为特征的肠炎。

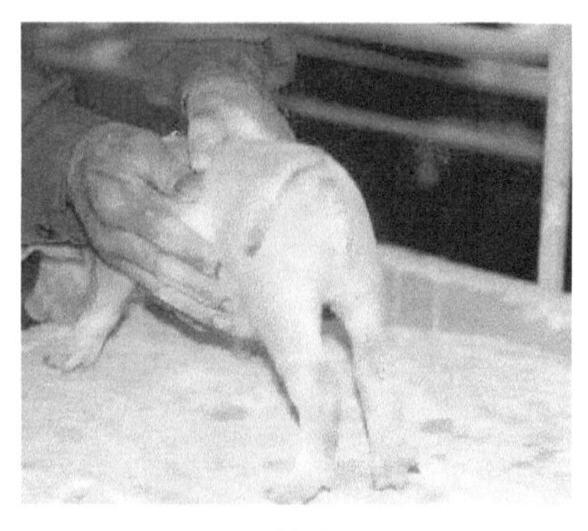

图 8-5 猪传染性胃肠炎

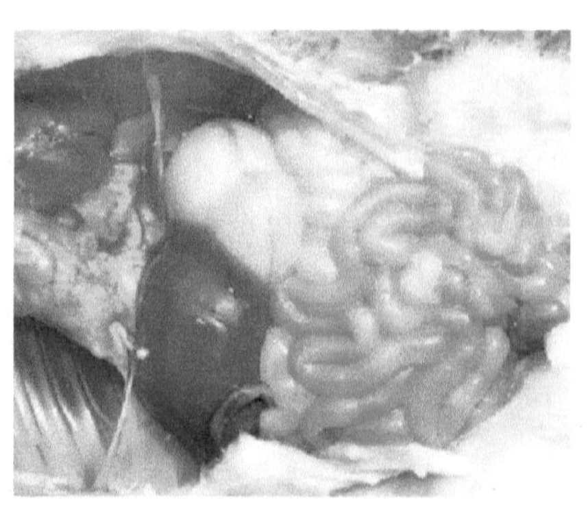

图 8-6 轮状病毒病

病理变化：眼观，肠壁明显增厚，肠黏膜呈斑块状或点状出血（图 8-7），其表面覆盖多量红褐色黏液或暗红色血凝块。肠内容物混有血液时，被染成淡红色甚至紫红色。镜下，基本病变同卡他性肠炎，只是黏膜固有层和黏膜下层有明显充血和出血。

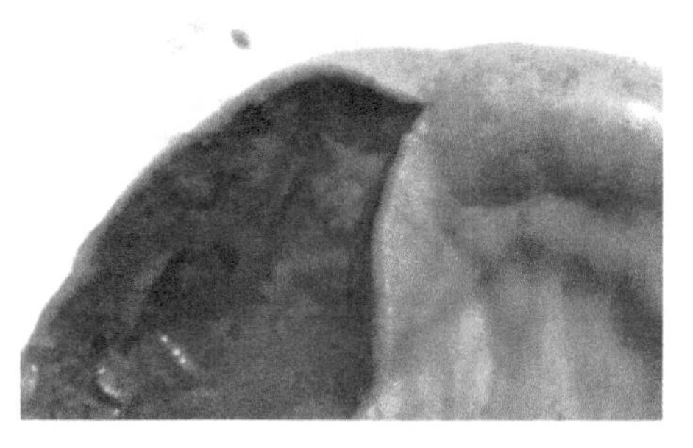

图 8-7　出血性肠炎（鸡球虫病）

3. 化脓性肠炎　化脓性肠炎是以肠黏膜的脓性坏死为特征的炎症。

病理变化：眼观，肠黏膜表面被覆多量脓性渗出物，形成大片糜烂和溃疡。镜下，肠腔、黏膜固有层有大量嗜中性粒细胞，肠黏膜上皮变性、坏死、脱落，毛细血管扩张、充血、出血。

4. 纤维素性肠炎　纤维素性肠炎是以肠黏膜表面被覆纤维素性渗出物为特征的炎症。

病理变化：眼观，初期肠黏膜充血、出血和水肿，渗出多量纤维素，形成薄层、黄褐色的纤维素性假膜；有时黏膜表面似撒布一层糠麸。因假膜易于剥离，故称浮膜性炎。肠内容物稀薄如水，常混有纤维素碎片。镜下，假膜的纤维素网中含有大量黏液、中性粒细胞及脱落的黏膜上皮，肠绒毛和黏膜固有层充血、水肿和炎性细胞浸润。

图 8-8　纤维素性坏死性肠炎 - 扣状肿（猪瘟）

5. 纤维素性坏死性肠炎　肠黏膜坏死后，黏膜表面覆一厚层纤维素性假膜为其特征。

病理变化：眼观，肠黏膜表面被覆的纤维素性假膜呈黄白或黄绿色，干硬，不易剥离，又称固膜性肠炎。若强行剥离，则可形成溃疡。镜下，病变部肠黏膜上皮完全脱落，渗出的纤维蛋白和坏死组织融合在一起，黏膜及黏膜下层凝固性坏死而失去其固有结构，坏死组织周围有明显充血、出血和炎性细胞浸润。如猪瘟，盲肠、结肠和回盲口处发生纤维素性坏死性炎，形成轮层状外观（图 8-8）。猪副伤寒，大肠和回肠处，形成弥漫性或局灶性固膜性炎。

（二）慢性肠炎

慢性肠炎是以肠黏膜和黏膜下层结缔组织增生及炎性细胞浸润为特征的炎症。

病理变化：肠管膨气（肠蠕动减慢、排气不畅）。肠黏膜表面被覆多量黏液，肠黏膜因固有层中结缔组织增生而增厚（图 8-9），又称肥厚性肠炎。有时结缔组织增生不均，使黏膜表面呈现高低不平的颗粒状或形成皱褶。病程稍久时，增生的结缔组织收缩，黏膜萎缩，肠壁变薄，又称萎缩性肠炎。镜下，黏膜固有层和黏膜下层中结缔组织大量增生，有时可侵及肌层和浆膜下组织，并有大量淋巴细胞、浆细胞和巨噬细胞浸润，肠腺萎缩或消失。

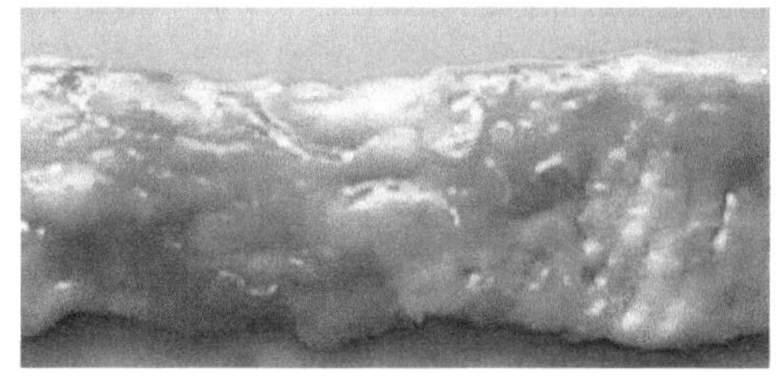

图 8-9　肠黏膜增厚（犬钩虫引起的慢性肠炎）

第四节 肝 炎

一、概述

肝炎是指肝脏在某些致病因素的作用下发生的以肝细胞变性、坏死或间质增生为主要特征的一种炎症过程，肝炎是动物的一种常见肝脏病变。

二、病因

根据发生原因，肝炎一般分为传染性肝炎和中毒性肝炎两类。

（一）传染性肝炎

传染性肝炎指由病原微生物（细菌、病毒和原虫）所引起的肝脏炎症。有些病原微生物对肝脏具有特异亲嗜性（某些动物的病毒性肝炎）；有些则同时对其他器官也有损害。肝炎的常见原因如下。

1. 细菌性因素 坏死杆菌、结核杆菌、禽巴氏杆菌、化脓棒状杆菌、链球菌、葡萄球菌、肝炎弯曲杆菌、禽败血性梭状杆菌及钩端螺旋体等都可引起肝炎。

2. 病毒性因素 病毒性病原体，尤其是某些对肝脏组织具有明显亲嗜性的病毒，往往在引起相应传染病的同时，可在毒血症的基础上促发特定的病毒性肝炎，如鸡包涵体肝炎、鸭病毒性肝炎、犬病毒性肝炎、牛和绵羊的裂谷热、马传染性贫血、牛恶性卡他热和兔病毒性出血症等病毒性传染病都可出现此型肝炎。

3. 原虫性因素 动物的有些原虫性感染如弓形虫、兔球虫及鸡组织滴虫等的感染，也可引起肝炎。

上述病原体侵入肝脏的途径主要是通过血液循环（门静脉、肝动脉及脐静脉），但有时也可通过胆管系统上行入肝。有些病原体则是沿着损伤的器官（牛创伤性网胃炎）蔓延到肝脏。进入肝脏的病原体不仅可以破坏肝组织而产生毒性物质，同时其自身在代谢过程中也可释放出大量毒素，还以其机械损伤作用使肝脏受到损害，导致肝细胞变性、坏死，故在传染性肝炎时肝脏可出现或大或小的坏死灶。如感染化脓性病原菌，则引起化脓性肝炎（肝脓肿）。

（二）中毒性肝炎

中毒性肝炎（非传染性肝炎）指由病原微生物以外其他毒性物质所致肝炎，常见病因如下。

1. 化学毒物 四氯化碳、氯仿、硫酸亚铁、铜、锑、磷、砷、汞、棉酚及煤酚等物质，可使肝脏受到损害，引起中毒性肝炎。

2. 代谢产物 由于机体物质代谢障碍，造成大量中间代谢产物蓄积，这些中间代谢产物可引起自体中毒，此时常发生肝炎。

3. 植物毒素 动物常因采食有毒植物而引起中毒性肝炎，如野百合、野豌豆等。

4. 霉菌毒素 一些霉菌如黄曲霉菌、杂色曲霉菌、镰刀菌等，它们产生的毒素，尤其是黄曲霉素 B_1 可严重损害肝脏。因此，动物摄取由上述霉菌污染的饲料，常可发生肝炎。

毒性物质引起中毒性肝炎，常是在严重中毒的基础上发生的。它们对肝脏损伤的机理因毒物种类不同而有差异。如四氯化碳中毒，使肝细胞产生严重的脂肪变性和坏死。这时，脂肪变性是由于肝细胞合成脂蛋白的机能障碍，因而脂肪以脂肪滴的形式在肝细胞内蓄积；肝细胞坏死则是四氯化碳对肝细胞浆中的内质网等细胞器直接作用的结果。同时，有毒的代谢产物形成过多，超过肝脏的解毒能力，肝脏本身就会受到损伤，引起变性和坏死。

三、病理变化

（一）基本病理变化

各型肝炎病变基本相同，都是以肝实质损伤为主，即肝细胞变性和坏死，同时伴有不同程度的炎性细胞浸润、间质反应性增生和肝细胞再生等。

1. 肝细胞变性

（1）细胞水肿：细胞质疏松化和气球样变。眼观，肝脏肿大，颜色变浅，质地变脆。镜下，肝细胞肿大，细胞质疏松呈网状、半透明，称为细胞质疏松化（图 8-10）。进一步发展，肝细胞体积更加增大，由多角形变为圆球形，细胞质几乎完全透明，称为气球样变（图 8-11）。

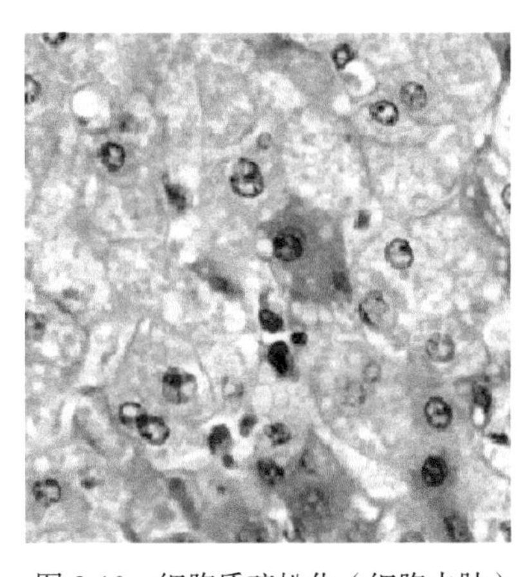

图 8-10　细胞质疏松化（细胞水肿）

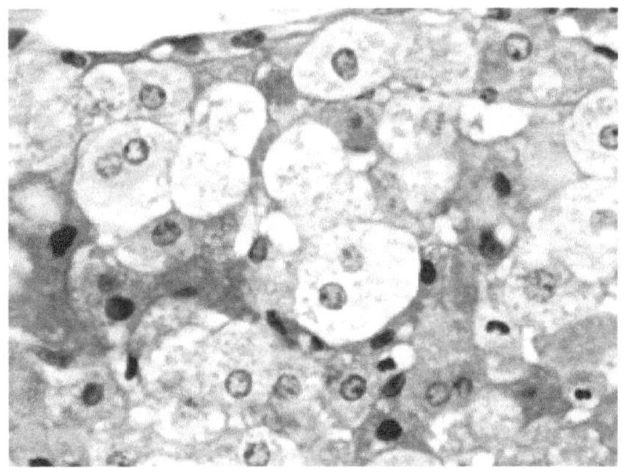

图 8-11　气球样变（细胞水肿）

（2）脂肪变性：严重的脂肪变性时，眼观，肝肿大，呈黄色，质地脆，易破裂，有油腻感。镜下，肝细胞浆内出现圆形、大小不等的脂肪滴。

2. 肝细胞坏死　肝细胞核固缩、碎裂、溶解或消失，最后肝细胞解体。

3. 炎性细胞浸润　肝炎时在汇管区或小叶内常有不同程度的炎性细胞浸润。有的在小叶内坏死区呈灶状分布，有的在其他区散在于肝细胞索之间，或散在于间质内，或聚集于胆管周围。浸润炎性细胞主要是淋巴细胞、单核细胞，有时也有少量嗜中性粒细胞和浆细胞等。

4. 间质反应性增生及肝细胞再生

（1）间质反应性增生。

（2）库普弗细胞增生肥大：这是肝内单核 - 巨噬细胞系统的炎性反应。增生的细胞呈梭

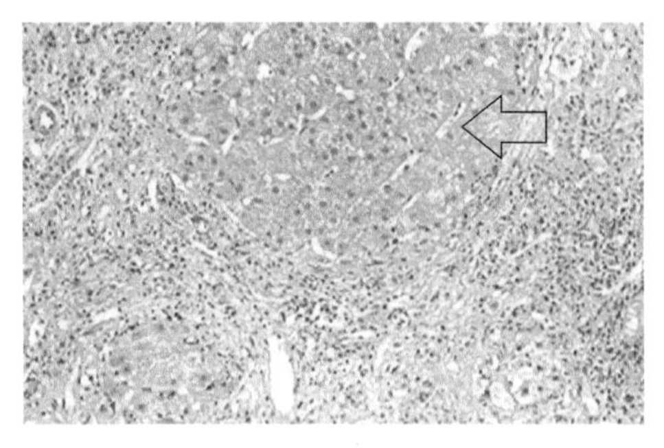
图 8-12　肝细胞再生（箭头处）

形或多角形，细胞质丰富，突出于窦壁或自壁上脱落入窦内成为游走的吞噬细胞。

（3）成纤维细胞增生：成纤维细胞增生参与肝损伤的修复。

（4）肝细胞再生：肝细胞坏死时，邻近的肝细胞可通过直接或间接分裂而再生修复。再生的肝细胞体积较大，核大而染色较深，有时可见双核，细胞质略呈嗜碱性（图 8-12）。病程较长的病例，在汇管区或大块坏死灶内增生的结缔组织中可见到细小胆管的增生。

（二）不同类型肝炎的病理变化

1. 细菌性肝炎　其主要病理变化：变性、坏死、脓肿、肉芽肿。

（1）变性：常为急性肝炎的初期表现。眼观，肝脏稍肿大，黄褐或土黄色，表面和切面呈现大小不等、形状不整的出血性病灶，胆囊缩小，有时可见胆栓形成。镜下，肝细胞呈严重颗粒变性、细胞质疏松化、脂肪变性，中央静脉和肝窦状隙扩张、充血，间质有少量炎性细胞浸润。

（2）坏死：眼观，肝表面或切面现大小不等灰黄色或灰白色的坏死灶（图 8-13）。坏死灶形状大小因疾病而异。禽类细菌性肝炎，在肝被膜上常有纤维素渗出，呈现纤维素性肝周炎的病变（图 8-14）。如果肝细胞坏死范围广泛，则肝脏体积缩小，边缘变薄，质地柔软，被膜略显皱缩。这时除一部分肝细胞坏死外，尚有一部分肝细胞颗粒变性或脂肪变性，故肝脏呈棕黄色或灰黄色，也有人把这种变化称“黄色萎缩”。若肝淤血严重或出血，就会掩盖肝细胞变性坏死的颜色，使肝脏色泽变为暗红或红黄相间，称“红色萎缩”。镜下，大部分肝细胞坏死，特别是肝小叶中央区更明显，肝坏死多属凝固性坏死，肝细胞核浓缩、崩解或消失，构成一片大小不等伊红着染的坏死灶，或聚成深红色小体（嗜酸性小体）。在后期，坏死的肝细胞溶解，肝小叶结构破坏，汇管区充血、水肿和炎性细胞浸润，胆管上皮增生。

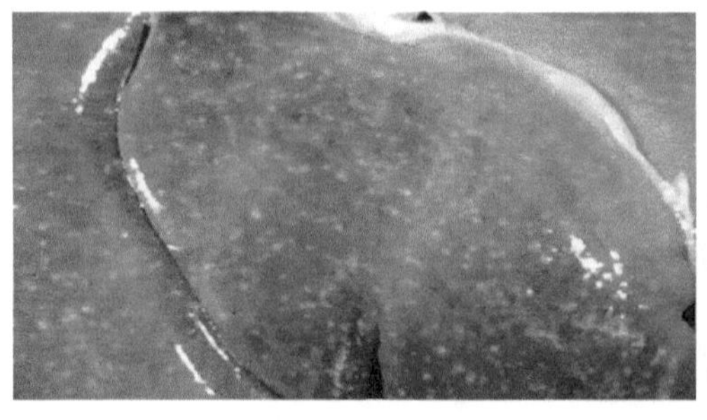
图 8-13　肝脏坏死灶（马疱疹病毒感染）

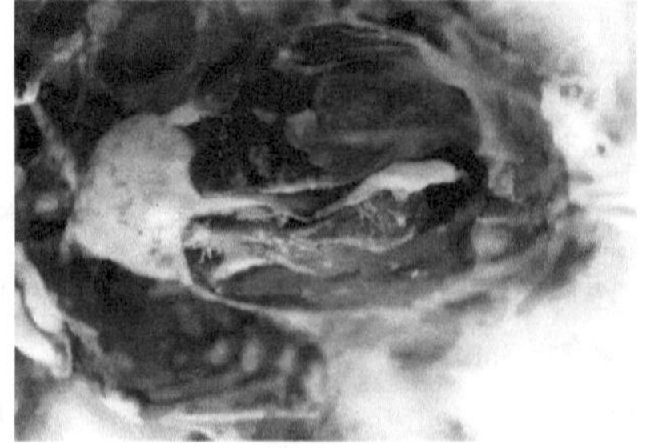
图 8-14　纤维素性肝周炎（鸡大肠埃希菌病）

（3）肝脓肿：可单发或多发。脓肿具有包膜，内含浓稠的黄绿色脓液，表面的脓肿常引起纤维素性肝周围炎，并发生粘连。

（4）肉芽肿：肉芽肿指以形成特殊性肉芽肿为特征的肝炎，常见于某些慢性细菌性传染病，如马鼻疽、放线菌病及结核病等（图 8-15）。此外，霉菌性肝炎和寄生虫性肝炎也常形成肉芽肿性结节。

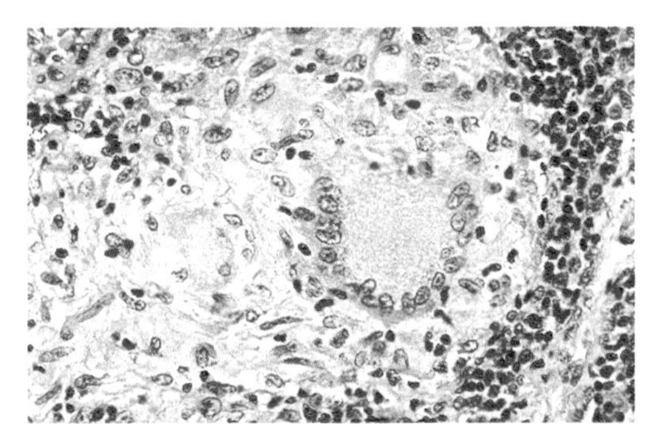

图 8-15　肉芽肿（由上皮样细胞和多核巨细胞构成）

2．病毒性肝炎　其主要病理变化为肝变性、坏死。眼观，肝脏肿大，呈黄色，质地脆，有些动物呈现黄疸病变，如猫病毒性肝炎（图 8-16）。镜下，肝变性或坏死，肝小叶中央静脉扩张，肝血窦充血，肝小叶内出血，汇管区淋巴细胞浸润（图 8-17），有些病毒还可在肝细胞核或细胞质内形成特异性包涵体。

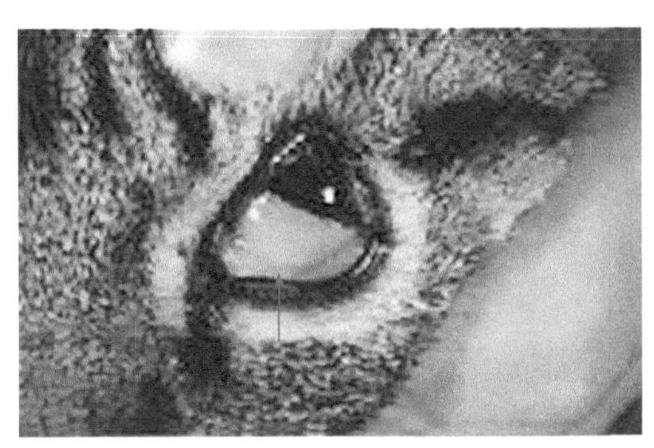

图 8-16　巩膜黄染（箭头处）（猫病毒性肝炎）

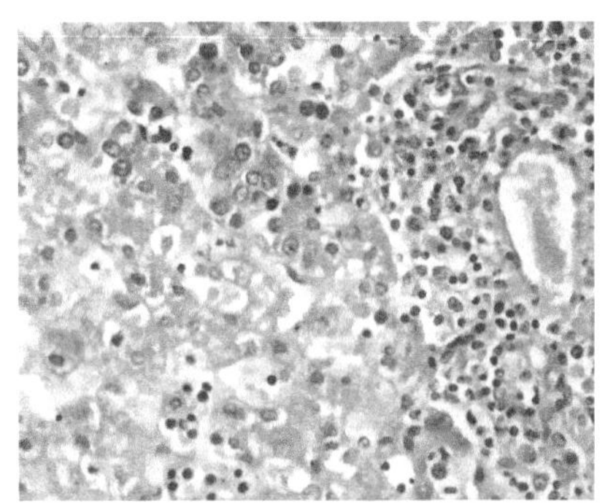

图 8-17　肝细胞颗粒变性和脂肪变性（间质可见淋巴细胞浸润）

3．寄生虫性肝炎　其病变以寄生虫结节形成为其主要特征。寄生结节可视为某种寄生虫卵及其毒素对肝组织损伤和机体抗损伤相互作用的结果。同时，与上述肝坏死一样，任何寄生虫结节都是在肝实质变性、坏死的基础上逐渐发展形成的，且其大小和数量主要取决于寄生虫侵入机体的多少，毒性强弱以及机体状态因素等。寄生虫结节具有以下特征，可与肝脏坏死结节相区别：大小一致，分布均匀，界限清楚（图 8-18，图 8-19），易见钙化，结

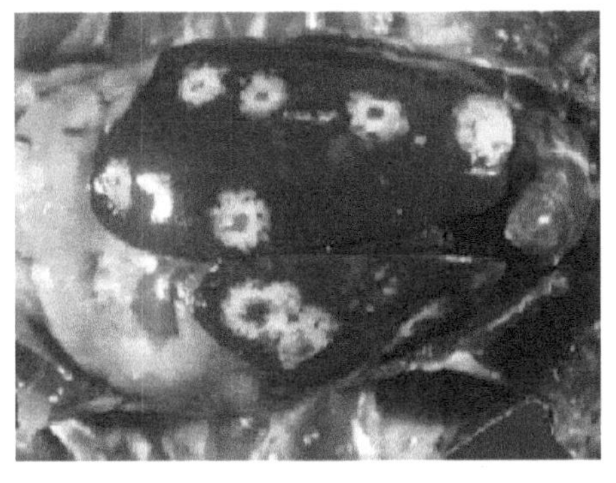

图 8-18　肝坏死灶（鸡组织滴虫病）

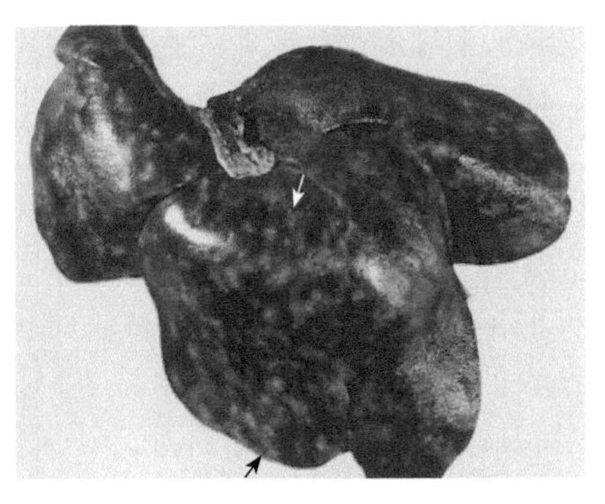

图 8-19　乳斑肝（箭头处）（猪蛔虫病）

节外围较多呈现以嗜酸性粒细胞为主的炎性细胞浸润。慢性病例中，间质内纤维性结缔组织显著增生，间质增宽，实质萎缩、变性，严重时，肝结构破坏，假小叶形成，从而导致肝硬化。临床上以找到虫体或虫卵作为确诊依据。

4. 中毒性肝炎 中毒性肝炎的一般表现为肝脏肿大，边缘钝圆，呈黄褐色或土黄色，质地脆弱，表面和切面散在大小不等、形态不一的淡黄褐色坏死灶。镜下，肝小叶内散在局灶性或中心性凝固性坏死，其外围肝细胞严重颗粒变性和脂肪变性，肝窦状隙和中央静脉淤血、出血，小叶间质轻度水肿、出血，有少量炎性细胞浸润。慢性病例中，汇管区与小叶间质见纤维性结缔组织增生而导致肝硬化。

第五节 肝 硬 化

一、概述

肝硬化是由于多种原因引起肝组织严重损伤所呈现的一种以结缔组织增生为特征的慢性肝病。它不是一种独立的疾病，而是许多疾病的并发症，其形成过程具有明显的阶段性。在病因作用下，首先引起肝细胞严重变性、坏死；随之在病理性产物持续刺激下，间质内纤维性结缔组织广泛增生和肝细胞结节状再生，这三种病变反复交错进行，导致肝脏变形、变硬。

二、病因

目前，对肝硬化多采用病因性质、病变特点和临床表现相结合的分析方法，将之分为门脉性、坏死后、淤血性（心源性）、胆汁性和寄生虫性肝硬化，它们各自由不同原因引起。

（一）坏死后肝硬化

坏死后肝硬化又称中毒性肝硬化，是在肝实质弥漫性坏死基础上形成的，常是慢性中毒性肝炎的一种结局。黄曲霉毒素、四氯化碳和吡咯林碱等中毒及猪营养性肝病时，常可引起此型肝硬化。首先，肝细胞严重坏死；然后，残留肝细胞显著再生和结缔组织增生而致肝硬化。

（二）淤血性肝硬化

此病又称心源性肝硬化或非细胞性肝硬化。长期心功能不全，肝脏长期淤血、缺氧，肝细胞变性、坏死、网状纤维胶原化，间质由于缺氧及代谢产物刺激而发生结缔组织增生，而致肝硬化。

（三）胆汁性肝硬化

胆汁性肝硬化是由于胆道慢性阻塞、胆汁淤积而引起的肝硬化。胆道受到肿瘤压迫或寄生虫和结石的阻塞，可使胆汁淤积。此外，胆管慢性炎症使胆管壁增厚，也可使胆汁淤积。胆汁淤积区的肝细胞变性、坏死，小胆管增生，继而间质结缔组织弥漫性增生，形成肝硬化。

（四）寄生虫性肝硬化

寄生虫性肝硬化是最常见的一种类型，可以是由寄生虫的幼虫移行时破坏肝脏（如猪蛔虫病），或是虫卵沉着在肝内（牛、羊血吸虫），或由于成虫寄生于胆管内（牛、羊肝片吸虫），或由原虫寄生于肝细胞内（兔球虫病），在肝内形成大量相应的寄生虫结节，寄生虫首先引起肝细胞变性、坏死，进而引起胆管上皮和间质结缔组织增生而发生肝硬化。

三、病理变化

（一）肝硬化的基本变化

眼观，肝脏肿大或缩小，后者较为常见。边缘锐薄，质地坚硬，表面由于肝细胞结节状再生而呈结节状隆起，凹凸不平或颗粒状（图 8-20）。肝脏色彩斑驳，常染有胆汁，肝被膜增厚，切面有许多圆形或近圆形的岛屿状结节，结节周围有较多淡灰色的结缔组织包围，肝内胆管明显，管壁增厚。

镜检，结缔组织广泛增生，结缔组织在肝小叶内及间质中增生，其中有以淋巴细胞为主的炎性细胞浸润。

（1）假小叶：增生的结缔组织包围或分割肝组织，使其形成大小不等的圆形小岛，称假小叶。假小叶内缺乏中央静脉或中央静脉偏位，肝细胞大小不一，排列紊乱（图 8-21）。

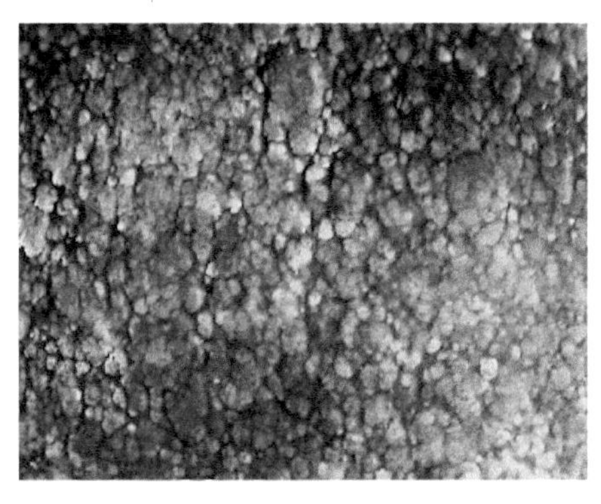

图 8-20　肝硬化（牛）

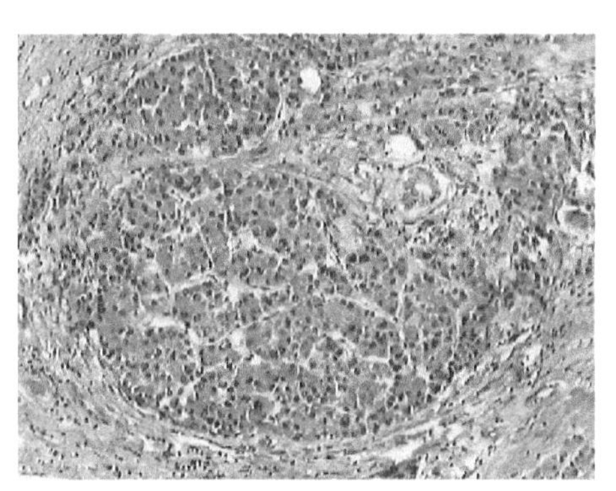

图 8-21　假小叶（肝硬化）

（2）假胆管：在增生的结缔组织中有新生的毛细胆管和假胆管。假胆管是由两条立方形细胞并列而成的条索，类似小胆管，但无管腔。

（3）肝细胞结节：病程长时，残存的肝细胞再生，由于没有网状纤维作支架，故再生的肝细胞排列紊乱，聚集成团，形成结构紊乱的再生性肝细胞结节，丧失正常肝小叶，肝硬化是一个渐进性病理过程，病因消除后也不能恢复。

（二）不同类型肝炎的病变特点

肝硬化由于发生原因不同，在形态结构的变化上也有所差异。

（1）坏死后肝硬化特点为肝表面可见大小不等的结节，结节之间有下陷较深的瘢痕。间质内结缔组织增生显著，但分布不均，胆管增生较明显。肝细胞结节状再生。

（2）淤血性肝硬化特点是肝体积稍缩小，呈红褐色，表面呈细颗粒状。肝小叶中心区纤维化较为突出，汇管区、小叶间结缔组织、小胆管增生和肝细胞再生不明显。

（3）寄生虫性肝硬化的特点是有嗜酸粒细胞浸润。

（4）胆汁性肝硬化时，由于胆汁淤积，肝脏体积增大，表面平滑或呈细颗粒状。肝组织常被胆汁染成明显的绿褐色。胆小管及假胆管增生。

第六节 肝功能不全

一、概述

肝脏发生广泛性的损伤和代偿适应力显著减弱时，出现物质代谢障碍、解毒机能降低、胆汁形成和排泄等功能异常改变的现象称为肝功能不全。但肝脏具有较强的再生能力和代偿能力，当肝脏发生病变时，并非都发生肝功能障碍，或仅出现部分肝功能障碍；只有在病变严重时才能导致其全部功能障碍，引起机体各器官机能紊乱，尤其是引起中枢神经系统功能紊乱（肝性昏迷），称为肝功能衰竭。

二、病因

引起肝功能障碍的原因很多，其中主要有以下几种。

（一）营养不良

饲料中缺乏微量元素硒和维生素 E 以及含硫氨基酸时，发生“营养性肝病”，其表现为肝弥漫性变性和坏死并伴发黄脂病、骨骼肌及心肌的变性。

（二）生物性因素

病毒、原虫等在细胞内寄生，并在其中复制和繁殖，导致肝细胞代谢紊乱，引起肝细胞变性和坏死。细胞外寄生菌在肝细胞外大量繁殖，产生毒素，也可引起肝细胞代谢障碍，导致严重的变性和坏死。有时病原体可引起肝脏局部血液循环障碍，发生淤血、缺氧，致肝细胞变性、坏死。

（三）化学性致病因素

多种重金属（如铅、铜、汞、镉等），氯仿，四氯化碳，棉酚，硫酸亚铁及代谢毒物等，还有某些药物如氯霉素、利福平等，这些物质有的选择性的作用于肝细胞内的细胞器，如四氯化碳能直接破坏线粒体、内质网，使其所含的酶释放，导致细胞坏死。有机汞和细胞膜上的磷脂结合，可使细胞膜的通透性改变而引起肝细胞变性、坏死。棉酚能抑制肝细胞所需的酶。当肝脏存在某些病理过程（糖原不足、血液循环障碍等），或大量吸收有毒产物时，肝脏屏障机能受损害，容易受有害物质的直接损害而引起肝细胞变性和坏死。

（四）血液循环障碍

慢性心功能不全、心包积液时，由于肝脏血液回流发生障碍，出现肝淤血、肿大、窦状隙被动性扩张，致使肝细胞缺氧而发生营养不良性变化——萎缩、变性及坏死，进而继发结缔组织弥漫性增生，而发生肝硬化。

（五）胆管阻塞

胆道结石，炎症，寄生虫（如猪蛔虫，牛、羊肝片吸虫），肿瘤及肿大的肝细胞的压迫等均可使胆道阻塞，引起胆汁淤积与毛细胆管破裂，使肝细胞发生变性、坏死，进而继发结缔组织增生导致肝硬化。

三、对机体的影响

肝脏是物质代谢最重要的器官，当肝功能不全时，其对机体的影响是多方面的，下面主要讨论对机体物质代谢和某些机能所造成的影响。

（一）肝功能不全对机体物质代谢的影响

1. 糖代谢的改变 肝脏是糖原合成、糖原分解及糖原异生的器官，它在血糖的调节中占有重要地位。当肝细胞变性、坏死等原因引起肝功能不全时，肝脏不仅不能充分利用随门静脉而运入肝脏的葡萄糖来合成糖原，而且机体或肝脏本身代谢所产生的乳酸、蛋白质及脂类等中间产物通过糖原异生的途径来合成糖原的过程也发生障碍，故糖原含量下降，同时糖原分解也减少。结果不但使肝脏糖原合成减少，ATP 生成不足，而且还使血液中脂类和乳酸的含量增多，血糖浓度降低，甚至脑组织因能量供应不足而出现低血糖性昏迷，给机体的生命活动造成严重的影响。

2. 脂肪代谢的改变 肝脏在脂类的消化、吸收、分解、合成及运输等代谢过程中均起主要作用。肝功能不全时，由于糖代谢发生障碍，肝糖原减少，ATP 生成不足，难以维持机体生命活动的需要，于是在神经 - 体液因素的调节下，大量脂肪便从脂肪组织中分解、释出，运至肝脏。但由于缺乏肝糖原，进入三羧酸循环的关键性物质——草酰乙酸也减少或缺乏，所以，由脂肪分解以及由酮酸所形成的乙酰辅酶 A 也难以进入三羧酸循环而彻底氧化，以致血液中脂类的含量增高。若此时合并肝营养不良，胆碱和蛋氨酸等去脂物质缺乏，更促使脂肪积聚在肝脏，引起脂肪肝。脂类含量增高的同时，还因脂肪分解代谢相应加强，产生多量酮体，而酮体在肝外组织常不能完全氧化，于是又导致血液中酮体增多。这样血液中不仅乳酸和丙酮酸的含量增多，而且酮体的含量也升高，因此，使机体发生酸中毒。

3. 蛋白质代谢的改变 肝脏是蛋白质代谢的场所，在蛋白质合成和分解代谢中，起着重要作用。正常情况下，氨基酸脱氨基后形成的氨，在肝内经鸟氨酸循环形成尿素而解毒。肝功能不全时，首先表现为氨基酸脱氨基及尿素合成障碍，血及尿中尿素含量减少，血氨含量增多；由于肝细胞蛋白的分解所产生的氨基酸，如亮氨酸、酪氨酸等也将出现在血及尿中。

此外，肝功能不全时，肝脏合成蛋白质的能力降低，故血浆中白蛋白、纤维蛋白原、凝血酶原的含量减少。

4. 酶活性的改变 肝脏在代谢过程中所起的重要作用，与它含有多种酶类有关。它不但能排泄某些酶于胆道，还能释放一定数量的酶入血。故肝功能不全时，常伴有血浆中某些酶活性升高或降低，如谷 - 草转氨酶（GOT）可因肝细胞损伤而释放至血液，血清中 GOT 浓度升高等。有些酶的改变缺乏特异性，不同疾病均可引起同一酶活性的变化，如把多种不同的酶组成酶谱，用以分析不同疾病时酶谱的谱型，则能弥补单项酶活性测定之不足。

5. 维生素代谢的障碍 肝脏是多种维生素的贮存场所，脂溶性维生素的吸收依赖于肝脏分泌的胆汁，多种维生素在肝内参与某些辅酶的合成。肝功能不全时，胡萝卜素转变成维生素A的能力降低，肝内维生素A也不易释出，如此时伴有胆道阻塞，则可影响维生素A的吸收，血液中维生素A含量降低，出现维生素A缺乏症；脂溶性维生素（D、K）吸收障碍则可引起骨质软化和凝血因子合成不足；维生素B_1（硫胺素）在肝内磷酸化过程的障碍使丙酮酸氧化脱羧作用发生障碍，血液中丙酮酸含量增高，出现多发性神经炎等症状。

6. 激素代谢的障碍 许多激素的代谢与肝脏有关，肝脏是体内多种激素降解的主要场所。肝功能不全时，肾上腺糖皮质激素降解灭活作用减弱，激素在血内浓度升高，久而久之可因垂体促肾上腺皮质激素的分泌抑制导致肾上腺皮质机能低下；抗利尿激素和醛固酮的灭活作用减弱，使其在体内含量增多，常可引起水肿和腹水；雌激素在肝内的灭活作用减退，因而血及尿中雌激素含量增多。

7. 水和电解质代谢障碍 肝功能不全时，尿量减少，钠及水潴留于体内，严重时发生水肿、腹水及胸水。

（二）肝功能不全对机体某些机能的影响

1. 血液学的改变 肝功能不全时，常可由于食欲减退、消化和吸收障碍等，引起造血原料缺乏，促红细胞生成素合成减少，因此，常有贫血现象。另外，维生素K的缺乏、凝血酶原减少等易造成出血倾向，从而加重贫血的变化。

2. 脾脏功能的改变 肝脏的变性、坏死引起肝功能不全时，常伴有脾脏的某些变化，如急性肝炎时常见脾脏巨噬细胞系统的增生；肝硬化时常伴有脾窦扩张、脾索纤维结缔组织增生；脾脏机能亢进等肝脾综合征。

3. 胃肠道功能的改变 门静脉循环障碍可造成胃肠道黏膜淤血、水肿，胃肠道分泌、运动和吸收功能障碍，临床上常出现食欲不振、营养不良等症状。胆汁分泌排泄障碍，可影响脂类及与脂类相关物质，如维生素A、D、K等的消化和吸收。

4. 心脏血管系统功能的改变 肝功能不全若伴有胆汁在体内潴留时，由于胆汁盐对迷走神经和心脏传导系统的毒性作用，以及水盐代谢的紊乱，常出现心动缓慢、血压下降、血管扩张、心脏收缩力减弱等变化。

5. 肝脏防御功能的改变 体内、外的有毒物质可通过肝脏的氧化、还原、水解、结合等方式转化成无毒或毒性较低的物质。肝功能不全时，进入体内的大量毒性物质不能经肝脏有效地进行生物转化而直接进入大循环中。同时，由于肝脏合成尿素发生障碍，容易引起机体的中毒现象。另外，巨噬细胞系统也可由于肝功能不全而造成免疫生物学反应性的降低，抵抗感染的能力下降。

6. 神经系统功能的改变 严重的肝功能不全时，常可引起中枢神经系统的功能紊乱，以昏迷为主的一系列神经症状，称为肝性昏迷，或称肝性脑病。

第七节 胰 腺 炎

一、概述

胰腺炎是胰腺因胰蛋白酶的自身消化作用而引起的一种炎症性疾病。本病常见于犬、猫、马、猪和猿类等动物，犬最常见，牛、羊也可由胰阔盘虫引起慢性纤维性胰腺炎。

二、病因

胰导管阻塞和胰液回流可引起胰腺炎发生。正常生理情况下，胰液中的胰蛋白酶原并无活性，当胰导管阻塞和胰液回流时，受到胆汁和肠激酶作用后转变为活性胰蛋白酶，引起胰腺组织坏死、溶解。同时，被激活的胰蛋白酶又可激活其他一系列酶的反应，促进了胰腺组织的坏死溶解。研究表明，胰腺腺泡的酶原颗粒中含有一种弹性蛋白酶，而胰液中则含有无活性的该酶前体，后者可被胰蛋白酶激活而使弹力组织溶解，使血管和胰腺导管遭到严重损伤，导致胰腺出血。另外，胰液中的磷脂酶A被脱氧胆酸激活后，作用于细胞膜和线粒体膜的甘油磷脂，使之分解变为脱脂酸卵磷脂，它对细胞膜有强烈的溶解作用，可破坏、溶解胰腺细胞膜和线粒体膜的脂蛋白结构，使细胞发生坏死。脂肪坏死也同样先由胰液中的脱脂酸卵磷脂溶解，破坏脂肪细胞膜后，胰脂酶才能发挥作用。另外，呼肠孤病毒、哥萨克病毒和口蹄疫病毒等感染可引起小白鼠发生胰腺炎。

三、病理变化

按胰腺炎的发生和病变特征，可分为急性胰腺炎和慢性胰腺炎两种。

（一）急性胰腺炎

急性胰腺炎指以胰腺水肿、出血和坏死为特征的胰腺炎。其发病急，预后较良好，据病理变化可分为两种类型。

1. 急性水肿性（间质性）胰腺炎 病变多局限在胰尾，以胰管和十二指肠附近为中心，形成大小不等的坏死灶。眼观，胰腺肿大、硬实、切面多汁。镜下，间质充血、水肿显著，出血不明显；有少量嗜中性粒细胞和单核细胞浸润；有时可见局限性脂肪坏死。小的坏死可借纤维化逐渐消失，较大者可纤维化或转为慢性胰腺炎。

2. 出血性胰腺炎 眼观，胰腺肿大，质地稍软，结构模糊，呈暗红褐色，切面湿润；常见大网膜和肠系膜脂肪组织呈巨块坏死。镜下，可见局灶性凝固性坏死病变，伴发出血、微血栓形成；坏死灶外围可出现嗜中性粒细胞和单核细胞浸润。随着病程延长，病灶可纤维化或转为慢性胰腺炎。

（二）慢性胰腺炎

慢性胰腺炎指胰腺呈弥漫性纤维化、体积显著缩小为特征的胰腺炎，多由急性胰腺炎演变而来。眼观，胰腺体积显著缩小，呈纤维性结节状外观，质地坚实，除胰腺实质坏死外，脂肪坏死尤为广泛，可扩展到大网膜和肠系膜脂肪组织。镜下，大多数胰岛和腺泡组织呈现纤维化，间质内纤维性结缔组织广泛增生，坏死灶外围有淋巴细胞和浆细胞等炎性细胞浸润。

第九章 泌尿系统病理

第一节 肾 炎

一、概述

肾炎是肾小球、肾小管和肾间质组织发生炎性变化的统称。该病主要特征是肾区敏感和疼痛、尿量减少、蛋白尿、血尿和高血压等。临床上常分为急性肾炎、慢性肾炎、间质性肾炎。

二、病因

（一）急性肾炎

1. 感染因素 急性肾炎多继发于炭疽、口蹄疫、结核、传染性胸膜炎、链球菌病、钩端螺旋体病、败血症等。

2. 中毒性因素 内源性毒物如胃肠道炎症、代谢性疾病、大面积烧伤时所产生的毒素和组织分解产物。外源性毒物如肾毒植物会引起猪和牛急性肾小管肾炎，反刍动物摄入橡树叶、芽及果实后引起肾小管坏死。霉菌毒素如黄曲霉素A对单胃动物尤其是猪具有肾毒性，使肾小管变性、坏死。一些药物，如非甾体抗炎药苯丁酮、阿司匹林和萘普生等与小动物特别是犬的急性肾衰竭有关。重金属如汞、铅、镉、砷等，经肾脏排出时而致病。

3. 邻近器官的炎症蔓延 一般是通过自然管道蔓延而来，如由膀胱炎、尿道炎逆行到输尿管或输尿管周围淋巴管，导致一侧或双侧肾脏的肾盂、肾盏、肾间质的炎症。

4. 变态反应 循环血液内免疫复合物沉着在肾小球毛细血管的基底膜上；抗肾小球基底膜抗体与肾小球基底膜发生免疫反应等均可致病。

5. 其他因素 如寒冷刺激反射性地引起全身器官收缩，导致肾脏的血液循环及营养发生障碍，结果肾脏的防御机能降低，病原菌乘虚而入，促使肾脏发病。

（二）慢性肾炎

病因与急性肾炎基本相同，一些急性肾炎治疗不及时，或未彻底痊愈也可转变为慢性。

（三）间质性肾炎

除葡萄球菌、化脓性棒状杆菌、链球菌、绿脓杆菌、肠炎沙门菌、水貂阿留申病毒外，肾棒状杆菌也能引起感染。牛、猪和犬的钩端螺旋体病也可引起间质性肾炎。

三、病理变化

（一）急性肾炎

病变主要在血管球及肾球囊内，呈现变质、渗出和增生等病理变化。

眼观，肾脏体积轻度肿大，充血，质地柔软，被膜紧张，易剥离，表面与切面潮红。皮质部略增厚。若有出血，表面和切面散布针尖状大小的红点。随着病情发展，转变为亚急性肾小球肾炎，其病理变化是肾脏肿胀，柔软，色泽苍白或灰黄，有“大白肾”之称，肾脏表面光滑，皮质增宽，与髓质分界清楚，病变呈弥漫性。

镜下，急性肾小球肾炎病变发生在肾小球毛细血管丛和肾小囊内，表现出明显增生、渗出和变质性变化。增生性变化：血管球内细胞数量明显增多，致使血管球体积增大，严重者，充满整个肾小囊腔（图 9-1）。渗出性变化：肾小囊内可见数量不等的炎性渗出物，主要是浆液、纤维素和红细胞，由于渗出物挤压血管球，血管球体积缩小、贫血（图 9-2）。亚急性肾小球肾炎的镜下特征是肾小球囊壁层上皮细胞增生，形成新月体或环状体（图 9-3，图 9-4）。肾小管上皮细胞常发生颗粒变性和透明滴样变及肾小管管腔中出现各种管型。

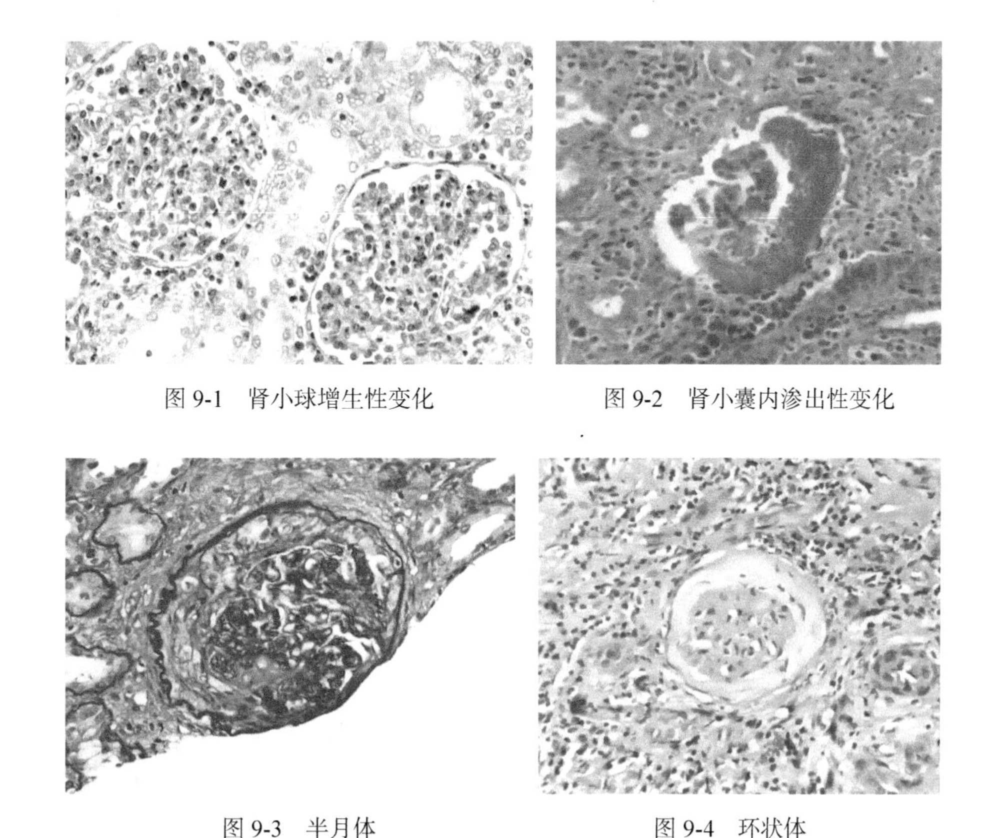

图 9-1　肾小球增生性变化

图 9-2　肾小囊内渗出性变化

图 9-3　半月体

图 9-4　环状体

（二）慢性肾炎

眼观，肾脏体积缩小，质地坚硬，表面凹凸不平或呈弥漫性的颗粒状（图 9-5），并与被膜发生粘连，不易剥离。切面皮质部变窄，与髓质界限不清。

镜下，肾小球因结缔组织增生发生纤维化和透明变性（图 9-6）。肾小球所属的肾小管逐渐萎缩、消失，并由结缔组织增生取代。

（三）间质性肾炎

间质性肾炎是指肾间质内呈现以淋巴细胞、单核细胞浸润和结缔组织增生为特征的肾炎。在家畜中，最常见于牛，亦发生于猪、马、绵羊，一般病畜均缺乏临床症状。

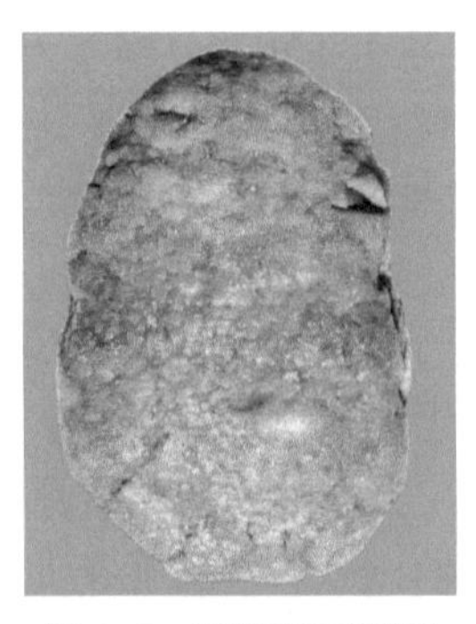

图 9-5 肾脏表面呈颗粒状外观

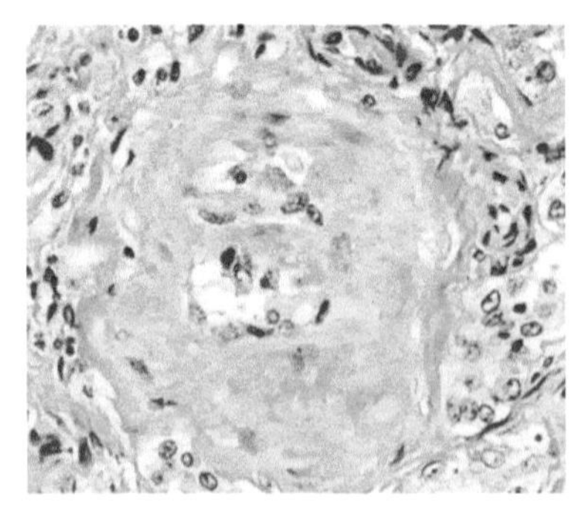

图 9-6 肾小球结缔组织增生及透明变性（猪）

眼观，初期，体积稍增大，被膜紧张，容易剥离，表面和切面皮质部均散在针尖大到米粒大的灰白色或灰黄色病灶（图 9-7）。亚急性和慢性经过的，肾脏体积缩小，被膜增厚，质地坚硬，不易剥离，色泽灰白。

镜下，急性期，间质内淋巴细胞、浆细胞、组织细胞及嗜中性粒细胞等显著性浸润或灶状聚集（图 9-8），并伴有不同程度的结缔组织增生。亚急性期，肾小球和肾小管因受多量炎性细胞和结缔组织压迫而发生萎缩、变性。慢性期，肾小体压迫性萎缩更显著（肾小管管腔狭窄，上皮细胞呈扁平状，部分肾小管管腔堵塞，以致完全消失，图 9-9），进而发展为透明变性和纤维化。

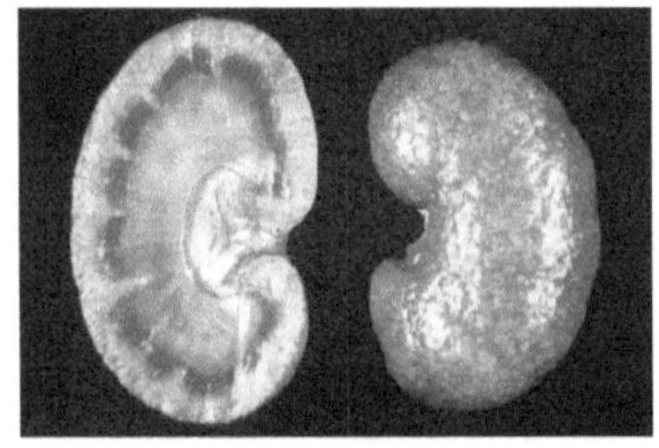

图 9-7 间质性肾炎（灰黄色病灶）

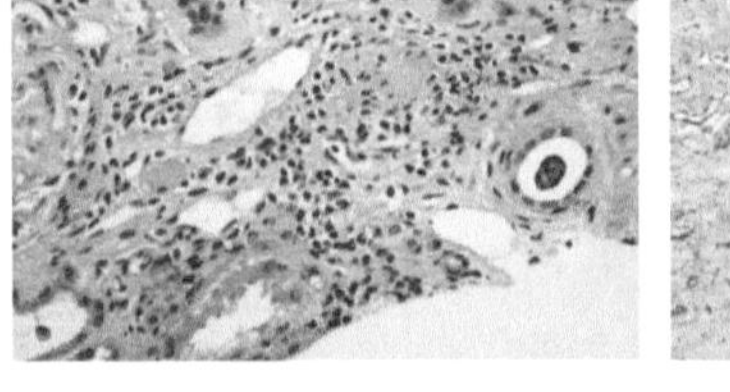

图 9-8 间质性肾炎（淋巴细胞浸润）

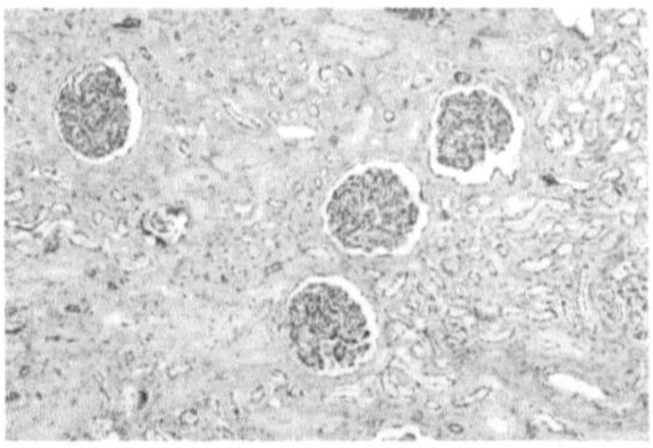

图 9-9 肾小管萎缩（间质结缔组织增生）

【临床联系】

急性肾炎：动物表现疝痛；肾小球渗出病变，毛细血管球贫血，病畜少尿，尿比重增加；肾小球炎症，血管通透性升高，尿中出现白细胞、红细胞及肾实质细胞。尿素氮升高，出现蛋白尿。

第二节 肾功能不全

当各种病因引起肾脏结构和机能出现严重损伤时，导致多种代谢产物、有毒物质在体内蓄积，出现水、电解质和酸碱平衡紊乱，肾脏内分泌功能和其他功能也出现障碍，此病理过程称肾功能不全。根据病程长短，将肾功能不全分为急性肾功能不全和慢性肾功能不全两类。

一、急性肾功能不全

（一）概述

急性肾功能不全指在短期内，各种原因引起肾小球滤过率急剧降低，或肾小管发生急性变性、坏死，以致机体内环境出现严重紊乱（水肿、电解质和酸碱平衡紊乱）的病理过程。临床上主要表现为病畜少尿、无尿、氮质血症、高钾血症和代谢性酸中毒等。

（二）病因

根据原因，将急性肾功能不全分为肾前性、肾性和肾后性三大类。

1. 肾前性因素　由于各种原因（急性失血、急性心力衰竭、严重脱水等），引起肾脏血液灌流不足，以致肾脏缺血，肾小球滤过率明显降低，尿量减少，使体内代谢终产物蓄积，引起氮质血症、高钾血症和代谢性酸中毒等病理过程，可视为肾前性因素。肾小管功能正常，肾脏并未发生器质性病变，若治疗及时，预后良好；否则，持续性肾缺血可导致肾小管变性坏死，出现器质性肾性急性肾功能衰竭。

2. 肾性因素　肾性因素指肾实质急性损伤，包括急性肾小球肾炎（炎症及免疫反应会使肾小球发生损伤），急性肾小管坏死等（如重金属、磺胺类药物、氨基苷类抗生素等可直接损害肾小管，引起肾小管上皮细胞变性、坏死）。如氨基苷类抗生素对猫具有耳毒性和肾毒性，引起肾脏近端小管上皮细胞坏死。给牛、犬使用过期的四环素（由于产生降解产物），可引起肾小管急性坏死和肾衰竭。磺胺类药物对动物的毒性，尤其是动物处于脱水状态时毒性更大，肾脏呈现轻度肿胀、充血，在髓质、肾盂，甚至膀胱内可见黄色的磺胺结晶。

3. 肾后性因素　肾后性因素指急性尿排出障碍，主要是肾盂以下尿路阻塞（常见于双侧尿路结石、盆腔肿瘤压迫输尿管和前列腺肥大引起的尿路阻塞）引起的急性肾功能衰竭。由于肾盂积尿，终尿不能排出，致肾脏泌尿功能障碍，导致氮质血症和代谢性酸中毒。早期，肾实质无损伤，如及时解除梗阻，肾泌尿功能可很快恢复。

（三）对机体的主要影响

1. 尿液　急性肾功能不全主要表现为肾脏泌尿功能障碍。

（1）尿量改变：少尿→多尿→接近正常。急性肾功能不全初期，由于肾血流量减少、肾小球滤过率下降、肾小管损伤，故常见少尿或无尿；中期，病情趋向好转，尿量有所增加，其原因是肾血流量和肾小球滤过功能逐渐恢复，肾小管上皮细胞进行修复和再生，肾小管功能逐渐恢复，但由于新生的肾小管上皮细胞功能尚不成熟，钠、水重吸收功能低下，原尿不能充分浓缩，少尿期中潴留在血中的尿素、肌酸、肌苷等代谢产物，经肾小球大量滤出，增加了原尿渗透压，产生渗透性利尿的作用，故动物出现多尿；后期，尿量逐渐恢复，原因是血液中的尿素、肌酸、肌苷等产物随尿排出，水、电解质和酸碱平衡紊乱得到纠正。

（2）尿液成分的改变。

1）蛋白尿：发生原因是肾小球毛细血管通透性升高，使蛋白质渗出。

2）血尿：严重者，红细胞也可漏出。

3）管型尿：尿中渗出蛋白质、红细胞、脱落上皮细胞等，在远端小管和集合管内，随尿液的浓缩和酸化，发生铸型。尿浓缩是由于抗利尿激素作用于远端小管和集合管上皮细胞，重吸收大量水分所引起的；尿酸化是由于肾小管上皮细胞泌氢、泌氨所引起的。

2. 肾性水肿 急性肾功能不全引起的全身性水肿称肾性水肿。肾性水肿常见于动物组织结构比较疏松的部位，如眼睑、腹部皮下、公畜阴囊等处，肾性水肿的发生原因如下。

（1）GFR 下降，肾排 Na^+、H_2O 减少。

（2）肾小球毛细血管壁通透性升高，血浆白蛋白随尿流失，引起胶体渗透压下降。

（3）有毒产物在体内蓄积，可引起毛细血管壁通透性升高。

3. 电解质紊乱 急性肾功能不全时，电解质紊乱的一般规律是：高钾 - 低钠血症，高磷 - 低钙血症，高镁 - 低氯血症。当动物处于少尿期时，这种变化最明显，发生原因如下：

（1）钾、磷、镁随尿排出减少，而在血液内蓄积；细胞崩解，钾、镁释放增多。

（2）酸中毒引起高钾血症。

（3）由于水分排除障碍，而造成稀释性低钠血症。

（4）体内氯和钠代谢相关，低氯伴随低钠发生。

（5）低钙继发于高磷血症，在磷不能随尿排出时，可从肠道排出，磷酸根和钙结合，形成不溶解的磷酸钙，引起低钙。

4. 氮质血症 急性肾功能不全时，血液中的非蛋白氮（NPN）含量升高，NPN 主要指尿素、尿酸、肌酐等，此病理现象称氮质血症。

5. 代谢性酸中毒 急性肾功能不全时，体内血液循环障碍，供氧相对不足，加之各种病因的作用，引起体内物质的分解代谢加强，酸性产物生成增多；另外，肾脏又不能及时排出酸性产物，肾小管上皮细胞泌 H^+、泌氨能力降低，最终可导致代谢性酸中毒。

【临床联系】

急性肾功能不全治疗注意事项：临床治疗慎用对肾脏有损害作用的某些药物；控制氮质血症，限制蛋白质摄入量，滴注葡萄糖和必需氨基酸，以减少蛋白质分解和促进蛋白质合成；应用利尿剂，增加尿量；控制输液量，防止水中毒、肺水肿、脑水肿和心力衰竭的发生；纠正酸中毒。

二、慢性肾功能不全

（一）概念

由于肾脏的慢性病变，使肾单位发生进行性破坏，残存肾单位不能充分排出代谢产物以维持内环境恒定，逐渐引起体内代谢产物和有毒物质的潴留，水、电解质、酸碱平衡紊乱和肾内分泌功能障碍，此病理过程称为慢性肾功能不全。

（二）原因和发病机理

本病多由慢性肾脏疾患所致，如慢性肾小球肾炎、慢性肾盂肾炎（从尿道上行性细菌感染）、肾结核等，也可由尿路慢性阻塞所引起，如尿路结石、肿瘤压迫、前列腺肥大等，少数病例可由急性肾功能不全演变而来。对其发生机理，目前认为是在病因作用下，肾单位广泛被破坏，具有正常功能的肾单位逐渐减少，并且病情呈进行性加重的过程，肾脏的适应代偿机能严重耗损，最后引起慢性肾功能不全。

（三）对机体的主要影响

1. 尿液

（1）尿量：常发生多尿，其原因有以下几个方面。

1）一些肾单位遭破坏后，残存肾单位的血流量增加，单个肾小球 GFR 代偿性增高。

2）残存肾单位内尿素、肌酐等溶质性物质浓度升高，可发挥渗透性利尿作用。

3）慢性肾功能不全时，肾远曲小管上皮细胞对 ADH 反应性减弱，影响对水的重吸收。

由于大量水、Na^+被排出体外，可发生肾性脱水。慢性阿留申病貂狂渴暴饮，即源于此。

（2）尿成分：由于肾小球毛细血管壁通透性升高和肾小管损伤，故发生蛋白尿、血尿、管型尿等。

2. 电解质

（1）多尿时可发生低钾 - 低钠血症（近曲小管上皮细胞机能受损，重吸收减少），低镁 - 低氯血症（肾排镁增多，低氯伴发于低钠），钙、磷浓度变化初期不明显。

（2）出现少尿时，可发生高钾 - 低钠、高磷 - 低钙、高镁 - 低氯血症，原因同急性肾功能不全。

（3）长期血钙过低，引起甲状旁腺机能亢进，释放甲状旁腺素（PTH）增多，导致骨骼脱钙，幼畜引起肾性佝偻病。成年动物缺钙可引起肾性骨病、四肢搐搦（低钙使肌肉细胞阈电位负值变“大”，与静息电位距离变小）。

3. 其他　贫血（EPO 生成减少，EPO 90% 由肾脏产生，产生部位是肾小管周围的间质细胞如成纤维细胞、内皮细胞等，其余 10% 由肾外组织，如肝脏库普弗细胞产生），氮质血症，酸中毒等。

第三节　尿　毒　症

一、概念

急性或慢性肾功能不全发展到严重阶段时，由于大量代谢产物和内源性有毒物质不能排出而在体内蓄积，引起机体发生全身性自体中毒症状，称为尿毒症。

二、原因和发病机理

从发生尿毒症动物血液中，已分离到 200 多种代谢产物和内源性有毒物质，其中有 100 余种含量较高。但尿毒症毒素究竟是哪些？尚无定论。公认的包括以下几种。

1. 甲状旁腺激素　引起骨营养不良；皮肤瘙痒；刺激胃泌素分泌胃酸多，导致胃溃疡；损伤雪旺细胞和血 - 脑屏障。

2. 胍类化合物　胍类化合物是鸟氨酸循环中精氨酸的代谢产物，正常时精氨酸生成尿素、肌酸、肌酐等，随尿排出。尿毒症时，这些物质随尿排出发生障碍，故精氨酸通过另外一些渠道生成甲基胍和胍基琥珀酸，其中甲基胍是毒性最强的小分子物质，给犬大量注射后，引起体重减轻、呕吐、腹泻、便血、痉挛、嗜睡、血中尿素氮增加、红细胞寿命缩短等症状，与尿毒症相似。

3. 其他　尿毒症毒素还包括尿素，胺类（脂肪族胺、芳香族胺、多胺等），酚类（如苯酚），一些中分子毒性物质（细胞代谢紊乱产生的多肽、细胞或细菌裂解产物等）。

三、对机体的主要影响

尿毒症时，除前述水、电解质、酸碱平衡紊乱、贫血、高血压等症状进一步加重外，还有毒素引起的各器官系统功能障碍和物质代谢障碍。

（一）神经系统

由于有毒物质对CNS的毒害作用，临床出现病畜精神沉郁、痉挛、昏迷等。

（二）呼吸系统

由于细菌分解唾液中的尿素生成氨，病畜呼出气中有氨臭味，并可引起尿毒症性支气管炎及尿毒症性肺炎。

（三）消化系统

尿素在肠内，受细菌尿素酶分解作用可释出NH_3，刺激肠黏膜，引起出血坏死性肠炎，导致消化不良、呕吐、腹泻。

（四）皮肤

皮肤瘙痒，可能与毒性物质对皮肤感觉神经末梢的刺激及继发性甲状旁腺机能亢进而致皮肤钙沉积有关。随汗排出的尿素、尿酸、氯化物可在皮肤上形成一层白色的尿素霜。

（五）心血管系统

心血管功能障碍是由于肾性高血压、酸中毒、高钾血症、钠水潴留、贫血以及毒性物质等作用的结果。主要表现为充血性心力衰竭和心律失常，由于尿毒症毒素的刺激，晚期可出现尿毒症心包炎，一般为纤维性心包炎。

（六）内分泌系统

肾脏本身是内分泌器官，同时又是多种激素降解或排泄的主要部位。

（七）免疫系统

免疫功能低下，主要表现为细胞免疫反应明显受抑制，淋巴细胞减少，中性粒细胞吞噬和杀菌能力减弱，尿毒症病畜常有严重感染。

（八）代谢障碍

1. 糖代谢障碍　尿毒症动物血液中存在胰岛素拮抗物质，抑制胰岛素降糖作用，使血糖浓度升高。

2. 蛋白质代谢障碍　尿毒症时，病畜常出现负氮平衡，因此，可造成病畜消瘦、恶病质和低蛋白血症。低蛋白血症是引起肾性水肿的重要原因之一。

3. 脂代谢障碍　尿毒症病畜血中甘油三酯含量增高，出现高脂血症。

第十章 生殖系统病理

第一节 子宫内膜炎

一、概述

子宫内膜炎是指子宫黏膜的炎症，是子宫炎最常见的类型，发病动物以奶牛多见。按病程经过，可分为急性子宫内膜炎和慢性子宫内膜炎两种类型。

二、病因

子宫内膜炎主要是感染某些病原性细菌所致，当母畜流产或分娩时，产道开张，胎盘剥离，子宫黏膜受损，尤其是胎盘停滞，形成许多微生物感染的诱因。一些理化因素也可引起子宫内膜炎。

1. 细菌 各种化脓菌和腐败菌的感染，如化脓棒状杆菌、大肠埃希菌、坏死杆菌、梭状芽孢杆菌、链球菌及葡萄球菌等都是最常见的病原菌。生殖克雷白杆菌、兽疫链球菌和马流产沙门菌也能引起母马子宫感染；马耳他布氏杆菌、流产布氏杆菌、猪布氏杆菌、绵羊布氏杆菌和犬布氏杆菌等则可引起山羊、牛、猪、绵羊和犬的特殊性感染。病原菌侵入子宫的途径：一是逆行感染（阴道感染，细菌由阴道进入子宫）；二是内源性感染，健康家畜的子宫和阴道内存在细菌，当机体抵抗力下降时，这些常在细菌迅速繁殖，毒力增强，引起自体感染。另外，体内败血性病灶时，细菌经血道或淋巴道可蔓延至子宫。

2. 理化因素 过热或过浓的刺激性消毒液冲洗子宫、产道，难产时助产器械，截胎后暴露出的胎儿骨端，以及助产者的手指等均可引起子宫黏膜损伤。

三、病理变化

（一）急性子宫内膜炎

1. 特点 子宫内有大量炎性渗出物，伴有不同程度的黏膜组织变性和坏死。

2. 类型 根据渗出物的性质分为卡他性炎、纤维素性炎和化脓性炎等。

3. 病理变化 急性卡他性子宫内膜炎，见子宫增大，松软，子宫壁增厚，子宫腔内蓄积浆液性渗出物（图 10-1），子宫黏膜充血、水肿和出血，尤其在子叶（牛）及其周围充血与出血更为明显。较严重的病例，黏膜表面粗糙，浑浊和坏死，若坏死组织脱落则遗留糜烂（图 10-2）。纤维素性子宫内膜炎时，有大量纤维素覆盖在子宫黏膜上，若组织坏死轻微，在子宫黏膜表面形成一层易剥离的薄膜（图 10-3）；若组织坏死严重，渗出的纤维素与子宫黏膜坏死组织黏着在一起，强行剥离纤维素，子宫黏膜会出现溃疡面。而化脓性炎的特征是形成一定量的脓汁，蓄积

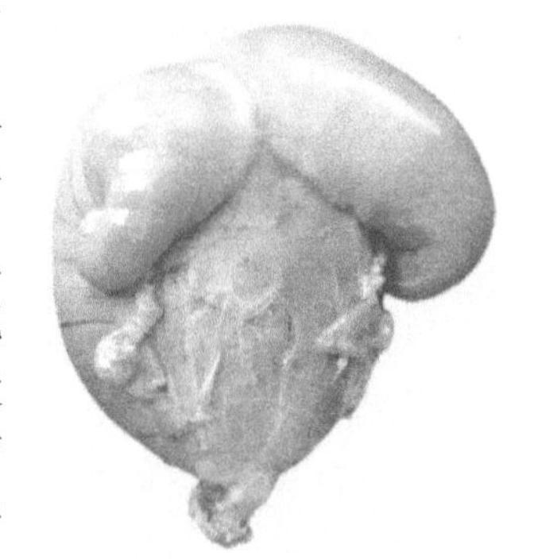

图 10-1 子宫角和子宫体内充满浆液（山羊）

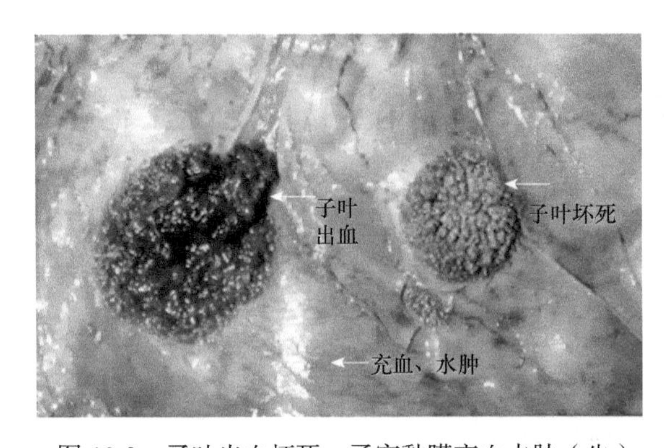

图 10-2 子叶出血坏死、子宫黏膜充血水肿（牛）

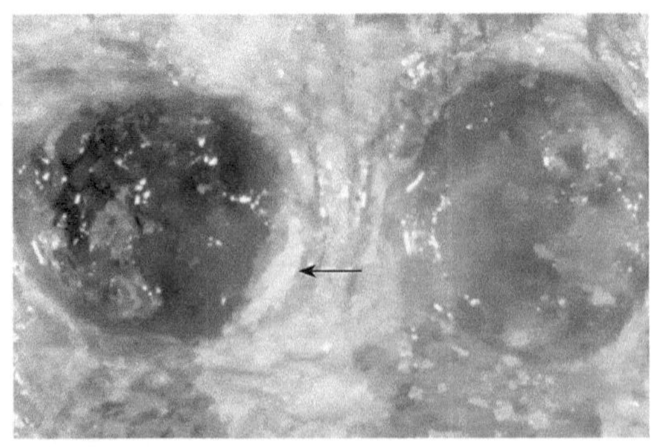
图 10-3 子宫黏膜纤维素渗出（箭头处）（山羊）

在子宫腔内，子宫黏膜充血、肿胀，黏膜表面覆盖有黄白色的脓性物质。

（二）慢性子宫内膜炎

1. 特点 成纤维细胞增生、淋巴细胞和浆细胞浸润。

2. 类型 慢性子宫内膜炎根据炎症性质和症状可分为隐性子宫内膜炎、慢性卡他性子宫内膜炎、慢性卡他性脓性子宫内膜炎和慢性化脓性子宫内膜炎四种类型。

3. 病理变化

（1）隐性子宫内膜炎：不表现临诊症状，子宫无肉眼可见的变化，直肠检查及阴道检查也查不出任何异常变化，发情期正常，但屡配不孕。发情时子宫排出的分泌物较多，有时分泌物不清亮透明，略微混浊。

（2）慢性卡他性子宫内膜炎：慢性卡他性子宫内膜炎的病理变化多样，这取决于病程长短和病原体作用的性质。初期表现为黏膜明显出血、水肿、白细胞渗出等轻度的急性炎症变化；以后主要特点是浆细胞和淋巴细胞的大量浸润，成纤维细胞增生，因此黏膜变肥厚。由于黏膜内细胞浸润，腺体和腺管间的结缔组织增生不均衡，变化显著的部位则向腔内呈息肉状隆起，此时称为慢性息肉性子宫内膜炎。随着成纤维细胞的增多和成熟，子宫腺的排泄管受到挤压，分泌物蓄积在腺腔内，使腺腔扩张呈囊状，因而眼观在黏膜表面有大小不等的囊肿，呈半球状隆起，内含无色或稍浑浊的液体，此时称慢性囊肿性子宫内膜炎。在慢性子宫内膜炎的发展过程中，有时子宫内膜的柱状上皮可化生为复层鳞状上皮，并可发生角化。有些病例，黏膜层的子宫腺萎缩或消失，黏膜变得很薄，称为慢性萎缩性子宫内膜炎。

牛发生慢性子宫内膜炎时，坏死的子宫黏膜常发生钙盐沉着，形成硬固的灰白色小斑点。

（3）慢性卡他性脓性子宫内膜炎：病畜往往有精神不振，食欲减少，逐渐消瘦，体温略高等轻微的全身症状。发情周期不正常，阴门中经常排出灰白色或黄褐色的稀薄脓液或黏稠的脓性分泌物。

（4）慢性化脓性子宫内膜炎（子宫积脓）：常见于牛、犬。牛在分娩后有胎盘滞留时发生，胎盘是细菌良好的培养基，易继发细菌感染。大龄犬（6 岁以上）或分娩后 4～6 周，犬易发此病。眼观，子宫积脓时，子宫浆膜面呈暗红色，剖开子宫，常见子宫内有滞留胎盘，子宫腔内蓄积大量脓液，使子宫腔扩张，子宫体积增大（图 10-4）。严重时，膨大的子宫占满腹腔，触摸时有波动感。若子宫颈闭合，脓液不能排出，随时间延长，由于失水，脓性渗出物可凝固（图 10-5）。由于化脓菌种类的不同，可见不同颜色的脓液，可呈淡黄色、黄绿色或褐红色，子宫黏膜增厚，表面粗糙、污秽、无光泽，常被覆多量坏死组织碎片，使黏膜面呈麦麸样外观。镜下，可见子宫黏膜内有大量的中性粒细胞、浆细胞和淋巴细胞浸润。

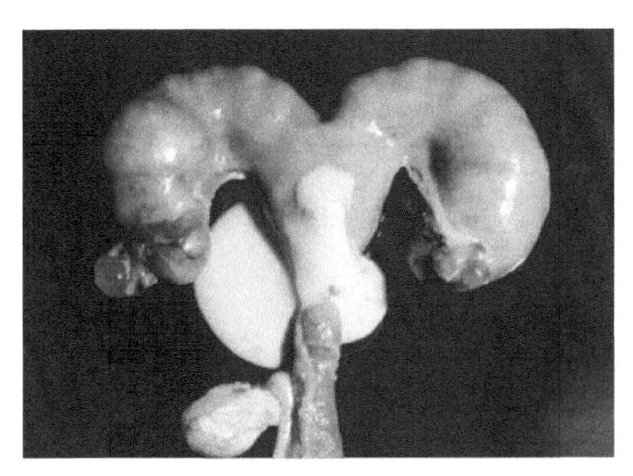

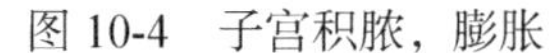

图 10-4　子宫积脓，膨胀

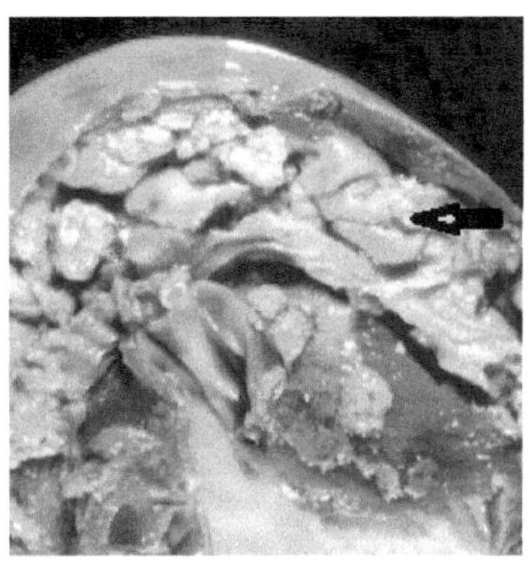

图 10-5　子宫内脓液呈干酪样

【临床联系】

1. **影像诊断**　当子宫颈闭合，分泌物不能自阴道排出，可用超声检查子宫体积。

2. **用药注意**　由于子宫黏膜出现病变，冲洗子宫时应小心，以免造成进一步的损伤。

第二节　睾丸炎及附睾炎

一、概述

睾丸炎是指睾丸实质的各种急性或慢性炎症，常与睾丸鞘膜炎和附睾炎同时发生，主要由细菌引起，多由血源性感染，有时可能是从被感染的副性腺经输精管逆行侵入睾丸。

二、病因

1. 主要原因　本病常由打击、啃咬、蹴踢、尖锐硬物刺伤和撕裂伤等造成的外伤继发细菌、病毒感染所致。分枝杆菌、布氏杆菌、绿脓杆菌、放线菌、链球菌、葡萄球菌、乙型脑炎、衣原体感染等都可引起本病发生。此外，高温及公畜采精频率过大也可引起发病。

2. 其他原因　睾丸附近组织或鞘膜炎症蔓延，全身感染性疾病病原经血流均可引起睾丸炎症。附睾和睾丸紧密相连，常同时感染和相互继发感染。

三、病理变化

1. 急性睾丸炎　睾丸呈现红、肿、热、痛。另外，明显可见的是出血，阴囊上有散在出血斑。公牛的睾丸炎最常见的病原体是布氏杆菌。大多数病例睾丸炎属于急性且不易痊愈，可为单侧性，但是因为炎性渗出物同对侧睾丸的精子混合，所以病畜也丧失生育能力。由于睾丸有坚韧的白膜包裹，因而睾丸的肿胀不很明显，但睾丸的实质容易发生压迫性坏死。鞘膜腔因蓄积脓性纤维素性渗出物而扩张，鞘膜壁层和脏层的表面有黄色的纤维蛋白沉着，使两层发生粘连。此时眼观，睾丸与附睾无明显变化，不久睾丸实质内有散在的黄色斑点和坏死灶出现，以后病灶相互融合，以致整个睾丸坏死。如果坏死的实质液化成脓液，则整个睾丸成为有厚层纤维组织被膜包裹的充满脓液的腔。有时坏死病灶并不扩展与融合，很快被大量纤维组织包围而长期保留。这些坏死灶通常是多发性的，并引起器官的肿大，但最终可因瘢痕化而体积缩小。光镜下，可见睾丸内的感染是沿着细精管的管腔蔓延；生精上皮坏死和脱落，在坏死的上皮和管腔中可见有大量的微生物。早期，间质中有各种白细胞浸润，并在细精管周围形成管套。随着病变的发展，细精管壁和间质组织发生坏死。睾丸的损害呈局灶性，是对死亡精子的一种类似结核结节的肉芽肿反应。

猪布氏杆菌引起睾丸炎时，多发性脓肿比融合性坏死更为多见。睾丸发生的脓肿，以中央发生干酪化为特征，脓肿外面有厚层结缔组织包膜包裹，其中有白细胞浸润。有些病例，鞘膜的炎症呈现出血性化脓性炎。光镜下，主要为坏死性炎，初期有少数曲细精管的上皮变性、坏死，精子也发生类似的变化。此时小管的轮廓尚保存，局部间质有充血、出血、水肿及单核细胞浸润。随着病程的发展，变性坏死过程严重，病变范围扩大，其中一部分曲细精管虽然保持管状轮廓，但管腔被破碎、崩解的物质充满；有些曲细精管已完全趋于坏死而结构消失，相互融合为大片的坏死区。

2．慢性睾丸炎 其特征是睾丸组织发生纤维化，睾丸硬化、萎缩。眼观，睾丸发生不同程度的萎缩，质地变硬，体积缩小。当发生鞘膜炎时，鞘膜与阴囊或睾丸粘连，睾丸不能移动。切开睾丸，见大小不等的坏死灶或化脓灶。

3．急性附睾炎 本病可能发生于两侧，但一般多为单侧性。在临床上，受害的部位肿胀、发热。除附睾的病变外，白膜有炎性渗出物附着，鞘膜含有大量浆液。光镜下，附睾内血管扩张充血，血管周围发生水肿和淋巴细胞浸润；其后，中性粒细胞亦出现于渗出物中。附睾管上皮细胞变性、坏死、脱落，可见附睾管腔内有浆液、脱落的附睾管上皮细胞、中性粒细胞、淋巴细胞及变性的精子等。

4．慢性附睾炎 本病由急性转变而来，或者一开始就呈慢性经过。特征是附睾内肉芽组织增生及纤维化。患病早期，发病部位通常在尾部，局部肿大柔软，后期附睾体积缩小，质地变硬。白膜和鞘膜发生粘连，附睾内有一个或多个囊肿，囊内含有黄白色乳酪样的液体。光镜下，附睾管上皮细胞开始乳头状增生和变性，并伴有小管内的囊肿形成。间质组织内有结缔组织增生，大量结缔组织增生使附睾管腔闭合，可引起内容物淤滞。有些病例，上皮内有大量细菌，中性粒细胞浸润可使上皮变性、坏死，使附睾管破裂而引起精子外渗。大多数的外渗发生在附睾尾闭塞部附近，但少数也可见于附睾体和附睾头。外渗的精子可引起精子肉芽肿，或者精子进入鞘膜腔，引起严重的鞘膜腔炎，进而发生粘连。

【临床联系】

治疗注意：

（1）急性睾丸炎早期（24h 内）可冷敷，减少渗出；后期应温敷，加快血液循环，使炎症渗出物消散。

（2）已形成脓肿者，可从阴囊底部切开排脓。

（3）由传染病引起的睾丸炎，应首先考虑治疗原发病。

第三节　乳　腺　炎

一、概述

乳腺炎为乳腺发生各种不同类型的炎症及乳汁发生理化性状的改变，最常发生于奶牛和奶山羊，其特点是乳中体细胞尤其是白细胞增多以及乳腺组织发生病理变化。

二、病因

1. 病原微生物感染　这是引起乳房炎的主要原因。引起乳腺炎的细菌以葡萄球菌、链球菌和大肠埃希菌为主，这三种细菌引起的乳腺炎占发病率的90%以上。此外，化脓性棒状杆菌、绿脓杆菌、坏死杆菌、蜡样芽孢杆菌、布氏杆菌、结核分枝杆菌、牛放线菌、林氏放线杆菌等也可引起。除了结核分枝杆菌和布氏杆菌乳腺炎是血源性感染外，其他微生物侵入的门户为乳头孔和乳头管。

2. 机械性和理化因素、毒物和乳汁积滞等　这些因素对促成细菌侵入乳腺起重要作用，如挤奶方法不当可造成乳头皮肤和黏膜创伤，母牛因病卧地和母猪乳头接近地面与地面摩擦；吮乳咬伤乳头等机械性损害，为细菌侵入乳腺创造条件。不按时挤奶、产后无仔畜吮奶或断奶后喂大量多汁饲料致乳汁分泌旺盛等，均可使乳汁在乳腺内积滞酸败。

3. 环境因素　乳腺炎的发生率随温度、湿度的变化而变化。高温高湿季节，动物处于应激状态，机体抵抗力降低，常常导致乳腺炎发生。畜舍卫生不良，畜体不洁，导致环境性病原菌在畜体表繁殖，也是感染的来源。

三、病理变化

乳腺炎的分类比较复杂，根据临床症状与病变特点不同，我们将之分为临床型乳腺炎和隐性乳腺炎两种。临床型乳腺炎又分为急性乳腺炎、慢性乳腺炎、化脓性乳腺炎及其他类型。

1. 急性乳腺炎

（1）特征：以渗出变化为主。

（2）病理变化：发炎部位体积显著增大和变硬，各乳区的大小不对称。病变部位乳腺易于切开，切面上可见渗出性炎症变化。眼观，病变随炎症的严重程度而有差异，患浆液性炎时，皮肤紧张，色红，切面湿润，色苍白，乳腺小叶呈灰黄色，小叶间质及皮下结缔组织充血和炎性水肿；若为纤维素炎时，发炎的乳腺坚实，切面干燥，呈白色或黄色，在乳池和输乳管内可见纤维素性渗出物（图10-6）；若发生出血性炎时，切面平滑，呈暗红色或黑红色，按压时从切口流出淡红色或血样稀薄液体，其中混有絮状血凝块，输乳管及乳池黏膜常见出血点。镜下，腺泡、乳管上皮细胞变性，甚至坏死脱落，中性粒细胞、淋巴细胞浸润（图10-7，图10-8）。

2. 慢性乳腺炎　通常由急性转变而来，见于泌乳后期或干奶期，只有少数乳区发病，而且多发生于后侧乳区。

（1）特征：乳腺的实质萎缩和间质的结缔组织增生。

（2）病理变化：乳池和输乳管显著扩张，管腔内充满绿色的黏稠的脓样渗出物，管壁肥厚，黏膜表面呈结节状、条索状或息肉状（图10-9）。镜下，乳腺实质萎缩甚至消失，有一

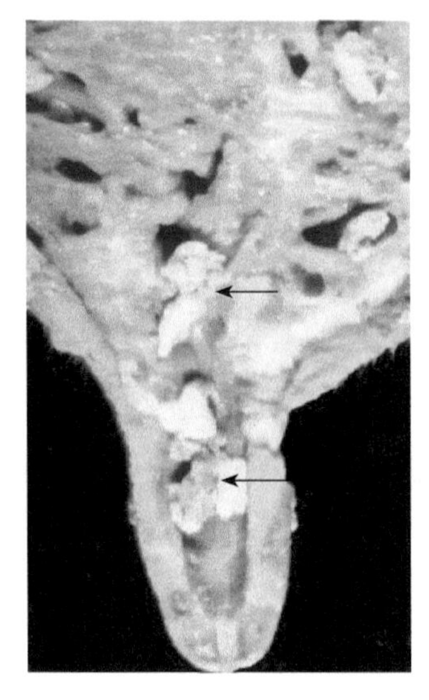

图 10-6 乳池、输乳管内纤维素性渗出物（箭头处）（牛）

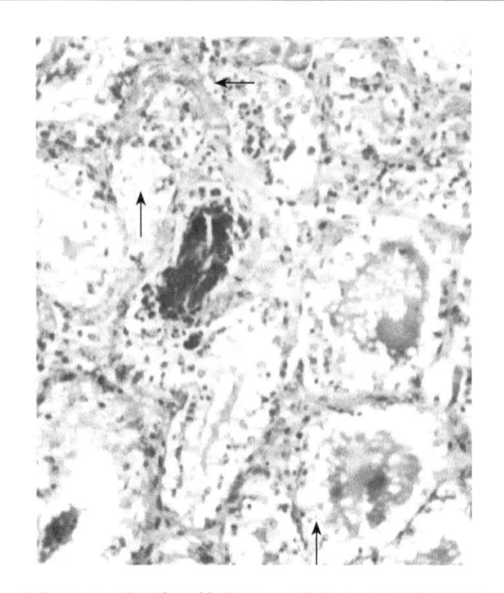

图 10-7 间质血管充血、腺泡上皮细胞坏死（箭头处）

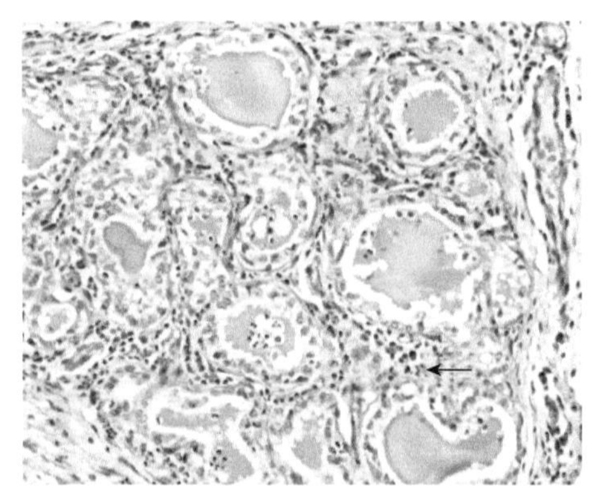

图 10-8 嗜中性粒细胞浸润（链球菌引起的乳房炎）

图 10-9 慢性输乳管炎（牛）

部分尚正常的腺泡组织呈岛屿状散在于其中。在乳池、输乳管和小叶间有大量的结缔组织增生和瘢痕化，病变乳腺显著缩小和发生硬化。病变部浸润的细胞成分主要是淋巴细胞、浆细胞和单核细胞，同时有成纤维细胞大量增生。乳池和输乳管黏膜因上述细胞浸润于上皮增生而肥厚，形成皱襞或息肉状突起。

3. 化脓性乳腺炎 由化脓棒状杆菌、化脓性链球菌和绿脓杆菌引起，常见于母猪和母牛，其次是母羊。

（1）特征：通常为慢性经过，伴脓肿的形成。

（2）病理变化：侵犯一个或几个乳区，发病乳区肿大，呈结节状，脓肿可向皮肤穿孔，形成窦道。切面见大小不等的脓肿，充满绿黄色或黄白色恶臭的脓汁。脓灶周围为两层膜包裹，内层为柔软的肉芽组织，外层为致密结缔组织。化脓性乳腺炎有的可表现为皮下及间质弥漫性化脓性炎，炎症可由间质蔓延到实质，引起大范围乳腺组织坏死和化脓（图 10-10）。

4. 其他 此外，某些特异性病原体可引起其他具有特征性病变的乳腺炎。

（1）结核性乳腺炎：主要见于牛，为血源性感染，病变主要有以下类型。

1）干酪样乳腺炎：以发生干酪样坏死为特征的乳房结核性炎，常侵害整个乳房或几个乳区，发病部位显著肿胀而坚硬，容易切开；切面有地图状分布的干酪样坏死的大病灶，在病灶周围可见红晕。光镜下可见，病变组织初为大量的纤维蛋白与白细胞浸润，随后发生干酪样坏死。

2）结节性乳腺炎：乳腺内有许多结核结节，结节大小不等，由粟粒大、高粱粒大到豌豆大，这种结节的干酪化较轻或不发生干酪化。当多数结节密集或相互融合时，病变部呈灰白色而坚实。光镜下可见结节内主要是增生的特殊肉芽组织和普通肉芽组织，病灶中心可能发生干酪样坏死和钙化。

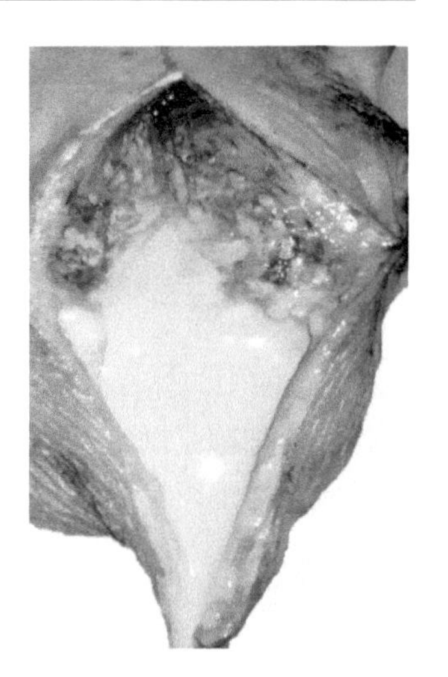

图 10-10 乳区、乳窦和输乳管内充满脓液（牛化脓性乳腺炎）

（2）布氏杆菌性乳腺炎：主要见于牛和猪，呈亚急性或慢性局灶性乳腺炎。初期易被忽视，后期由于结缔组织增生和乳腺实质萎缩，才能看到硬固的病灶。光镜下，在乳腺内可见到局灶性炎症病灶，病灶主要是由增生的淋巴细胞和上皮样细胞形成的小结节，其中混有少数的中性粒细胞和巨噬细胞，并见结缔组织增生，结节内腺泡萎缩，上皮变性、坏死。

（3）放线菌性乳腺炎：见于牛和羊。一般经皮肤感染，在乳腺皮下或深部形成放线菌化脓灶。眼观可见患部肿胀，切开为有厚层结缔组织包囊的脓肿，脓汁稀薄或浓稠，其中含有淡黄色硫磺样的细颗粒。脓肿及其临近的皮肤可逐渐软化和破裂，形成向外排脓的窦道。乳腺深部的脓肿破溃时，可开口于输卵管和乳池，在乳汁中出现放线菌块。镜检可见病灶中央是菌块和脓液，放线菌菌块的中心是交织的菌丝，其周围的菌丝呈放射状排列，菌丝的末端是曲颈瓶状膨大，被伊红染成红色；菌块周围为变性的中性粒细胞等组织构成的脓细胞。在病灶的周围区则是浸润有淋巴细胞和浆细胞的纤维结缔组织。

（4）诺卡菌乳腺炎：由星形诺卡菌所引起，见于牛，呈散发性。各种年龄的乳牛均可感染，大多数病例出现在分娩后第 2 天到第 10 天内。发病初期，呈急性多发性化脓性乳腺炎。病原菌在存活的和坏死的组织交界处最多。乳腺的渗出物呈灰白色，黏稠，常混有血块以及直径 1mm 的白色小颗粒，光镜下这些颗粒由微生物团块所组成。

第十一章 神经系统病理

第一节 脑的基本病理变化

脑组织主要由神经细胞、神经纤维、神经胶质细胞和结缔组织构成，其中神经细胞和神经胶质细胞是脑组织的主要成分。在多种疾病中，脑组织的形态结构会出现不同的病理变化，现把脑组织呈现的一些基本病理变化叙述如下。

一、神经元

神经元出现的病理变化如下。

1. 神经元变性 神经元变性为可复性变化。

（1）神经元的细胞核边移：正常的神经元有一个细胞核，而且细胞核位于中央。细胞核边移表明神经元发生变性的病理变化（图 11-1）。

（2）神经元尼氏体溶解：神经元尼氏体溶解是神经元变性的最早变化（图 11-2）。

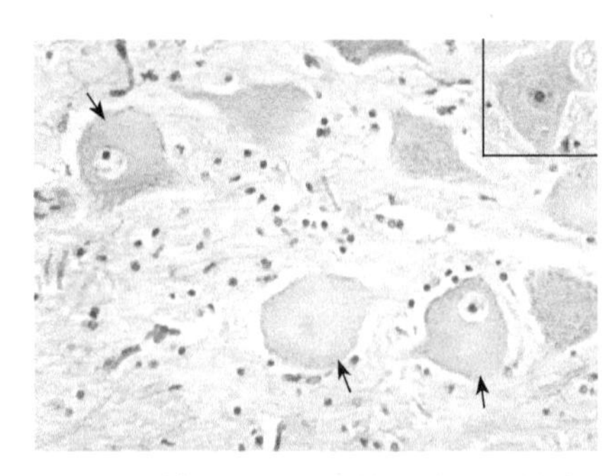

图 11-1 神经元的细胞核边移（黑箭头）

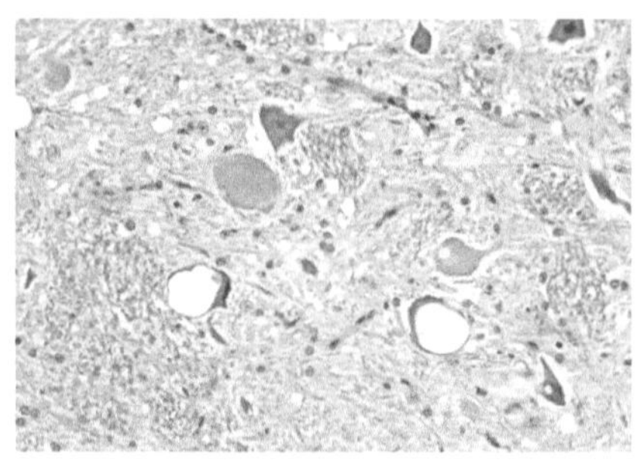

图 11-2 羊痒病神经元内空泡（绵羊）尼氏体消失

（3）空泡变性：当感染病毒、受到毒素侵袭或代谢紊乱时，神经元的细胞质内出现许多空泡，这是线粒体肿胀引起的外观。例如，羊痒病，神经元细胞质内出现大的空泡（图 11-2）。

2. 神经元萎缩 细胞体积缩小，胞质红染（图 11-3）。

3. 神经元坏死 尼氏体溶解消失，细胞核碎裂、溶解，细胞质染色变淡或溶解（图 11-4）。

4. 液化性坏死 液化性坏死是神经细胞坏死后进一步溶解液化而成。

5. 病毒包涵体 包涵体的形成见于某些病毒性疾病，不同的病毒形成的包涵体位置、形态和染色特性不同。例如，狂犬病的病例，在神经元胞质内形成红色的奈格力小体（图 11-5）；疱疹病毒在神经元胞核内形成包涵体；副黏病毒科，如犬瘟热病毒既可在细胞质，又可在细胞核内形成包涵体（图 11-6）。

二、神经纤维

神经纤维的结构包括轴突、髓鞘等，当神经纤维受到损伤时，轴突和髓鞘会发生变化，

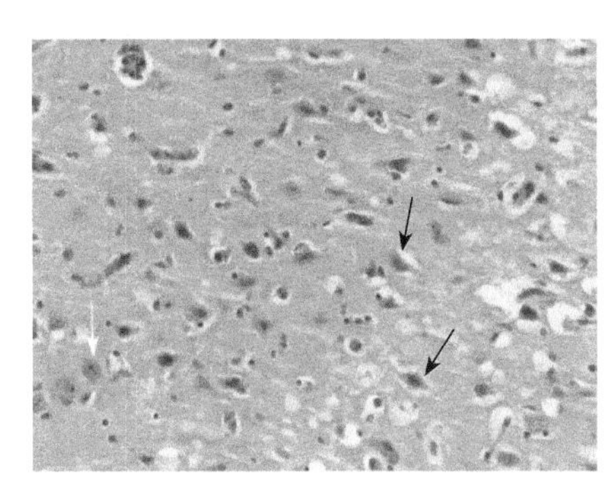

图 11-3 神经元萎缩（箭头处）

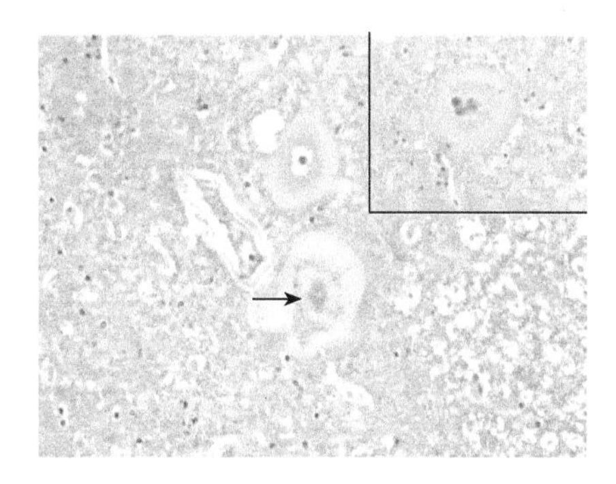

图 11-4 尼氏体溶解，细胞核溶解（箭头处）

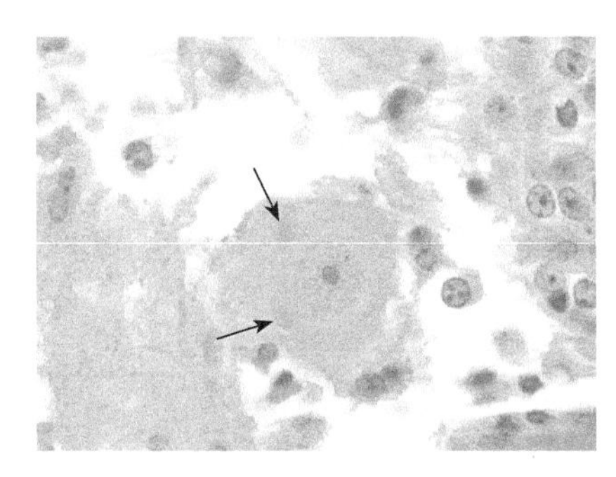

图 11-5 神经元胞质内包涵体（箭头处）（山羊狂犬病）

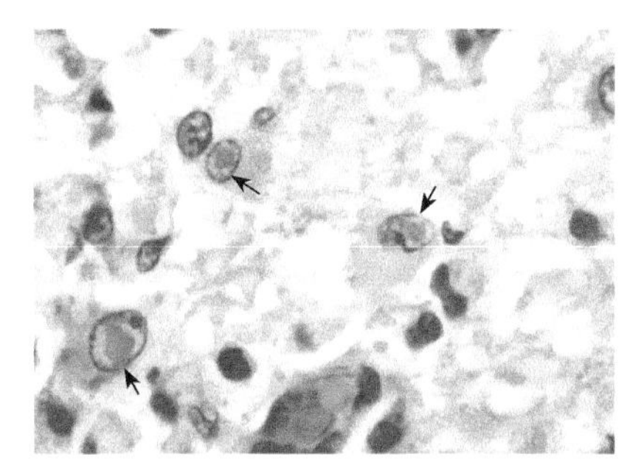

图 11-6 星形胶质细胞核内嗜酸性包涵体（箭头处）（犬瘟热脑组织切片）

发出神经纤维的神经元也会受到影响。

1. 轴突变化 轴突出现肿胀、断裂，收缩成椭圆形小体，或崩解成串珠状。

2. 髓鞘崩解 髓鞘的主要成分为髓磷脂，其崩解形成脂质和中性脂肪，称此为脱髓鞘现象，用苏丹Ⅲ染色，脂类小滴被染成红色，用 HE 染色，脂滴被溶解呈空泡状外观。

3. 细胞反应 在神经纤维损伤处，小胶质细胞吞噬损伤的轴突和髓鞘的碎片，在小胶质细胞内，髓鞘被分解为中性脂肪，形成脂肪小滴，含有脂肪滴的小胶质细胞称为泡沫样细胞或格子细胞，这种细胞的出现是髓鞘损伤的指征（图 11-7）。

三、胶质细胞

胶质细胞出现的病理变化如下。

1. 星形胶质细胞肿大、增生 当脑组织局部缺血、缺氧、水肿以及梗死、脓肿时，病变的周围，星形胶质细胞肿大，HE 染色可见细胞质染成深红色，细胞核固缩，偏于一侧（图 11-8）；当脑组织缺血、缺氧、中毒和感染时，星形胶质细胞出现增生性反应，形成胶质瘢痕，对损伤的神经起到修复的作用。

2. 小胶质细胞肥大、增生 在脑的灰质和白质内，分布有小胶质细胞，当神经组织受到损伤后，小胶质细胞肥大，表现为胞体增大，细胞质淡染；中枢神经组织发生炎症，尤其是病毒感染时，小胶质细胞增生，表现为局灶型和弥漫型两种形式（图 11-9，图 11-10）。

3. 少突胶质细胞肿胀、增生 当中毒、感染和脑水肿时，少突胶质细胞肿胀，细胞质内形成空泡，核浓缩、染色变深且严重肿胀，细胞崩解、破裂；在脑水肿、狂犬病、破伤

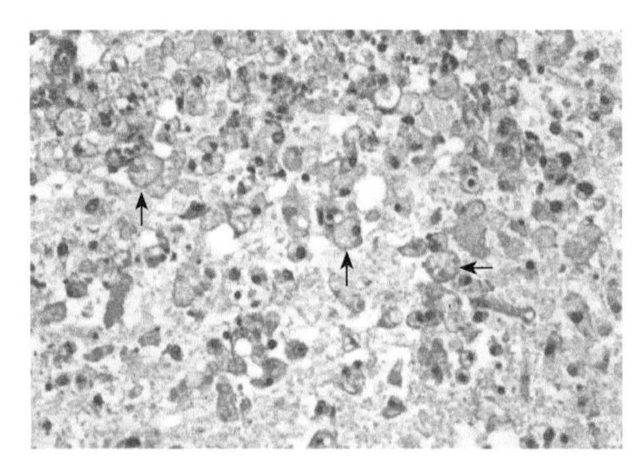

图 11-7　格子细胞（箭头处：犬脑液化性坏死）

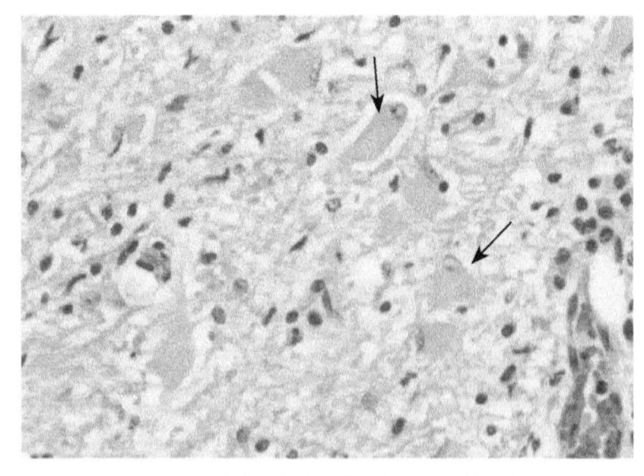

图 11-8　星形胶质细胞肿大（箭头处：细胞质红染、细胞核偏于一侧）

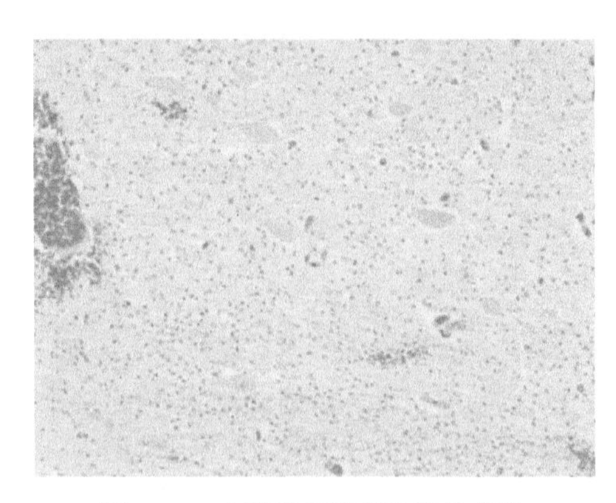

图 11-9　小胶质细胞的弥漫性增生

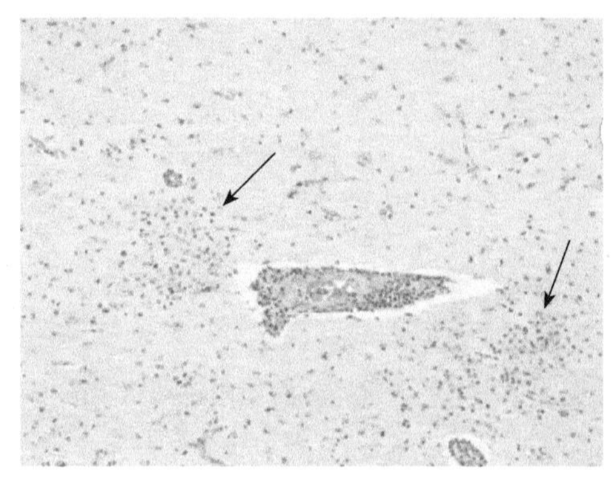

图 11-10　小胶质细胞局灶性增生（箭头处：绵羊脑组织内小化脓灶）

风时，少突胶质细胞肿胀、增生，增生的细胞发生急性肿胀并可相互融合，形成胞浆内含有空泡的多核细胞。

四、血管和脉络膜

血管和脉络膜出现的病理变化如下。

1. 血管充血、缺血、血栓形成　当发生感染及日射病、热射病时，病畜出现动脉性充血；当患心脏和肺脏疾病及颈静脉受压（如颈部肿瘤、炎症、颈环关节变位）时，发生静脉性充血，可见脑及脑膜静脉和毛细血管扩张，充满暗红色的血液；当全身贫血、脑动脉血栓形成、栓塞、脑积水等均可引起脑组织缺血。脑组织对缺血特别敏感，不同部位的脑组织和不同类型的细胞，对缺血的敏感性不同，大脑皮质部的神经细胞和小脑浦肯野细胞对缺血最敏感；动物的脑血栓很少见；有时在颈动脉形成血栓引起脑组织缺血和梗死。

2. 血管套形成　在脑组织受到损伤时，血管周围间隙中有淋巴细胞和单核细胞浸润（炎性细胞），如套袖状，称为血管套。炎性细胞的数量不等，有的只有一层细胞，有的可达几层或十几层。炎性细胞的种类与病因有关，如病毒感染，以淋巴细胞和浆细胞为主；如食盐中毒时，炎性细胞为嗜酸粒细胞。

3. 脉络膜发生炎症　脉络膜产生脑脊液，其发生炎症时，常并发软脑膜炎，可见脑室扩张，脑室液增多，液体浑浊，有絮状物，脉络膜水肿，呈半透明状。

五、脑脊液循环障碍

脑脊液循环障碍导致脑积水、脑水肿。

1．脑积水　由于脑脊液流出受阻或重吸收障碍，使脑脊液蓄积在脑室或蛛网膜下腔。

2．脑水肿　由于脑组织内水分增加，使脑肿大，根据病因和发病机理分为血管源性脑水肿和细胞毒性脑水肿。

（1）血管源性脑水肿：本病由于血管壁的通透性升高所致，见于急性炎症。图 11-11 为正常脑组织血管结构模式图，以此作参照；图 11-12 有液体从血管内渗出，引起的水肿为血管源性脑水肿；图 11-14 为血管源性脑水肿的病理组织变化。

（2）细胞毒性脑水肿：本病指细胞内（神经元、星形胶质细胞、小胶质细胞、血管内皮细胞等）液体增加，细胞体积增大（图 11-13），而血管壁的通透性正常。灰质和白质都会发生水肿，常见于贫血引起的脑水肿。图 11-15 为细胞毒性脑水肿的病理组织变化。

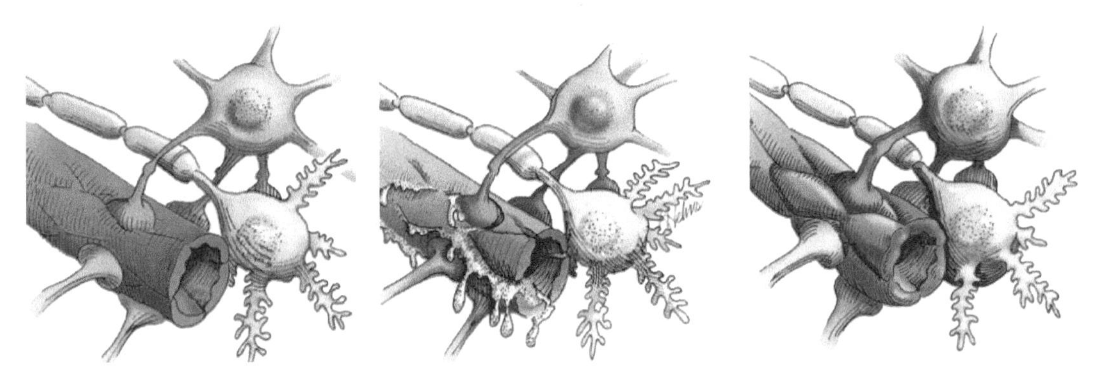

图 11-11　血管正常结构模式图　图 11-12　血管壁通透性升高模式图　图 11-13　细胞内液体增加模式图

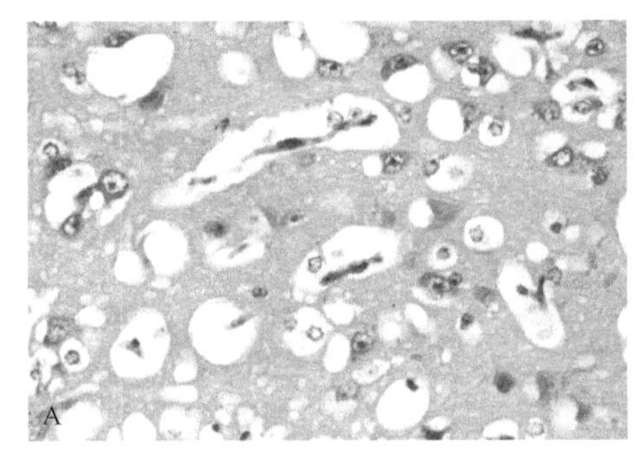

图 11-14　血管源性脑水肿

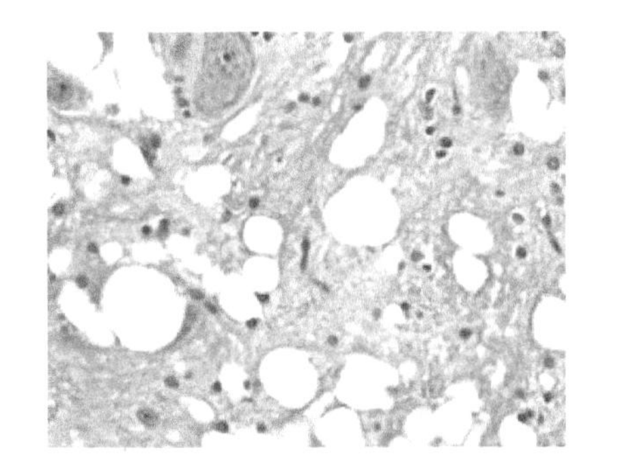

图 11-15　细胞毒性脑水肿（犬，肝性脑病）

第二节　脑　炎

一、化脓性脑炎

化脓性脑炎是指脑组织由于化脓菌感染引起的以大量中性粒细胞渗出，同时伴有局部组织的液化性坏死和脓汁形成为特征的炎症过程，其特点是脑组织中形成大小不等的脓肿。若化脓性脑炎同时伴发化脓性脊髓炎，称为化脓性脑膜脑脊髓炎。

（一）病因

引起化脓性脑炎的主要病原是化脓菌，如葡萄球菌、链球菌、棒状杆菌、化脓放线菌等，主要来自血源途径感染和组织蔓延感染。血源途径是继发于其他部位的化脓性炎，在脑内形成转移性化脓灶，如细菌性心内膜炎，鸡葡萄球菌感染引起的化脓性脑膜脑炎等；组织蔓延途径感染一般是由于脑的附近组织发生化脓性炎，蔓延到脑，引起化脓性脑炎。

（二）病理变化

眼观，脑组织内有大小不一的单发或多发性脓肿灶（图 11-16），颜色呈灰白或灰黄色。周围是一薄层囊壁，中间为脓汁，周围组织充血、水肿。

镜下，早期的脓肿中心液化，边缘分界不清，周围的脑组织水肿并有中性粒细胞浸润，再外围是增生的小胶质细胞与血管形成的反应带，随着脓肿发展，以后形成包囊（图 11-17）。

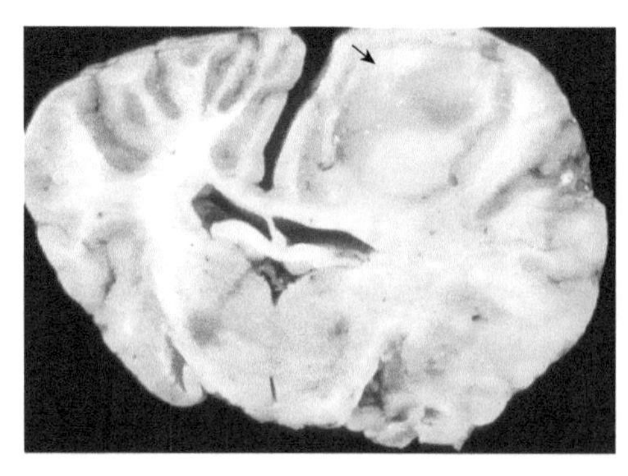

图 11-16　脑内脓肿灶（箭头处）（马）

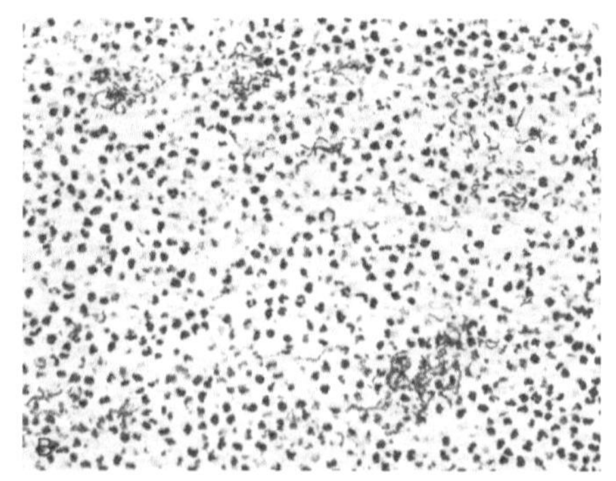

图 11-17　马链球菌（革兰染色阳性）

二、非化脓性脑炎

非化脓性脑炎的特征是脑组织内的血管周围间隙中有单核细胞、淋巴细胞、浆细胞、组织细胞浸润，构成包围血管的“管套”，这些细胞没有生脓能力，故称非化脓性脑炎。

（一）病因

引起非化脓性脑炎的传染性因子主要为病毒，如狂犬病病毒、禽脑脊髓炎病毒、猪瘟病毒、鸡新城疫病毒等。

（二）病理变化

眼观，软脑膜充血，软膜下有少量水肿液浸润，脑回变宽、变平，脑沟变浅。

镜下，非化脓性脑炎典型的病理变化是显微镜的组织结构特征。脑组织内血管扩张充血，血管周围有大量淋巴细胞和单核细胞集聚形成“血管套”（图 11-18）。

神经细胞变性、坏死：神经细胞肿胀或皱缩，肿胀的细胞体积增大，染色变浅，细胞核肿大；皱缩的神经细胞体积缩小，染色变深。细胞质内有脂肪滴或小泡，尼氏体溶解或消失（图 11-19），核固缩或消失；细胞质浓缩，浓染，体积缩小。

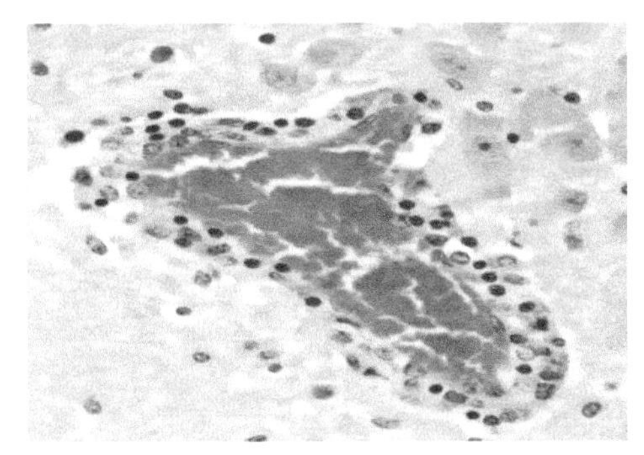

图 11-18　血管套（脑）
（山羊感染施马伦贝格病毒）

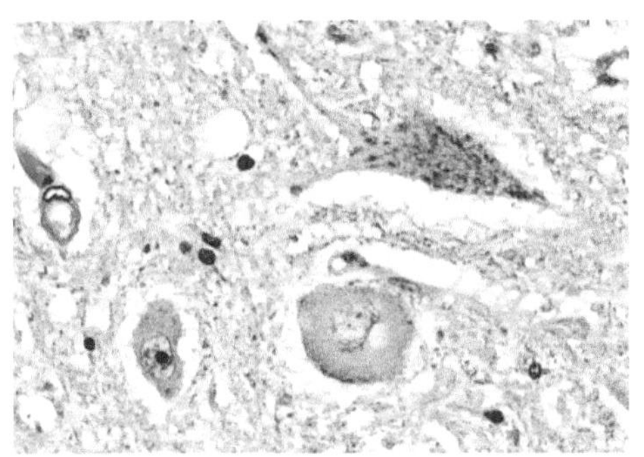

图 11-19　神经细胞变性、坏死

血管周围有淋巴细胞和巨噬细胞围绕在变性的神经元周围，将它包围，称“卫星现象”（图 11-20）。神经细胞坏死后，小胶质细胞增生包围在其周围，并侵入神经元的胞体和突起，这种现象称为噬神经元现象（图 11-21）。

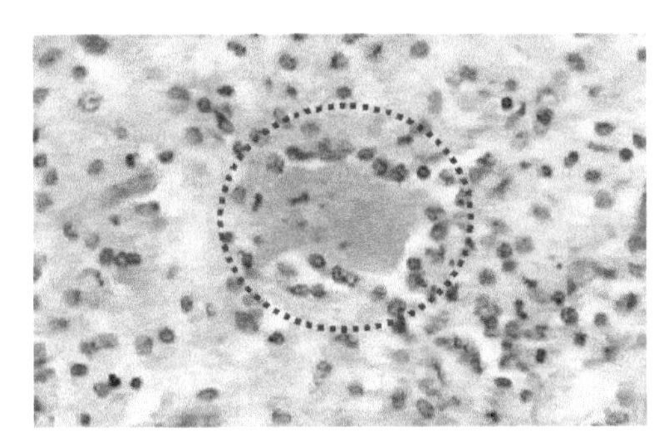

图 11-20　“卫星现象”

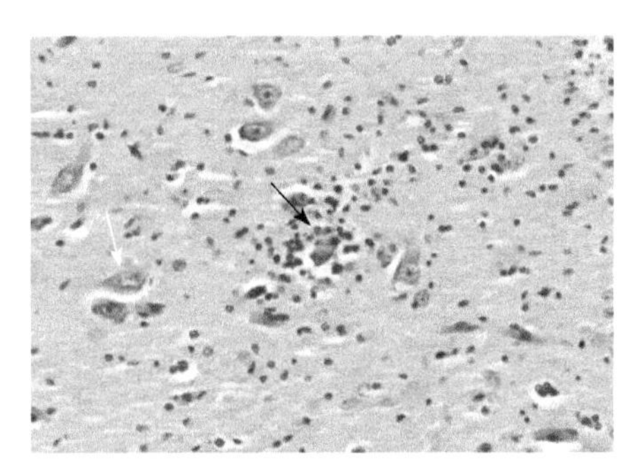

图 11-21　噬神经元现象（箭头处）

胶质小结：变性坏死的神经细胞被溶解吸收后，局部残留下呈结节状的胶质细胞集合（图 11-22）。

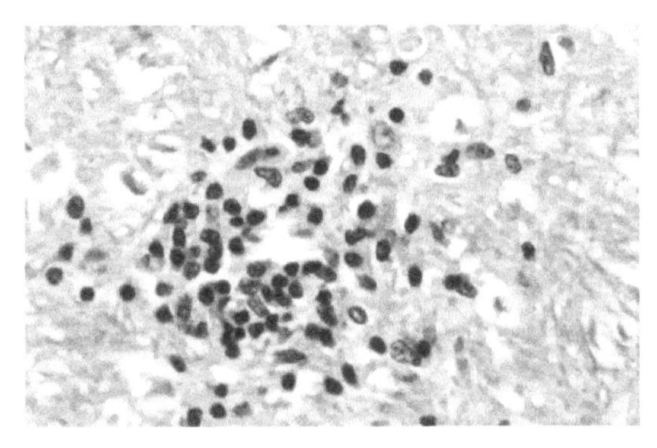

图 11-22　胶质小结（犬脑干切片）

第十二章 动物病理诊断常用技术

第一节 大体与组织病理学技术

一、大体观察与病理大体标本制作

（一）大体观察

大体观察是动物病理工作者的基本功，是进行病理诊断的第一步。大体观察也叫肉眼观察，主要通过对病死畜禽进行尸体解剖，运用肉眼或辅以放大镜、量尺等工具，对尸体各组织器官的病变形状、大小、重量、色泽、质地、界限、表面及切面形态以及与周围组织和器官的关系等进行细致的观察、测量并记录，最后做出病理诊断。在观察组织器官时，对所见病理变化，要用通俗易懂的语言加以表达描述，并记录。如果用文字难以描述病变时，可绘图补充说明，最好对病变进行拍照。大体观察方法和步骤如下。

1. 确定范围 找出有病变的器官组织，确定病变发生的部位（如肺的尖叶）。

2. 观察病变器官的大小及重量 实质器官（如肝、肾、脾）应注意体积的变化；空腔器官（如胃、肠、心脏）应注意内腔大小的变化，腔壁厚度的变化及腔内容物的变化。

3. 观察器官的形状 与正常形状相比较，有否变形，如肝硬化时，肝表面呈结节状外观。管状结构的器官形状变化常用扩张、狭窄、闭塞、弯曲等描述。

4. 观察器官的表面和切面 对表面和切面的变化描述有以下方面。

（1）颜色：单一的颜色可用鲜红、暗红、黄色、绿色、苍白等词表示，复杂的色彩可用灰白、黄绿等词来形容。对器官的色泽光彩也可用发光或晦暗来描述。

（2）湿度：一般用湿润、干燥等词表示。

（3）质度和结构：一般用坚硬、柔软、脆、胶样、粥样、肉样、颗粒样等词表示。

（4）切面：常用平滑、突起、结构不清、血样物流出、呈海绵状等词表示。

（5）表面：可采用如絮状、绒毛样、凹陷或突起、虎斑状、光滑或粗糙等词表示。

5. 病灶（即器官中病变部分）的观察

（1）分布及位置：分布在脏器的哪一部分，病变是呈弥漫性还是局灶性。

（2）数目、大小：病灶数目和大小，力求用数字表示，如条件所限，也可用实物比喻，如针尖大小，米粒大、黄豆大、鸡蛋大等，切不可用“肿大”“缩小”等主观判断的术语。

（3）形状：一般用点状、条状、圆形、椭圆形等词表示，也常用实物比拟，如菜花状、乳头状等。

（4）病灶与周围组织的关系：一般用界限明显或模糊、有否压迫或破坏周围组织等词表示。

6. 渗出物

（1）透明度：渗出液一般用澄清、浑浊、透明、半透明等词表示。

（2）体积：渗出液力求用数字表示，切不可用“增多”“减少”等主观判断的术语。

（3）气味：常用恶臭、酸败味等词表示。

7. 病理诊断　根据观察到的病理变化，结合理论知识进行分析、综合，做出大体观察后的病理诊断。病理诊断的写法是：脏器名称＋病理变化，如肝淤血、肝脂肪变性等。

注意：对于肉眼观察无变化的器官，通常可用“无肉眼可见变化”或“未发现异常”等词来概括，切勿用“没有病理变化”进行描述。

（二）病理大体标本制作

病理大体标本是病理学实验教学的重要教学材料，也是科研工作的重要档案材料。病理大体标本收集是一项有意义的长期连续性工作。当遇到典型病变标本的时候，首先要保护病变特点和器官的完整性，经过适当取材和修整后及时固定。

1. 病理大体标本的取材　取材是一个病理工作者必备的基本功。

（1）病理工作者在尸体解剖和活体组织检查时发现病变器官和组织，首先要考虑保护病变的特点和器官的完整性，选留的标本要突出显示出主要的病变部位，并且病变的周围尽可能带一点正常的组织做对照。

（2）标本取材愈新鲜愈好，要尽早取材，以防病变组织发生自溶或腐败。

（3）标本摘除后要及时并仔细处理，去除多余组织，平整切面。切开组织器官时，要一刀切到底，不要来回拉锯，要尽量确保标本的切面平整。

（4）对于易卷曲变形的组织和器官，可将其平放于容器底部（在标本与容器底部之间垫上脱脂棉，防止标本与容器紧贴而影响固定液渗入组织），隔一小时翻动一次，数次后即可；也可将易卷曲变形的组织和器官固定于木板或硬纸板上，然后放置于固定液中。

（5）有囊腔的器官、脓肿病变取材时，若在固定前切开，则在腔内塞适量棉花，保持其外形。

（6）柔软的器官（脑和脊髓）及病变（结核病变）取材时，要先固定，后切开组织。

2. 大体标本制作程序　参见技能篇。

二、病理组织学观察与病理组织切片标本制作

（一）病理组织学观察

对肉眼确定为病变的组织取材，用10%福尔马林固定，以石蜡包埋，然后切片、染色，制成病理切片标本，最后在光学显微镜下观察。病理组织切片标本观察方法步骤如下。

1. 低倍镜观察　上下、左右移动标本，对切片中的组织区域全面粗略地观察一遍。

（1）观察内容：辨别切片是何组织、何器官；根据组织学和病理学知识，判定器官组织正常与否，如有病变，则找出病变区域，确定病变范围，并做简洁描述。

（2）观察方法：浏览切片组织全部区域，确定高倍镜下重点观察病变位置。实质器官由外（被膜侧）向内，空腔器官由内向外逐层进行。观察每层时，从一端开始，一个视野挨一个视野连续观察，把有组织的区域浏览一遍，若病理变化一致，则选择清晰处作为高倍镜下观察的重点内容；若是局灶性病变，确定此病灶为高倍镜下要详细观察的区域。

2. 高倍镜观察　为进一步清楚观察某些病变微细结构，对低倍镜下确定的病变区域放大，仔细观察，包括病变发生部位；器官组织结构变化程度，如实质细胞数量、排列等是否出现异常物质；对于间质状态，应着重检查间质宽度，管腔，如血管、淋巴管

及行走于间质的其他管腔（小胆管、排泄管等）数量，管壁厚度、结构等方面有无异常，并确定异常的性质；如有细胞浸润，应观察判定浸润细胞种类、数量，各种细胞比例，细胞状态等，对渗出物也应判定其种类、数量（程度）等；对已完全改变了原有结构的病灶，如坏死灶、结节，应逐层观察病灶全面结构及与周围较为正常组织间的关系。

（二）病理组织切片标本的制作

一般采用石蜡切片法制片，包括取材、固定、包埋、切片、苏木素 - 伊红染色等。

1. 取材 取材即选取病理组织材料，取材正确与否直接关系到切片标本质量。应采取有病变器官的组织，另外采取组织块应包括器官重要结构，如肾应包括皮质、髓质和肾盂。组织块的大小一般不超过 2cm×1.5cm×0.5cm 为宜。切取组织块时注意下列几点。

（1）取材的刀剪要锋利：避免用钝刀来回拖拉或用力挤压组织，避免使用有齿镊，同时夹取组织时动作应轻柔，不宜过度用力，以免挫伤或挤压组织，引起组织结构的变形。

（2）保持材料清洁：取材时，组织块上如有血液、黏液、粪便等污物，应用生理盐水冲洗，切勿用水冲洗。

（3）保持组织原有形态：如取胃肠道组织时，不能用手擦拭或冲洗胃肠道，以防擦掉可能存在的渗出物及破坏黏膜组织。

（4）选好组织块的切面：根据各器官的组织结构，决定其切面，如长管状器官以横切为好；对纤维组织、肌肉组织尽可能按与纤维走向平行方向切取组织为佳，一般纵切。

2. 固定 将组织浸入某些化学试剂，使细胞内的物质能尽量保持其生活状态时的形态结构和位置，这一过程称为“固定”。目的是防止组织与细胞自溶与腐败，以保持其原有结构。用于固定组织的化学物质称为固定液或固定剂。常用固定液为 10% 中性福尔马林溶液。固定组织时，应使用足量的固定液，组织与固定液的比为 1∶10，因此固定容器不宜过小，防止组织与容器黏附，避免固定不良。

3. 水洗 组织经固定后，再以流水冲洗，目的是将组织块中的固定液取代出来，水洗一定要充分。为了节约用水，也可间隔 1～2h，将组织多次浸泡洗涤。

4. 脱水 把含于组织内或细胞内的水分用脱水剂将其置换出来的过程称脱水。

（1）目的：组织内的水分是不能与石蜡相混合的，所以在石蜡包埋前必须脱去组织块中所含的水分。

（2）常用脱水剂：不同浓度（70%、80%、90%、95%、无水乙醇）的乙醇。

（3）脱水步骤和时间：脱水时间和组织块大小有关，一般大小为 1.8cm×1.8cm，厚约 0.2～0.3cm 的组织，其脱水步骤和时间如下：

70% 乙醇 1～2h　　80% 乙醇 2～4h　　90% 乙醇 2～4h
95% 乙醇 2～4h　　无水乙醇Ⅰ 2h　　无水乙醇Ⅱ 2h

注意事项：组织脱水必须掌握由低浓度向高浓度逐步过渡的原则；脱水时间要适度；组织脱水要彻底干净。

5. 透明 组织经过一系列乙醇的处理后，组织内的水分已被乙醇置换，由于乙醇不能溶解石蜡，必须寻找一种既能与乙醇混合，又能溶解石蜡的试剂，方能使石蜡浸入到组织中去，最常用的试剂为二甲苯。二甲苯渗入组织之后，组织块往往呈现透明状态，故把二甲苯渗入组织内的过程叫透明。二甲苯透明时间，应视组织的大小而定，一般需 30min 左右。

注意：长期接触二甲苯对呼吸道黏膜有刺激作用。二甲苯易使组织收缩、变脆，因此组织块在二甲苯中放置过久，就会引起组织的硬脆，难切片。

6. 浸蜡　经过透明的组织块，进一步移入熔化的石蜡内浸渍，称浸蜡。石蜡渗透到组织细胞内，将组织细胞内的二甲苯彻底取代出来。石蜡冷却凝固后便可起到支撑作用，切片时，组织不至于变形、塌陷等。石蜡有软蜡和硬蜡之分，软蜡熔点低（54℃以下），硬蜡熔点高（56～62℃），硬度较高。浸蜡的顺序是先软蜡，后硬蜡。浸蜡时注意：

（1）新石蜡处理：刚购入的石蜡须进行处理，方法是将石蜡放于容器内，加热熔解，此过程中会发出“哔吧”的声音，这是石蜡中的杂质，遇热后分解发出的声音，随着时间延长，声音将逐渐减少，直至消失。待石蜡冷却凝结后，再继续加热，反复几次，经上述处理，可增加石蜡的密度和可塑性，除去石蜡的杂质，为制作高质量的切片做准备。

（2）浸蜡温度：设置浸蜡箱的温度时，应根据石蜡的熔点确定。一般浸蜡箱的温度应比石蜡熔点高出 2～3℃，如硬蜡的熔点为 62℃，则浸蜡箱调在 65℃。

（3）浸蜡时间：根据不同的组织，组织的大小来确定浸蜡时间，小组织浸蜡 20～30min，大组织浸蜡几个小时不等。

（4）浸蜡程度：浸蜡温度越高、时间越长，组织块收缩越严重，而且材料脆，不易切片。

7. 包埋　经过充分浸蜡的组织块，放入含有已熔化石蜡的包埋盒内，组织块被包埋在石蜡内，此过程称包埋。包埋时应注意以下几点。

（1）包埋时，用加热的镊子取组织块，使切面向下，平置于包埋盒底部。

（2）组织块包埋时，要及时将随同的标本编号。

8. 塑型　当石蜡充分凝固变硬后，从包埋框内取出蜡块，按组织块大小，把边缘部多余的石蜡切掉（留蜡边 2～3mm），称为塑型。

9. 切片　将经过塑型的蜡块安置在切片机上，调整切片厚度为 4～6μm，即可切片。制作切片的工具：切片机、切片刀、水浴锅、干燥箱或烤片机、载玻片、毛笔、眼科镊子、烤片架、蛋白甘油等。将水浴锅水温设置为 42℃，将已切好的薄组织片放入水中展平，选择完整的切片，用涂有蛋白甘油等黏附剂的载玻片捞出组织片。最后将切片置于 65℃的温箱中烤 30～60min，使切片牢贴于载玻片上，同时将蜡融化。切片时注意：

（1）首先要求切片刀锋利，刀口无缺损，才能切出完整薄片。

（2）切片刀及蜡块都要固定牢靠，机身的各个部分及螺丝应予旋紧；不可产生振动，摇动切片机时，用力不能过猛，以保持机身平稳，防止振动。

（3）切片刀倾角不宜过大或过小，以 20°～30° 为佳。

（4）展切片时水温要适当，水温过低，切片皱褶无法展平；水温过高，切片入水后蜡片熔化，使组织细胞散开。

10. 苏木精 - 伊红染色（HE 染色）　苏木精和伊红染色是病理学常规制片最广泛应用的染色方法。HE 染色即取苏木精（hematoxylin）和伊红（eosin）两个英文单词字头的简称。苏木素染细胞核为蓝紫色，伊红将细胞质染为红色。

11. 封片　在组织上加一滴中性树胶，加盖玻片，使树胶均匀覆盖组织，又不能溢出盖玻片的边缘，然后把切片平放于桌面。

12. 粘贴标签　在制备的病理切片的正面贴上标签。

第二节　细胞病理学技术

该技术是通过检查细胞形态学特点，对疾病进行诊断的方法之一。待检细胞来自病变部位脱落的细胞，或自然分泌物（如乳汁）、体液（胸腹腔积液等）及排泄物（如尿）中的细胞，或通过内镜采集的细胞或用细针穿刺病变部位（如胰腺等）所吸取的细胞。采集待检细胞标本，制作涂片、触片等，经固定、染色后，在显微镜下观察。

一、常用的制片方法

（一）涂片法

1. 推片法　液滴置于载玻片偏右侧端，用推片与载玻片呈 30°，接触液滴，将载玻片上的检液轻轻向左推。本法适用于血液标本。

（1）标本的采集：抗凝血，抗凝剂采用肝素或 EDTA。

（2）血涂片的制作：制作血涂片的操作步骤如下。

1）左手持一载玻片或将载玻片平放于桌面，右手拿毛细吸管吸取抗凝的外周血 5～7μL，将血滴滴至载玻片的一端约 1cm 处或整片的 3/4 端（图 12-1A）。

2）右手持另一玻片作为推片，接近血滴处，轻轻接触血滴并压在血滴上，使血液呈“一”字型展开，充满推片宽度（图 12-1B）。

3）将推片与载玻片呈 30°，用均匀的速度将血向载玻片的另一端推动（图 12-1C）。

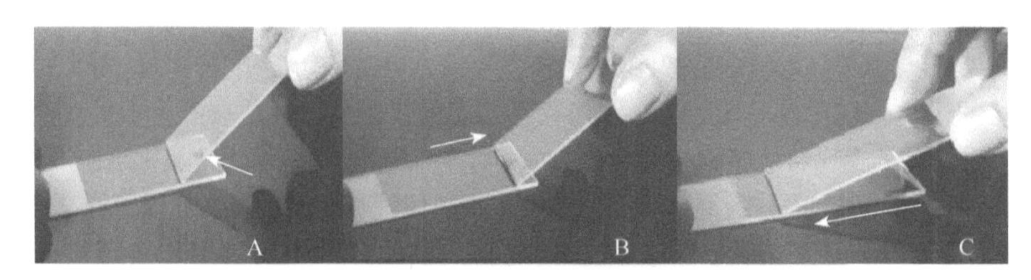

图 12-1　血涂片制作

A. 滴片；B. 铺片；C. 推片

2. 涂抹法　由玻片中心经顺时针方向，向外转圈涂抹，或由左向右轻轻涂散开。此种方法适用于尿液、骨髓、脱落细胞、穿刺组织细胞等的涂片操作。

（1）细胞标本的采集。

1）尿液采集：用注射器抽取尿液（图 12-2）。

2）骨髓样品：通常取股骨的骨髓。用颈椎脱臼法处死动物，剥离出股骨，剪断股骨，将其断面的骨髓挤在有稀释液的玻片上，混匀后涂片晾干后染色。

3）脱落细胞的获取：脱落细胞可用于肿瘤的检查。通过检查脱落细胞，来判定肿瘤性质，不同部位形成的肿瘤，其脱落细胞的获取方法不同，如呼吸道的脱落细胞，可取呼吸道分泌物或其冲洗液；对于口腔的疑似肿瘤，可直接刮取可疑组织；胃内疑似肿物，可空腹灌适量生理盐水，再抽取胃液；腹腔内的肿瘤，可抽取腹腔液等。

4）穿刺组织细胞：用穿刺针穿刺病变部位（皮肤肿块、淋巴结）细胞，获取样品。

（2）操作：将采集的样品直接涂抹或经离心沉降等方法处理后，涂抹在载玻片上即可。如制备骨髓涂片的操作时，手持剪断的股骨，将其断面的骨髓挤在有稀释液的载玻片上，混匀后，由玻片的一端向另一端轻轻涂擦晾干（图 12-3）。

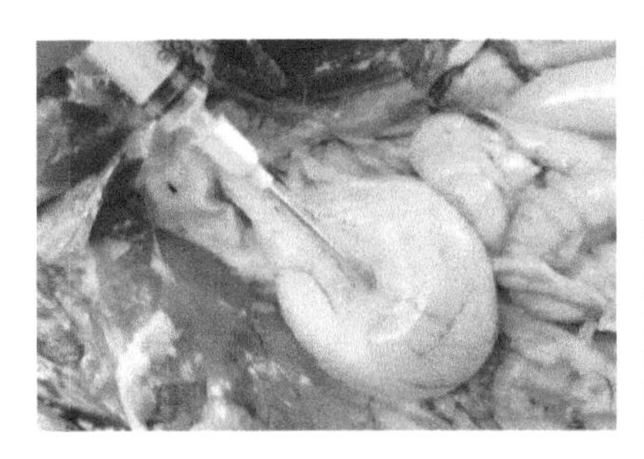

图 12-2　尿液采集方法

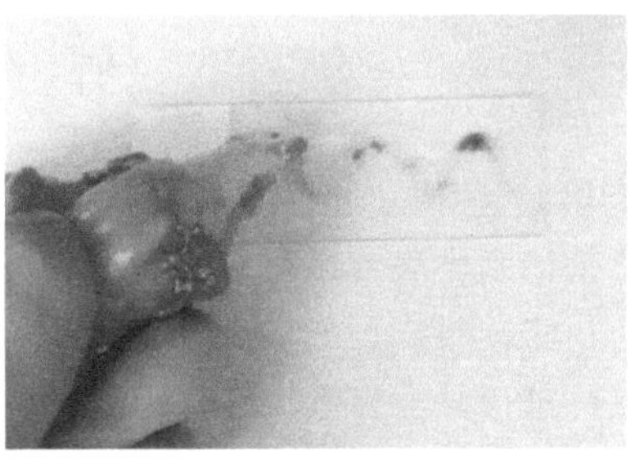

图 12-3　骨髓涂片（股骨）

（二）触片法

1. 样品　对结节、团块病变及组织的病变区域采用触片方法制片。

2. 操作　用剪刀切取一小块组织，在干净的纸巾上蘸几下，吸掉多余液体（图 12-4A）；取洁净载玻片，使组织切面轻轻与载玻片接触，在载玻片面上不同区域印 2～3 次（图 12-4B）。

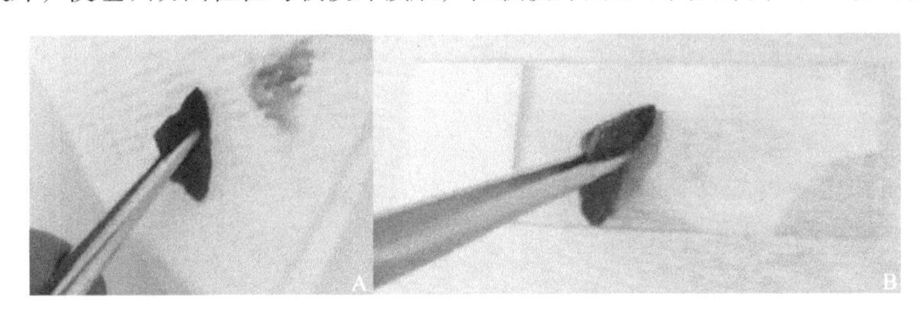

图 12-4　触片制作方法

A. 除掉多余液体；B. 制片

二、固定

1. 目的　保持细胞的自然形态，防止细胞自溶和细菌引起的腐败。

2. 固定液　95% 的乙醇、甲醇、乙醚乙醇、氯仿乙醇等。

3. 作用　凝固、沉淀细胞内的蛋白质和破坏细胞内的溶酶体酶，使细胞结构清晰，易于着色。

4. 固定方法　空气干燥固定，固定时间为 15～30min。

三、染色

常用 HE 染色法、瑞氏 - 吉姆萨染色法。据检查目的不同，采用相应染色法。例如，检查肠道内寄生虫卵、球虫等原虫或脱落上皮细胞，采用瑞氏 - 吉姆萨染色法；若检查细菌并对其分类，则采用革兰染色、Ziehl-Nielsen 抗酸染色法。注意：①待检细胞标本一定要新鲜，取材后立即涂片、固定和染色。不能立即涂片时，应将标本置于低温或加入适量 95% 乙醇，短时间保存。②涂片、触片数量：同一种细胞标本，制作 2 张以上。

第十三章 动物尸体剖检技术

第一节 尸体剖检概述

尸体剖检是运用病理剖检知识来检查尸体的病理变化，通过检查尸体的各组织、器官的病理变化来诊断疾病或研究疾病发生、发展和结局的规律，直接为临床实践和科学实验服务。剖检时，必须对病尸的病理变化做到全面观察，客观描述，详细记录，并运用辩证唯物主义的观点，进行科学分析与推理判断，从而做出符合客观实际的病理学诊断。

一、尸体剖检的意义和目的

1．提高临床诊断和治疗质量 通过尸体剖检可以检验临床诊断和治疗的准确性，即总结生前诊断是否正确。

2．最客观、快速的诊断方法之一 对具有明显特征性病变的疾病可及早做出诊断，对群发性疾病及时采取有效的防治措施。

3．促进病理教学和病理学研究 动物尸体剖检是理论与实践相结合的一条途径，对新的病例、老病新变化可以通过剖检对疾病的发生及防治措施提供必要的实施依据。

二、尸体变化

动物死后，受各种酶及腐败菌的影响，会发生一系列的变化，正确认识尸体的变化规律，以免与生前病理变化相混淆。

（一）尸冷

动物死亡后，尸体体温逐渐下降与自然环境温度相同，称为尸冷。死后产热停止，散热正常，其下降的快慢与尸体的大小、自身状态及周围环境有关。冬天快，夏天慢。通常 1h 下降 1℃，冬天比夏天发生的快，尸冷的检查有助于判断动物死亡时间。

（二）尸僵

动物死后因肌细胞内蛋白质凝固，肌肉收缩僵硬，各关节不能屈伸而使尸体保持一定的姿势，此现象称尸僵，与死后环境温度、时间及某些疾病有关。死后 1.5h 发生，24h 后开始解僵。死于心力衰竭、败血症（炭疽）的动物尸僵不明显；死于破伤风、关节炎的尸僵发生快或不能屈伸；温度高尸僵快；肌肉发达比消瘦的动物尸僵明显。

（三）尸斑

动物死亡后，在血液凝固前，由于受重力作用，血液向尸体低下部位沉积，使局部呈暗红色或污红色，指压褪色，称尸斑。初期，用指压该部位可使红色消退，并且这种暗红色的斑可随尸体位置的变动而改变。后期，由于发生溶血使该部位组织染成污红色（死后 24h 左右出现），此时指压或改变尸体位置时也不会消失。在某些中毒病例，尸斑的颜色可以作为推测死因的参考，如一氧化碳、氰化物中毒时尸体呈樱红色；亚硝酸盐中毒时为灰褐色；硝基苯中毒时为蓝绿色。尸斑检查对于判定死亡时间和死后尸体位置有一定意义。

（四）血液凝固

动物死后，心搏停止，血流停止而发生凝固。死于败血症、窒息、一氧化碳中毒的动物血凝不良，要与血栓相区别。

（五）尸体自溶

尸体自溶指在酶的作用下引起自体消化的过程，最明显的是消化系统如胃黏膜、胰腺，表现变软、透明、易剥离或自行脱落，严重时波及肌层，甚至引起穿孔。

（六）尸体腐败

动物死亡后，在一定时间内，体内蛋白在各种酶和细菌的作用下而分解，尸体发生腐败。外部表现为尸体腹部膨胀、尸绿、尸臭、肛门突出，应与局部坏疽相区别。

第二节　尸体剖检应注意的问题

剖检前，术者要防止环境污染，造成病原扩散，又要注意自身防御，预防本身直接感染；要注意剖检时所用器械的选择，又要考虑操作时会发生的意外情况。只有剖检前做好一切准备工作，才能保证剖检工作顺利进行，达到预期目的。进行剖检前应注意做好如下工作。

一、调查病史

对死于传染病和寄生虫病的动物，应先调查病畜所在地的疾病流行情况，死畜生前的病史。更重要的是通过调查，使我们能更好地确定剖检的方式（是局部的还是系统的）等；能否进行剖检（倘若怀疑是人兽共患的烈性传染病如炭疽等，不仅禁止剖检，而且被其污染的环境或与其接触的器具等，均应严格地彻底消毒）。

二、剖检时间

剖检时间愈早愈好。一般在动物死后 3～24h 进行，夏天不超过 6h，冬天不超过 24h。推迟剖检会因动物死后发生腐败和自溶而失去剖检意义。剖检时间最好在白天。

三、剖检地点

为防止病原扩散，一般在病理解剖室或室内进行为好。如条件不许可，可在室外进行。室外剖检时，以选择距房宿、厩舍、畜群、道路和水源较远，地势较高、较干燥的地点为宜，且事先挖好约两米的深坑，坑内撒一层生石灰。在准备进行剖检的地面上，最好铺上干草或塑料布，以便在其上剖检。剖解后，连同尸体一起掩埋，并彻底消毒。

四、尸体的运输

尸体一般多是用车辆搬运至剖检场地。搬运尸体（特别是炭疽、开放性结核和鼻疽等传染病）时，在搬运前必须先用浸透消毒液的棉花或纱布团块将尸体的天然孔予以堵塞，并用较浓的消毒液喷洒体表各部，在确认足以防止病原扩散的情况下方可搬运。此后，对运送尸体的车辆和与尸体接触的绳索等用具均应严格消毒。

五、剖检器械和药品的准备

器械：剥皮刀、外科剪、肠剪、外科刀、镊子、骨锯（板锯等）、斧头、骨凿、探针、量尺、量杯、注射器、针头和天平等。如果没有上述剖检器械，也可用一般的刀、剪来代替。

消毒液：0.1% 新洁尔灭、0.05% 氯己定或 3%～5% 来苏儿及石炭酸等。

固定液：10% 福尔马林或 95% 乙醇溶液。此外，为了预防剖检人员的感染或意外的伤害，还应准备 3% 碘酊、2% 硼酸水、70% 乙醇溶液以及脱脂棉、纱布和肥皂等。

六、剖检人员的自身准备

剖检时，术者虽可根据具体情况进行着装，但一般均须穿着工作服、戴工作帽、穿胶鞋或胶靴。有条件时还可在工作服外罩上胶皮或塑料围裙，穿着胶皮衣、戴胶皮手套等。尚不具备此条件时，则应在手臂上涂抹凡士林或其他油类，防止血水等直接浸染皮肤而造成感染。在剖检过程中若不慎将手指或身体的其他部位割伤或碰破时，应依情况停止剖检，对伤口立即进行消毒并妥善包扎。如损伤较重时，不宜再继续进行剖检，而剩余的工作应由助手来完成。当血液或其他渗出物喷入眼内时，应用 2% 硼酸水洗眼或用清水立即冲洗干净。

七、剖检后尸体的消毒及处理

剖检完毕，应立即将尸体、垫料和被污染的土层等一起投入坑内，在其上撒布较厚层生石灰或喷洒较多的消毒液进行严格消毒，这在剖检传染病尸体时尤为重要。消毒后用土掩埋，坑表土层应高出地面 0.5m，而且坑围地面也应严密消毒。此外，在严冬季节，特别是东北和西北等地，常因冻土层较厚而不易挖坑时，则可用木柴浇上柴油或汽油等将尸体焚烧。

八、剖检人员和器械的消毒

剖检完毕，参加剖检人员的双手用消毒液、清水冲洗。为除去粪便和尸腐臭味，可先用 0.2% 高锰酸钾溶液浸洗数分钟，再用 2%～3% 草酸溶液洗涤，皮肤褪去棕褐色之后，再用清水冲洗干净即可。剖检所用的器械和穿戴的防护衣等均须消毒并洗净。胶皮手套洗净后，须立即擦干，撒上滑石粉以备再用。金属器械经消毒后要擦干或再涂一薄层的凡士林，以免生锈。

第三节 尸体剖检记录和尸体剖检报告单

一、尸体剖检记录

剖检记录包括畜主姓名，畜别，品种，性别，年龄，特征，生前表现与治疗情况，时间（死亡、剖检），剖检（地点、编号、人员）等（表 13-1）。剖检记录应遵循系统、客观、准确原则，对病变形态、大小、重量、位置、色彩、硬度、性质、切面结构等客观描述和说明，避免采用诊断术语或名词。文字难以表达的病变，可绘图说明，并拍照或将器官保存。

表 13-1　动物尸体剖检记录　　　　编号：

<table>
<tr><td>送检单位</td><td colspan="5"></td><td colspan="2">送检人</td><td colspan="2"></td></tr>
<tr><td>畜　别</td><td></td><td>品种</td><td></td><td>性别</td><td></td><td>年龄</td><td></td><td>特征</td><td></td></tr>
<tr><td>病料种类</td><td colspan="4">（尸体、活体、器官组织、其他病料）</td><td>送检日期</td><td colspan="4"></td></tr>
<tr><td colspan="10">临床摘要：（简要记录生前主要临床表现，以及诊断与治疗等情况。）</td></tr>
<tr><td colspan="10">病理变化：（详细记录剖检所见，要力求完整详细，如实反映尸体的各种病理变化，并明确描述病变的发生部位、大小、形状、结构、颜色、湿度、透明度，质度、气味，表面和切面的特征。）</td></tr>
<tr><td colspan="10">检验项目：（病理切片、细菌检验、病毒检验、毒物检验等。）</td></tr>
<tr><td colspan="10">病理诊断：（根据剖检所见与检验结果，做出初步诊断。）

检验单位（盖章）　　　　检验医师（签名）__________
年　月　日　时</td></tr>
</table>

二、尸体剖检报告单

尸体剖检报告单是根据尸体剖检所见，结合生前表现及其他资料，分析剖检病变与生前症状的联系，阐明发病与死亡原因，做出诊断结论，提出有效防控措施，内容如下。

1. 概述　主要阐述畜主姓名、畜别、品种、性别、年龄、特征、死亡时间，剖检时间及地点、临床摘要及临床诊断等。

2. 剖检变化　应以剖检记录为依据，详细报告剖检变化，包括眼观变化和组织学变化及各种实验检查情况。

3. 病理诊断　根据剖检所见，结合各器官的病变特点，对各主要器官病变做出诊断。

4. 病理诊断结论　根据病理诊断，结合生前临床诊断及其他有关材料，综合分析，做出病理诊断结论，并阐明其发病和致死的原因，提出防控措施与建议（表 13-2）。

表 13-2　尸体剖检报告单　　　　编号：

<table>
<tr><td>公司或畜主</td><td></td><td>畜种</td><td></td><td>性别</td><td></td><td>年龄</td><td></td><td>特征</td><td></td></tr>
<tr><td>死亡时间</td><td></td><td colspan="2">剖检时间</td><td colspan="2"></td><td colspan="2">剖检地点</td><td colspan="2"></td></tr>
<tr><td colspan="10">临床摘要：（以剖检记录为依据。）</td></tr>
</table>

续表

公司或畜主		畜种		性别		年龄		特征	
死亡时间		剖检时间			剖检地点				
病理剖检情况：（以剖检记录为依据，详细报告剖检变化，包括眼观变化和组织学变化及各种实验检查情况。）									
病理诊断：（根据剖检所见，结合各器官的病变特点，对器官病变做出诊断。）									
病理诊断结论：（根据剖检诊断，结合生前临床诊断及其他相关材料，综合分析，做出病理诊断结论，并阐明其发病和致死的原因和提出防控措施与建议。）									
检验单位（盖章）					检验医师（签名）______ 年　月　日　时				

第四节　常见动物的尸体剖检方法

一、牛的尸体剖检

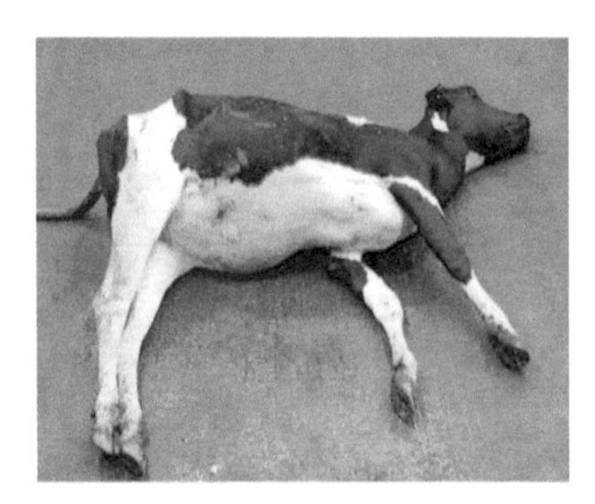

图 13-1　牛左侧卧位

尸体剖检在实际工作中是将剖检与检查结合在一起进行的，即边剖检边检查。牛的剖检采取左卧位（图 13-1），原因是牛的瘤胃体积很大，其大部分位于腹腔左侧，为了便于观察腹腔其他器官，故采取左卧位。尸体剖检程序通常为：外部检查→剥皮与皮下组织、器官的检查→腹腔的剖开与检查→骨盆腔器官的检查→胸腔的剖开与检查→颅腔打开及脑、脊髓的采出与检查→鼻腔的剖开与检查→骨、关节与骨髓的检查。

（一）外部检查

主要检查动物的一般情况（动物的种类、品种、性别、年龄、毛色、特征、营养状况、体态等），死后变化，皮肤，天然孔（口、眼、鼻、耳、肛门和外生殖器）与可视黏膜。外部观察对有些疾病的诊断可提供重要的线索，如口、鼻流出血液，皮肤有肿胀，就可怀疑炭疽，禁止剖检；黏膜发黄就应考虑肝胆系统疾病和血孢子虫病等。

（二）剥皮与皮下组织、器官的检查

1. 剥皮　剥皮的目的在于检查皮下有关组织或器官，其次也为了皮革的利用。剥皮方法：一般右手持刀，左手拉紧皮肤，刀刃轻切向皮肤与皮下组织相结合处，只切割皮下组织，不要使过多的皮肌和皮下脂肪附于皮上，也不要割破皮肤。剥皮时，由下颌间隙沿腹部正中线切开皮肤，至脐部后，绕开生殖器或乳房（图 13-2，图 13-3），切除乳房、切离右前

肢、右后肢（图 13-4），再由四肢系部经其内侧至上述切线分别作四条横切口，然后剥离全部皮肤。注意：死于传染病的动物，为了防止病原扩散，一般不予剥皮。如皮肤有严重病变（疥癣、大面积坏死等）而失去经济价值时，也可不剥皮。

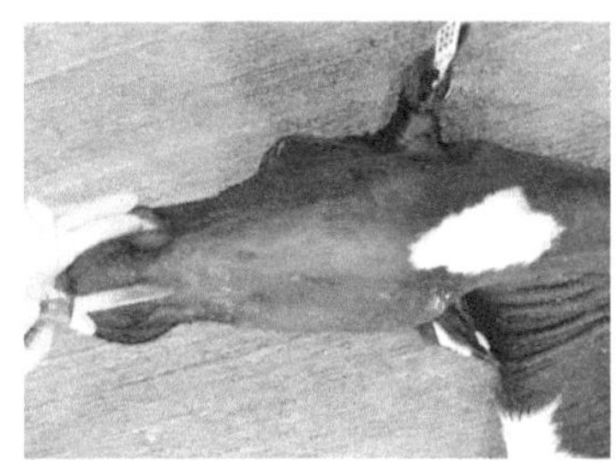

图 13-2　从下颌间隙切开皮肤

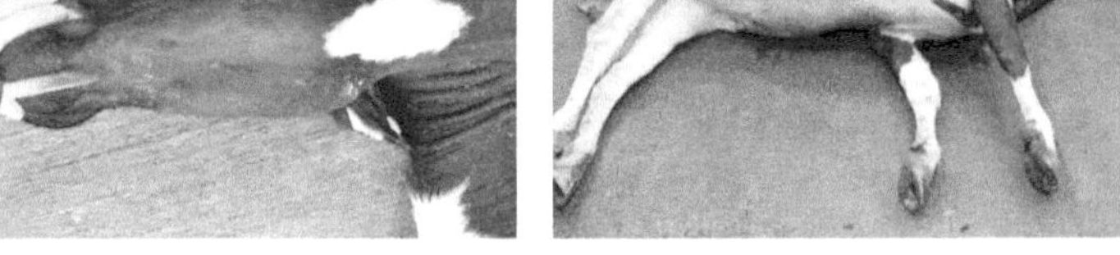

图 13-3　沿腹部正中线切开皮肤

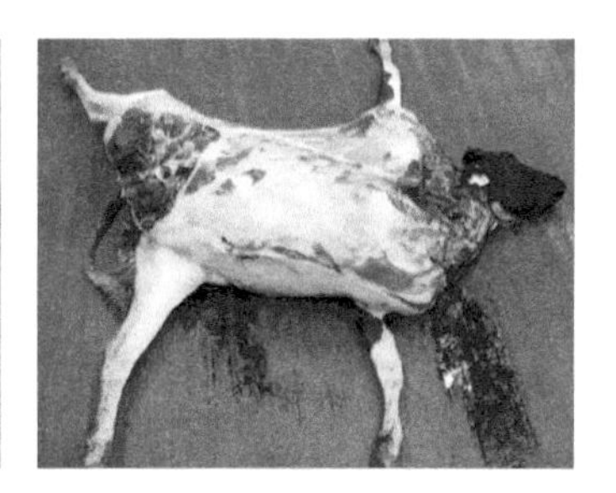

图 13-4　切离右前肢、右后肢

2. 皮下组织器官的检查　应注意检查下列组织或器官的病变和异常：皮下脂肪，血管与血液，骨骼肌，外生殖器或乳房，唾液腺，舌，咽，扁桃体，食管，喉，气管，甲状腺，胸腺，浅层淋巴结（下颌、咽背、肩前、膝上、浅腹股沟或乳房上淋巴结等）。

（三）内部检查

1. 打开腹腔及腹腔脏器的采出

（1）打开腹腔：从右肷窝部沿肋弓至剑状软骨部做一弧形切线（图 13-5），再从肷窝至耻骨部做一直行切线，即可显露出腹腔（图 13-6）。具体方法：用刀先将腹壁肌层和脂肪层切开，暴露腹膜，再用刀尖将腹膜切一小口，将左手食指和中指插入腹腔内，手指背面向腹内弯曲，使肠管和腹膜之间有一空隙，刀尖夹于两手指间，刀刃向上，沿上述弧形切线滑切至剑状软骨部；此后，左手伸入肷窝切口内，将腹壁提起，右手持刀，以刀刃后 1/3 将腹肌和腹膜一起切开，一直切至耻骨部，这样就暴露出腹腔脏器。注意：切开腹壁时，不要切得太深，以免穿透下面的前胃和小肠。打开腹腔后，立即检查腹腔脏器位置有无变化，胃肠壁完整性，腹膜有无出血、炎症反应、损伤和粘连、腹水量及性状等。

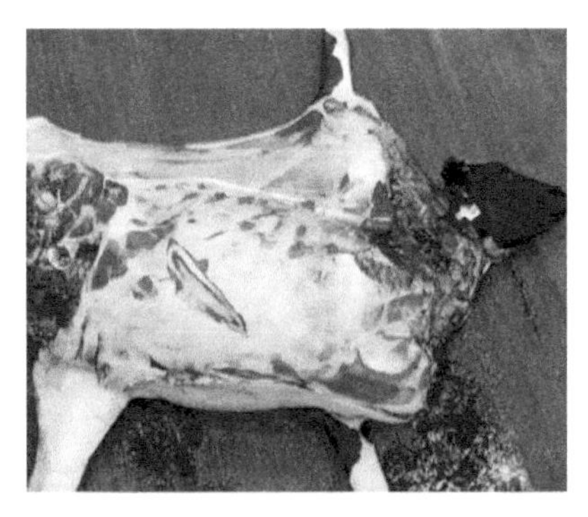

图 13-5　右肷窝部沿肋弓至剑状软骨部切口

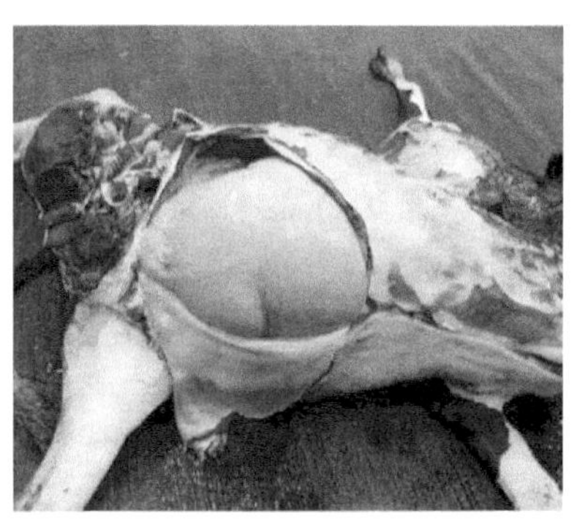

图 13-6　腹腔剖开

（2）腹腔脏器的采出：剖开腹腔后，在剑状软骨部可见到网胃，右侧肋骨后缘部为肝脏、胆囊和皱胃，右肷部可见盲肠，其余脏器均被网膜覆盖。为了采出牛的腹腔器官，应先将网膜切除，并依次采出小肠、大肠、胃和其他器官。

1）切取网膜：首先检查网膜的一般情况，然后将两层网膜切下采出。

2）空肠和回肠采出：提起盲肠，沿盲肠体向前，在三角形回盲韧带处切断，分离一段回肠，在距盲肠 15cm 处做双重结扎，从双重结扎中间切断，再抓住回肠断端向前牵引，使肠系膜呈紧张状态，在接近小肠部切断肠系膜。分离十二指肠空肠曲，再作双重结扎，于两扎间切断，即可取出全部空肠和回肠。同时，要检查肠系膜及其淋巴结等有无变化。

3）大肠采出：在骨盆口处将直肠内粪便向前挤压并在直肠末端结扎，在结扎后方切断直肠。抓住直肠断端，由后向前分离直肠、结肠系膜至前肠系膜根部，再把横结肠、肠盘与十二指肠回行部之间联系切断，最后切断前肠系膜根部血管、神经和结缔组织，取出大肠。

4）胃、十二指肠和脾脏采出：先将胆管、胰管与十二指肠之间的联系切断，然后分离十二指肠系膜，将瘤胃向后牵引，露出食管，并在末端结扎切断，再用力向后下方牵引瘤胃，用刀切离瘤胃与背部的联系，切断脾膈韧带，将胃、十二指肠及脾脏同时采出。

5）肝脏、胰腺、肾脏和肾上腺采出：切断左叶周围韧带及后腔静脉，然后切断右叶周围韧带、门静脉和肝静脉，便可取出肝脏。胰腺与十二指肠联系紧密，与肝脏分离后，一块取出。取肾脏和肾上腺前，先检查输尿管状态，然后沿腰肌剥离其周围脂肪囊，切断肾门处血管和输尿管，采出左肾，同样方法采出右肾。肾上腺可与肾脏同时采出，也可单独采出。

2. 骨盆腔脏器采出　先锯断髋骨体，然后锯断耻骨和坐骨的髋臼支，除去锯断的骨体，盆腔即暴露。用刀切离直肠与盆腔上壁的结缔组织。母牛还应切离子宫和卵巢，再由盆腔下壁切离膀胱颈、阴道及生殖腺等，最后切断附着于直肠的肌肉，将肛门、阴门做圆形切离，即可取出骨盆腔脏器。

3. 打开胸腔及胸腔脏器采出

（1）打开胸腔。打开胸腔前，先检查肋骨的高低及肋骨与肋软骨结合部的状态。打开胸腔方法：去掉肋骨表面肌肉，按图 13-7 锯断背侧肋骨，再沿第二条锯线，锯断腹侧肋骨（图 13-8），即可将胸腔暴露。打开胸腔后，先检查胸腔液的量和性状，胸膜色泽，有无充血、出血或粘连等。

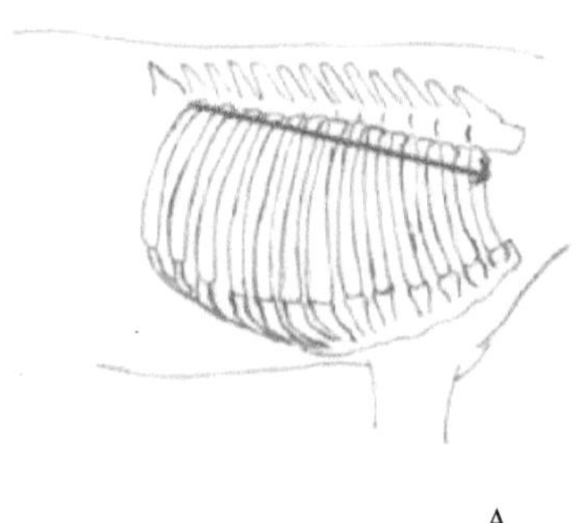

A

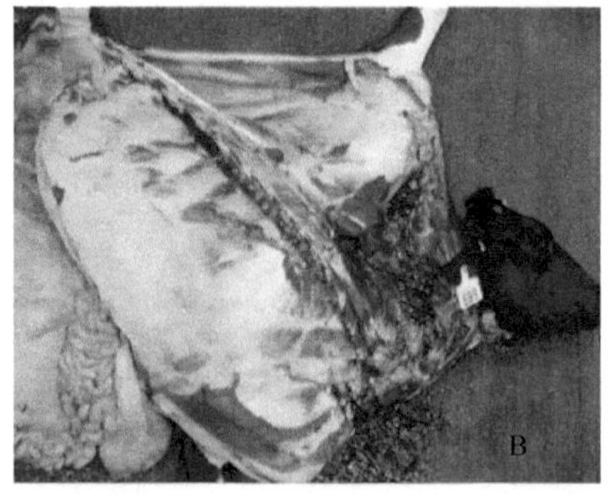

B

图 13-7　第一锯线（A）及沿锯线锯断的肋骨（B）

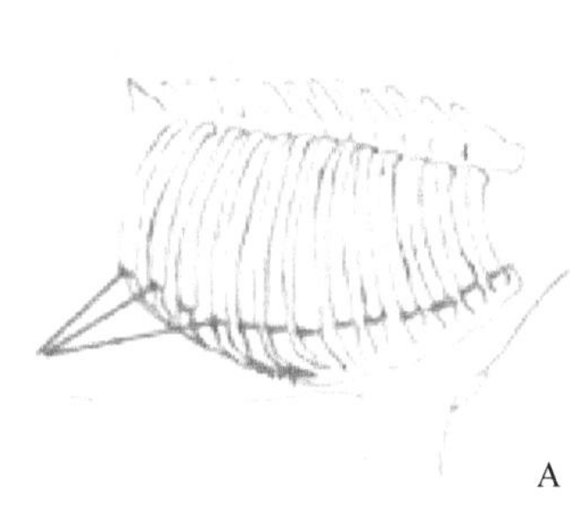

图 13-8　第二锯线（A）及沿锯线锯断的肋骨（B）

（2）胸腔脏器的采出。

1）心脏的采出：先在心包左侧中央做“十”字形切口，把食指和中指插入心包腔，提取心尖，检查心包液的量和性状；然后沿心脏左侧纵沟左右各 1cm 处，切开左、右心室，检查心室内血液量及性状；最后将左手拇指和食指分别伸入左、右心室的切口内，轻轻提取心脏，切断心基部的血管，取出心脏。

2）肺脏的采出：先切断纵隔的背侧部，检查胸腔液的量和性状；然后切断纵隔的后部；最后切断胸腔前部的纵隔、气管、食管和前腔动脉，并在气管轮上做一小切口，将食指和中指伸入切口牵引气管，将肺脏取出。

4. 颅腔的打开与脑脊髓的采出

（1）切断头部：去除颈部肌肉，找到第一颈椎（环锥），沿环枕关节切断颈部（图 13-9，图 13-10），使头与颈分离。

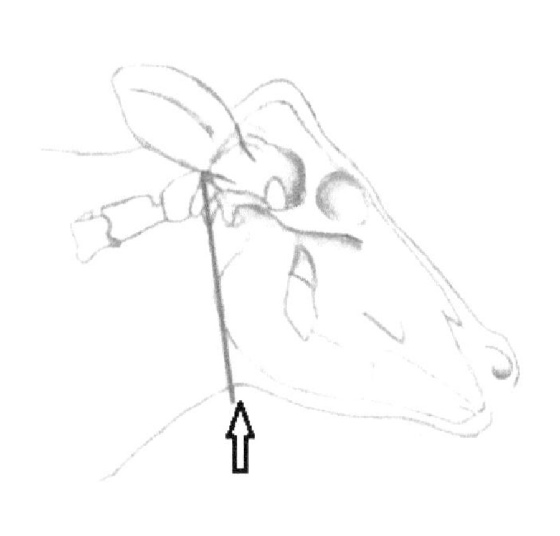

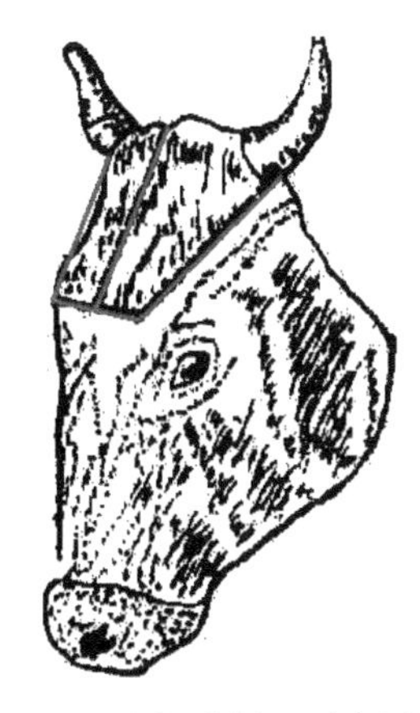

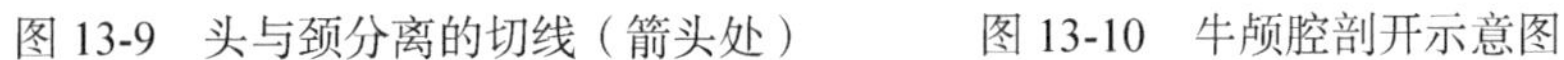

图 13-9　头与颈分离的切线（箭头处）

图 13-10　牛颅腔剖开示意图

（2）脑的采出：先沿两眼的后缘（第一锯线）用锯横行锯断，再沿两角外缘至第一锯线两端连线锯开，并于两角的中间纵锯一正中线（图 13-11），然后两手握住左右两角，用力向外分开，使颅顶骨分成左右两半，脑即可取出。

（3）脊髓的采出：剔去椎弓两侧的肌肉，凿（锯）断椎体，暴露椎管，切断脊神经，即可取出脊髓。

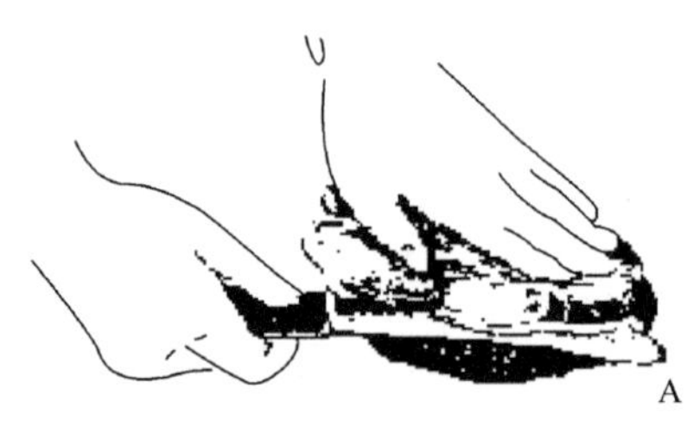

图 13-11　肾脏的剖开示意图（A）与剖开的肾脏（B）

5. 鼻腔的锯开　沿鼻中线两侧各 1cm 纵行锯开鼻骨、额骨，暴露鼻腔、鼻中隔、鼻甲骨及鼻窦。

上述各体腔的打开和内脏的采出，是系统剖检的程序，在实际工作中，可根据生前的病性，进行重点剖检，适当地改变或取舍某些剖检程序。

（四）各内脏器官的检查

1. 肝脏的检查　先检查肝门部的动脉、静脉、胆管和淋巴结；然后检查肝脏的形态、大小、色泽、包膜性状、有无出血、结节、坏死等；最后切开肝组织，观察切面的色泽、质度和含血量等情况。注意切面是否隆突，肝小叶结构是否清晰，有无脓肿、寄生虫结节和坏死灶等。肝发生急性淤血时，体积变大、色暗红、切面多血；慢性淤血时，表面与切面呈槟榔切面景象（槟榔肝）；肝硬化时质地变硬，表面不平，甚至呈结节状，色灰白或灰黄；发生颗粒变性时肝肿大，边缘变钝，色淡灰或淡黄，质脆，切面突出；患肝片吸虫病时，胆管常有慢性炎症，管壁增厚，管腔变窄，甚至阻塞，胆汁变浓稠，有时在胆管和胆囊中形成胆结石（牛的胆结石称牛黄），以及局灶性病变（如结节、脓肿、坏死）。

2. 脾脏的检查　脾脏摘除后，注意其形态、大小、质地；然后纵行切开，检查脾小梁、脾髓的颜色，红、白髓的比例，用刀轻刮切面观察是否容易刮脱；同时注意刮出物的多少、质地和颜色。发生败血脾时，脾肿大、质软、色紫红、被膜紧张、切面模糊，并可流出大量黑红色糊状血液。白髓增生时，切面显出灰白色颗粒状结构。

3. 肾脏、肾上腺的检查　先检查肾脏形态、大小、色泽、质地，然后由外侧面向肾门部将肾脏纵切为相等的两半（图 13-12，图 13-13），检查包膜是否容易剥离，肾表面是否光滑，皮质和髓质的颜色、质度、比例、结构。如果肾盏、集收管或肾盂扩张，积有尿液或脓液，则应继续检查输尿管和膀胱；同时注意在这些部位有无结石形成。肾上腺主要检查其大小、形状、颜色和质地。横切后，注意皮质的厚度、颜色和髓质的范围有无变化。动物死后肾上腺如发生自溶，则其变得柔软，色污黄或土黄，皮质与髓质界限不清。

4. 心脏的检查　先检查心脏纵沟、冠状沟的脂肪量和性状，有无出血；然后检查心脏的外形、大小、色泽及心外膜的性状；最后切开心脏检查心腔。切开心脏的方法：

（1）切开心脏之前，辨别左、右心室，找到左纵沟（图 13-12）。

（2）切开左心：沿左纵沟的右侧 1cm 处做切线，切开左心室及主动脉（图 13-13）。

（3）切开右心：沿左纵沟的左侧 1cm 处做切线，切开右心室及肺动脉（图 13-13）。

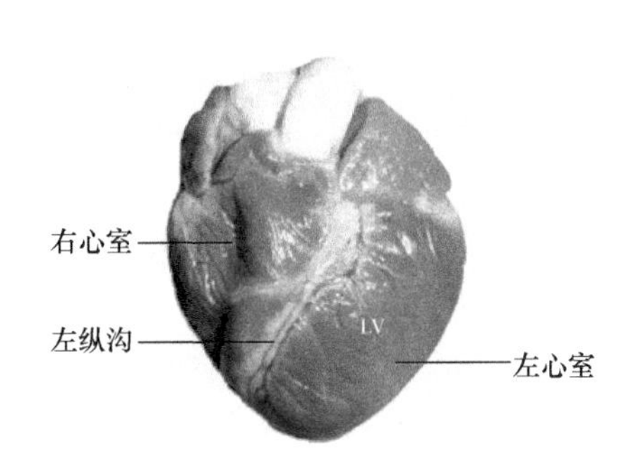

图 13-12　左心室、右心室和左纵沟

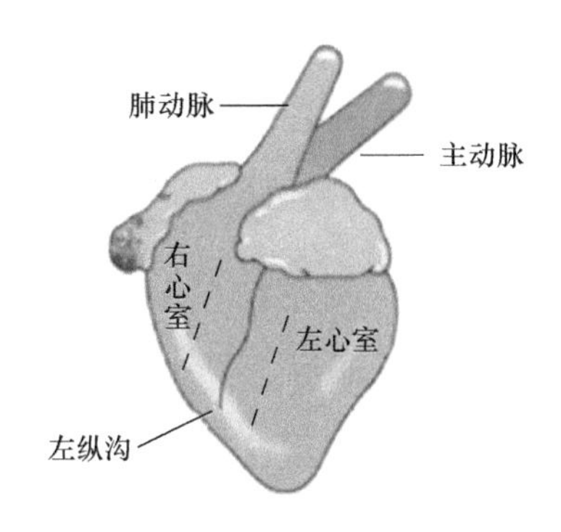

图 13-13　切开左心室、右心室示意图

检查心腔内血液的性状，某些因窒息、中毒或传染病而致死的动物，心血凝固不良或呈糊状。检查心内膜应注意其颜色、光泽、厚度以及有无出血和其他病变。检查房室瓣和半月瓣时，应注意其大小、形状、厚度、硬度，尤其要注意有无血栓、溃疡、增生以及瓣孔的改变。腱索、乳头肌等的检查也不能忽视。心肌应重点观察其颜色、质地、心室壁的厚度等变化。在主动脉内膜，要仔细检查其有无坏死、钙化和瘢痕。

5. 肺脏的检查　首先注意其大小、色泽、重量、质度、弹性、有无病灶及表面附着物；然后用剪刀沿支气管剪开，注意检查支气管黏膜的色泽，表面附着物的数量、黏稠度；最后横切左右肺叶（图 13-14），注意观察各切面的色泽，流出物的数量、色泽变化，同时观察切面有无出血、坏死和结节等病变。挤压时若有大量泡沫，表示肺实质内有较多空气，若排出物为透明液体并含有小泡，表示水肿；血样排出物表示有大量血液（肺淤血）；排出物浑浊或呈乳样时，可能有化脓；如发现某种病变，则应对其仔细检查。

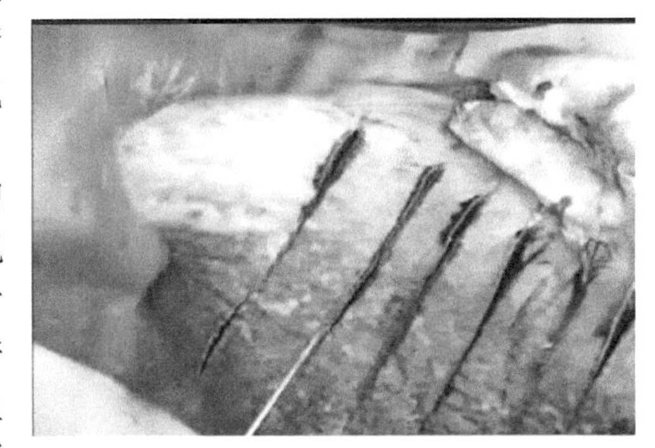

图 13-14　横切肺脏示意图

6. 胃的检查　检查胃的大小、质度，浆膜的色泽，有无粘连，胃壁有无破裂和穿孔等，然后将瘤胃、网胃、瓣胃、皱胃之间的联系分离，使四个胃展开。首先沿皱胃小弯剪开至皱胃与瓣胃交界处，再沿瓣胃的大弯部剪开至瓣胃与网胃口处，并沿网胃大弯剪开，最后沿瘤胃上下缘剪开。分别检查胃内容物的数量、性状及黏膜变化等，并检查瘤胃内有无吸虫，网胃内有无异物和刺伤，瓣胃内容物是否干燥等。必须注意，如有创伤性网胃心包炎时，应在胃取出前仔细检查异物，胃与膈、心包的状况以及腹腔、胸腔的炎症范围和性质。

7. 肠的检查　从十二指肠、空肠、回肠、大肠、直肠分段进行检查。先检查肠管浆膜的色泽和有无粘连、破裂、穿孔等；然后沿肠系膜附着处剪开肠腔，检查肠内容物的质地、颜色、气味和黏膜的各种炎症等变化。如患出血性肠炎时，肠黏膜出血、充血，内容物多稀薄，其中混有血液，故呈红色或污褐色。患副结核时，回肠黏膜增厚，甚至呈脑回样，表面附着黏糊状物。肠系膜和肠系膜淋巴结的检查不可忽视，因为有的疾病发生时，这里常有明显变化。

8. 生殖器官的检查 如需彻底暴露并详细检查骨盆腔器官，可锯开耻骨联合髂骨体，取出这些器官，或分离骨盆腔后部和周围组织，将其取出。但在一般情况下，多采用原位检查方法。除输尿管、膀胱与尿道外，检查的重点主要是：公牛检查精索、输精管、腹股沟、精囊腺、前列腺与尿道球腺；母牛检查卵巢、输卵管、子宫角、子宫体、子宫颈与阴道。在检查上述器官和部位时，应和外部的泌尿生殖器官的检查相结合。在种公牛，应特别注意睾丸的各种病变和阴茎、精索的异常。在母牛，应检查泌尿生殖器官病变的联系。如子宫内有胎儿，子宫黏膜、胎膜、羊水、胎盘和胎儿外部与内脏器官的检查不应忽视。不孕症的牛死后，卵巢、子宫、输卵管等生殖器官和周围组织的检查更为重要。注意卵巢的大小、形状、质地、重量和卵泡发育的情况及黄体形成的状态。母牛生殖器官检查的顺序为：阴道、子宫颈、子宫体、两侧子宫角、输卵管、卵巢。

图 13-15 淋巴结（箭头处）的切面检查

9. 淋巴结的检查 随内脏器官采出或检查同步进行，检查其大小、颜色、硬度，以及与周围组织的关系，切开淋巴结，观察切面（图 13-15）色泽及有无出血、坏死、增生病变等。

二、猪的尸体剖检

猪的尸体剖检顺序一般为：外部检查→体表消毒→内部检查。

（一）外部检查

猪的外部检查与牛的外部检查相同，主要检查病尸的营养状况、肢体形态、尸体变化、体表皮肤及可视黏膜有无新旧损伤、充血、淤血、出血、贫血、黄疸，天然孔的开闭状态和有无分泌排泄物等。皮肤的检查尤为重要，因为在这里往往存在对疾病有确诊意义的病理变化。例如亚急性猪丹毒时，可见到大小比较一致的方形、菱形或圆形疹块，指压褪色；在急性猪瘟时，皮肤多有密集的或散在的出血点，指压不褪色。

（二）体表消毒

使用广谱消毒药对动物体表进行消毒。

（三）内部检查

1. 剥皮与皮下组织器官检查 猪的剖检多采取背侧仰卧位，先分别切断肩胛内侧和髋关节周围肌肉（切线见图 13-16），仅以部分皮肤与体躯相连，使四肢摊开（图 13-17）。猪的剖检多不剥皮，如要剥皮，其方法和步骤与牛大体相同，在剥皮过程中随时进行皮下检查，除了主要检查皮下有无充血、炎症、出血、淤血、水肿等病变外，还必须检查体表淋巴结的大小、颜色，有无充血、出血、水肿、坏死、化脓等病变。

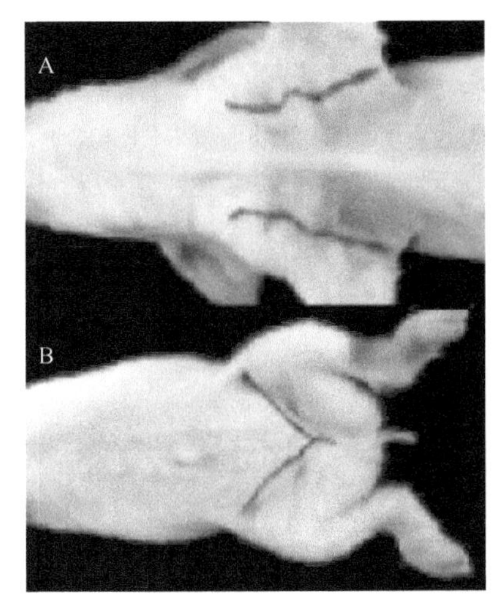

图 13-16　切断肩胛内侧和髋关节周围肌肉

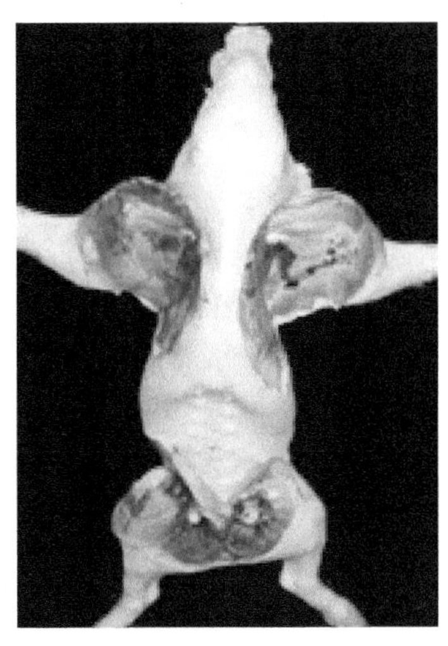

图 13-17　猪背侧仰卧位

2. 腹腔的剖开与腹腔脏器的采出

（1）腹腔的剖开：先沿腹壁正中线切开剑状软骨与肛门之间的腹壁，再沿肋骨弓将腹壁两侧切开，使腹腔器官全部暴露。此时应检查腹腔脏器的位置，腹膜及腹腔器官浆膜是否光滑，腹腔中有无渗出物及其数量、颜色和性状等。

（2）腹腔脏器的采出：腹腔脏器采出时，可先取出脾脏与网膜，其次为空肠、回肠、大肠、胃和十二指肠。

1）脾脏和网膜的采出：在右季肋部可见脾脏，提起脾脏，并在接近脾脏根部切断网膜和其他联系后取出脾脏；然后将网膜从其附着部分离采出。注意脾的大小、重量、颜色、质地、表面和切面的状况。对脾的检查有重要意义，因为有些疾病时脾呈明显的变化，例如败血性炭疽时，脾可能高度肿大，色黑红，柔软，急性猪瘟时脾常发生出血性梗死。

2）空、回肠的采出：将结肠袢向右牵引，盲肠拉向左侧，显露回盲韧带与回肠。在离盲肠 15cm 处，将回肠作二重结扎并切断，握住回肠断端，用刀切离空、回肠上附着的肠系膜，至十二指肠空肠曲，在空肠起始部做二重结扎并切断，取出空、回肠。边分离肠系膜边检查肠浆膜、肠系膜有无出血、水肿，肠系膜淋巴结有无肿胀、出血、坏死等。

3）大肠的采出：在骨盆腔口分离直肠，将其中粪便挤向前方做一次结扎，并在结扎后方切断直肠。从直肠断端向前方分离肠系膜，至前肠系膜根部。分离结肠与十二指肠、胰腺之间的联系，切断前肠系膜根部血管、神经和结缔组织，以及结肠与背部之间的联系，即可取出大肠。一定要注意当猪患有急性猪瘟时，在大肠的回盲瓣处形成纽扣状溃疡。

4）再依次将胃、十二指肠、肾脏、肾上腺、胰腺和肝脏采出。

3. 胸腔剖开与胸腔脏器采出　用刀先分离胸壁两侧表面的脂肪和肌肉，检查胸腔的压力，用刀切断两侧肋骨与肋软骨的接合部，再切断其他软组织，除去胸壁腹面，胸腔即可露出。检查胸腔、心包腔有无积液及其性状，胸膜是否光滑，有无粘连。

4. 骨盆腔脏器的采取　参照牛的剖检进行。

5. 颅腔剖开 可在脏器检查完后进行。清除头部的皮肤和肌肉，在两侧眶上突后缘作一横锯线，从此锯线两端经额骨、顶骨侧面至枕脊外缘作两条平行的锯线，再从枕骨大孔两侧作一条“V”形锯线与二纵锯线相连，揭开颅顶，暴露颅腔（图 13-18）。检查脑膜及脑组织有无充血、出血、坏死及其他病变。因脑的位置深，额窦大，所以检查比较困难。因此，额骨横锯线可移至眼眶上突前 1～2cm 处。为便于锯骨，最好预先挖除眼球。

6. 鼻腔的剖开 沿两侧第一、第二前臼齿间的连线锯开鼻腔（图 13-19），暴露鼻腔和鼻甲骨的横断面，重点观察鼻甲骨的形状和变化。

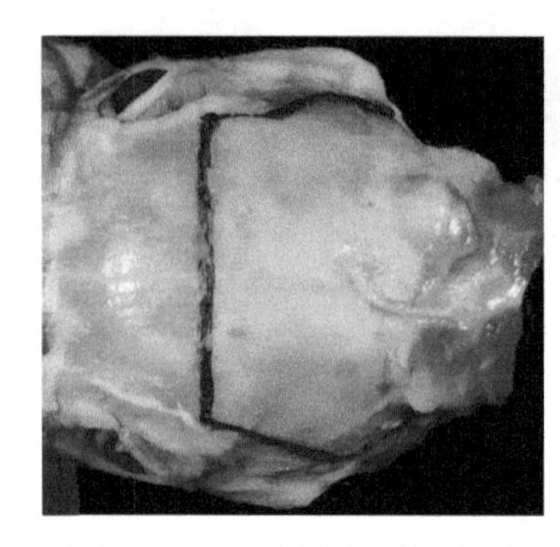

图 13-18 猪颅腔剖开切线图

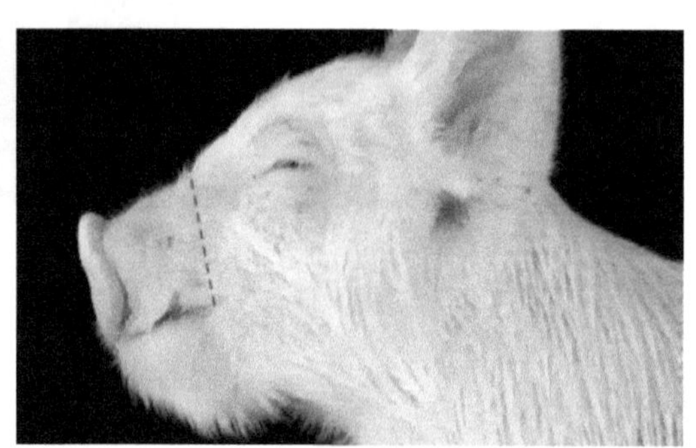

图 13-19 猪鼻腔的剖开切线图（虚线处）

（四）小猪和幼龄猪可采取胸腹腔一次剖开法

具体操作方法是：采取背卧位；然后切割两前肢内侧与胸壁相连的皮肤、肌肉，将肢体平置于两侧地上（或剖检台上）。切割两后肢内侧腹股沟部的皮肤、肌肉，使髋关节脱臼，将肢体搬压于后外侧。在下颌间隙切割，分离皮肤和皮下脂肪组织，并将切口向后延伸于颈、胸、腹部两侧。左手抓起已切离的下颌部皮肤和皮下脂肪组织，沿上述颈、胸、腹部两侧切口，一直向后做水平切割（切至胸骨时，刀口通过肋软骨）。这样，颈部和胸、腹腔器官即暴露。各器官的检查与牛的剖检相同，按一定顺序，逐一检查各器官的病理变化。

三、禽的尸体剖检

外部检查→体表消毒→内部检查。

（一）外部检查

外部检查主要包括羽毛、营养状况、天然孔、皮肤、骨和关节（图 13-20～图 13-22）。羽毛粗乱、脱落常为慢性病或寄生虫病表现之一。在雏鸡白痢或其他腹泻症状时，泄殖腔周围羽毛会被大量粪便污染。营养状况可用手指在胸骨两侧触摸胸肌和胸骨嵴的显现情况来确定，如鸡结核时，胸肌萎缩，龙骨嵴明显突出。天然孔应注意其分泌物、排泄物的多少和性状。检查皮肤时，注意冠和肉髯的颜色和大小，同时观察头部、体躯、颈部与腿部皮肤有无痘疹、出血、结节等。骨和关节检查，着重确定趾骨粗细、有无骨折、骨关节是否有肿大与变形等。

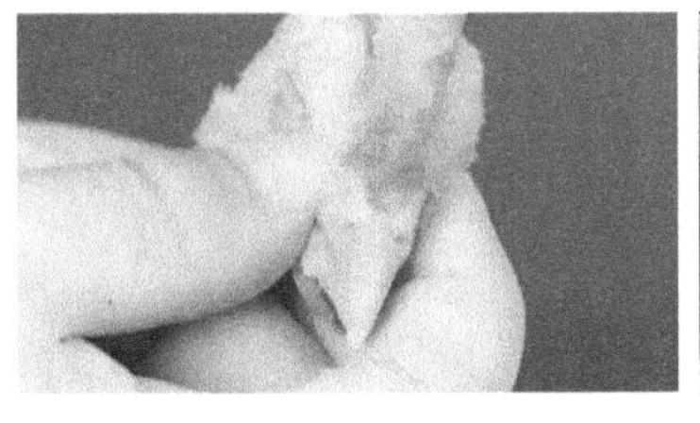
图 13-20　检查鼻腔

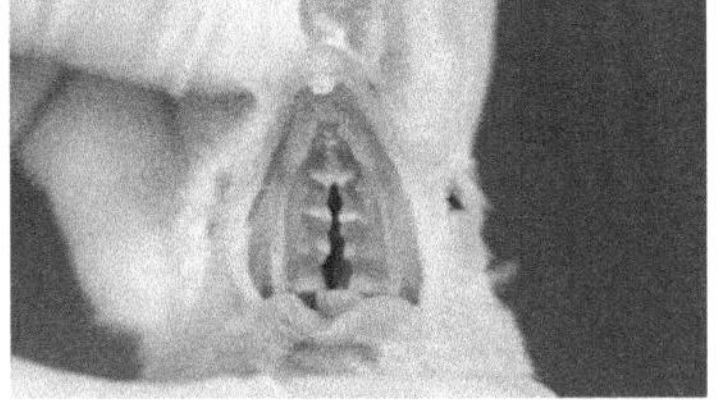
图 13-21　检查口腔

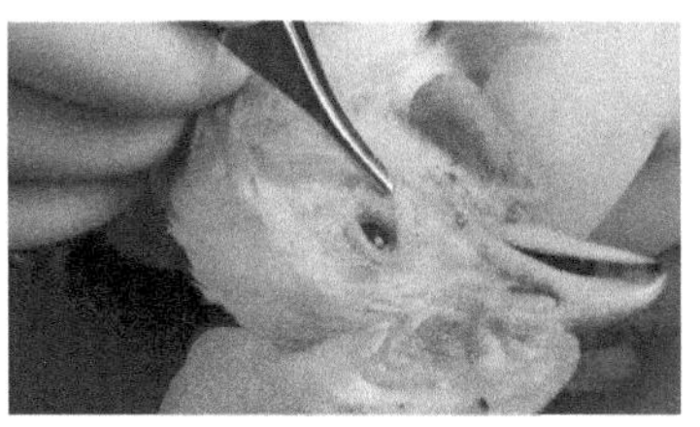
图 13-22　检查眼结膜

（二）消毒

外部检查后，用消毒液将羽毛浸湿（图 13-23）。

（三）内部检查

1. 剪开皮肤　切开大腿与腹侧连接的皮肤，沿着中线剪开皮肤，并向两侧分离，检查皮下组织的状态。

2. 髋关节脱臼　用力将两大腿向外翻压直至两髋关节脱臼（图 13-24），使禽体背卧位平放于解剖盘上。

图 13-23　鸡体表的消毒

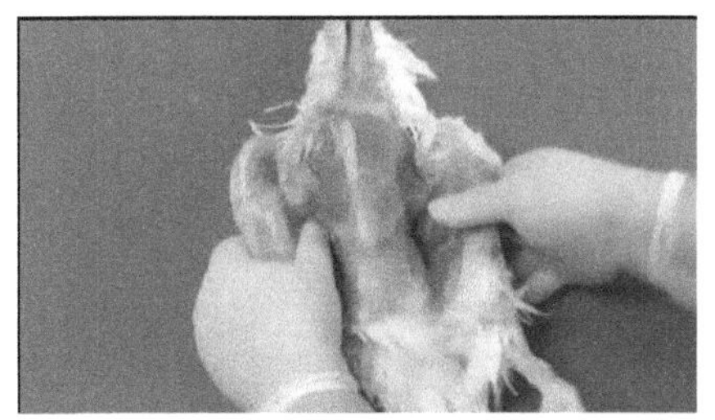
图 13-24　髋关节脱臼

3. 剖开胸腹腔　在胸骨突下缘横向剪开腹腔，顺切口分别剪断两侧肋骨。掀起胸骨，便可打开胸腔，再沿腹中线到泄殖腔附近剪开腹腔（图 13-25）。

图 13-25　鸡胸腹腔的剖开切线

（1）检查气囊：剖开体腔后，注意检查各部位的气囊。气囊是由浆膜所构成，正常时透明菲薄，有光泽。检查时注意气囊有无增厚、浑浊、渗出物或增生物。

（2）检查体腔：注意体腔内容物。正常时，体腔内各器官表面均湿润而有光泽；异常时可见体腔内液体增多，或有病理性渗出物以及其他病变。

（3）内脏器官的取出：检查体腔后，把心、肝、脾、腺胃、肌胃和肠管、卵巢、输卵管（或睾丸）一同取出，再用外科手术刀柄钝性分离肺脏和肾脏。

鼻腔剖开：从两鼻孔上方横向剪断上喙部，断面露出鼻腔和鼻甲骨，轻压鼻部，检查鼻腔有无内容物。

脑的取出：将头部皮肤剥去，用骨剪剪开顶骨缘、颧骨上缘、枕骨后缘，揭开头盖骨，露出大脑和小脑，切断脑底部神经，大脑、小脑便可取出。

外部神经的暴露：迷走神经在颈椎的两侧，沿食道两旁可以找到；坐骨神经位于大腿两侧，剪去内收肌即可露出；将脊柱两侧的肾脏摘除，便可显露腰荐神经丛；将鸡背朝上，剪开肩胛和脊柱之间的皮肤，剥离肌肉，即可看到臂神经。

（4）各器官的检查

食管、嗉囊、喉、气管：从喙角剪开口腔、食管和嗉囊，注意这些部位黏膜变化和嗉囊内食物的量、性状和组成，然后剪开喉、气管，注意黏膜变化和管腔内分泌物的多少和性状。

心：检查心包腔、心外膜、心肌、心房、心室、心内膜的变化。

肺：注意颜色和质地，检查有无结节或其他炎性变化。

肝：注意颜色、大小、质地、表面的变化，检查有无坏死灶、结节、肿瘤等病变。结核病时肝内可见结核结节，急性巴氏杆菌病时有许多小坏死灶；同时，应检查胆囊、胆管和胆汁。

脾：注意大小、形状、表面、质地、颜色、切面的变化。结核病时，脾常有结核结节。

肾：注意大小、表面、质地、颜色、切面的变化。特别要注意有无肿瘤性病变和尿酸盐沉着；此外，还需要检查肾上腺有无变化。

腺胃：检查腺胃黏膜、胃壁和内容物性状。患鸡新城疫时，黏膜腺胃乳头出血、坏死。

肌胃：检查鸡胃壁肌肉的变化及内容物的性状。

肠与胰：检查肠浆膜、肠系膜、肠壁和黏膜的状况，注意肠内容物的多少和性状。患鸡新城疫时，肠壁和黏膜多有出血和坏死；小鸡盲肠球虫病时，盲肠发生明显的出血性炎症。检查十二指肠时，还应注意胰脏的变化。

卵巢与输卵管：左侧卵巢发达，右侧卵巢在成年鸡已退化。注意卵巢形状和颜色变化，如成年鸡患沙门杆菌病时，卵泡发生变形，颜色改变，有时卵泡破裂，卵黄物质沾污整个体腔或游离于体腔，干涸成坚硬团块。患马立克病时，卵巢中可见灰白色小灶。

输卵管壁和黏膜：注意其管腔中内容物的多少和性状。在输卵管炎或某些疾病时，进入输卵管中的卵会停滞、干涸，最后变成层状结构的假结石，使输卵管堵塞。

睾丸：睾丸位于体腔肾前叶腹侧，色淡黄白，注意其形状、颜色、表面、切面与质地。

腔上囊：腔上囊是鸡的免疫器官，患传染性法氏囊病时，腔上囊肿出血，呈紫葡萄样外观。

神经：必要时可检查腰荐神经丛、坐骨神经和臂神经丛。患马立克病时，上述神经常变粗或呈结节状，失去正常的光泽和纵向纹理。

技　能　篇

实训一　局部血液循环障碍

一、实训目的

通过大体标本、病理组织切片标本和图片的观察，掌握动脉性充血、静脉性充血、出血、血栓形成和梗死的病理学特征，分析其发生的原因和机理以及对机体的影响。

二、实训安排

1. 大体标本　让学生辨别大体标本病变，之后教师描述器官的肉眼病理变化。

2. 病理组织切片标本　教师示教讲解后学生自己观察，巩固对器官组织结构病变特点的认识。

三、实训内容

实训内容见实训表1-1。

实训表1-1　局部血液循环障碍实训内容

	大体标本	病理组织切片
动脉性充血		牛肺疫
淤血		
急性肝淤血	急性肝淤血	急性肝淤血
慢性肝淤血	慢性肝淤血	慢性肝淤血
肺淤血	肺淤血	肺淤血
出血		
肾出血	肾出血	
脾出血		脾出血
血栓形成		
混合血栓		混合血栓
肺微血栓		肺微血栓
肾透明血栓	肾透明血栓	肾透明血栓
梗死		
肾梗死	肾梗死	肾梗死
脾梗死	脾梗死	脾梗死

四、实训标本观察

（一）大体标本观察

1. 大体标本观察方法　观察肝、肺、肾大体标本时，首先观察其大小、外形、颜色、质地、切面有无异常，血管有无扩张、狭窄，腔内有无分泌物、渗出物、血凝块、异物、新生物等，管壁厚度是否正常。如有病变，描述病变部位、大小、形状、分布、结构、颜色等。

2. 学生活动　辨别大体标本，根据上课所学理论知识，让学生辨别动脉性充血、静脉性充血、出血、血栓形成和梗死的病理特征。

3. 教师活动　大体标本病变描述。

（1）急性肝淤血：肝脏体积增大，被膜紧张，边缘钝圆，表面呈暗紫红色，质地较实。切开时流出大量紫红色的血液，切面上大小静脉均扩张。

（2）慢性肝淤血：淤血较久时，由于淤血的肝组织伴发脂肪变性，故在切面可见红黄相同的网格状花纹，如槟榔切面的花纹，故有“槟榔肝”之称。

（3）肺淤血：肺体积增大，重量增加，呈紫红色，表面光亮，切面流出大量血样液体。

（4）肾出血：肾脏表面和切面有许多大小不等的暗红色小点散在，属于渗出性出血。

（5）肾透明血栓：肾呈花斑状，即红色与灰白色相间。

（6）肾贫血性梗死（白色梗死）：肾脏表面可见蚕豆大或黄豆大稍隆起的黄白色病灶，从切面看病灶略呈三角形，其尖指向肾门，其底位于脏器表面。

（7）脾出血性梗死（红色梗死）：脾脏体积正常或稍肿大，其边缘或表面有暗色单个或多个、大小不等的隆起或略高于周围组织的梗死灶，分界清楚，质地硬实。

（二）病理组织切片观察

1. 学生活动　学生在显微镜下观察病理组织切片，掌握动脉性充血、静脉性充血、出血、血栓形成和梗死的病变特点。

2. 教师活动　示教动脉性充血、静脉性充血、出血、血栓形成和梗死。

（1）动脉性充血。

低倍：为牛肺疫肺脏的初期病变，即浆液性肺炎的充血期和红色肝变期。可见肺泡壁毛细血管高度扩张，充满血液，肺泡腔内充满微嗜伊红的浆液、纤维蛋白和白细胞。小叶间极度扩张，充满纤维蛋白和白细胞。在扩张的间质中，淋巴管显著扩张，充满均质的淡染依红的蛋白性物质。

高倍：肺泡壁毛细血管扩张，正常只容纳一个红细胞的血管腔，此时可容纳几个红细胞，小动脉也同时扩张，充满红细胞，肺泡腔内除浆液和炎性渗出物外，还有少数红细胞。

（2）静脉性充血。

1）肝淤血。

低倍：肝小叶中央静脉，汇管区小动脉、小静脉扩张，充满红细胞，窦状隙充血，肝细胞索紊乱，肝小叶内有灶状红细胞聚集形成出血灶。汇管区、小叶间结缔组织水肿且疏松。

高倍：肝小叶的中央静脉及窦状隙扩张，充满血液。肝细胞与核的体积均缩小，肝小叶的坏死灶内只有少量细胞残存。

2）慢性肝淤血：肝小叶中心部的中央静脉及窦状隙扩张，其中充满红细胞，该区肝细胞因受压迫而萎缩，甚至消失。小叶边缘肝细胞因缺氧而发生脂肪变性。长期肝淤血时，中央静脉和汇管区的结缔组织因氧化不全的代谢产物刺激而增生，最后导致淤血性肝硬化。

3）肺淤血：肺泡壁毛细血管和肺小静脉扩张充血，其中充满红细胞。伴有淤血性水肿时，在肺泡内见有被伊红淡染的浆液，有时也见到不同数量的红细胞，由于肺泡壁受损，常见水肿液中有脱落的肺泡壁上皮细胞及巨噬细胞。慢性病例，可见巨噬细胞吞噬红细胞或黄褐色的含铁血黄素颗粒，常见于心力衰竭症，称此细胞为心衰细胞。长期肺淤血，可引起肺泡中结缔组织增生、肺脏硬化，称为褐色硬化。

（3）出血：脾出血时，脾小静脉及脾窦扩张，充满血液，红髓被挤压成岛状，白髓萎缩或消失，淋巴滤泡内出现弥漫性红细胞，淋巴细胞减少，脾小梁平滑肌分离、断裂且淡染。

（4）血栓。

1）混合血栓：病变早期，局部动脉血管内膜缺损，附有较小的白色血栓，红染丝状的纤维素形成珊瑚状支架，在其空隙中充满白细胞、血小板及其碎片；当病变后期，局部纤维素小梁网内有大量红细胞、白细胞和血小板，形成混合血栓的体部。尾部纤维素小梁网主要由大量红细胞和少量白细胞组成。

2）肺微血栓：肺小静脉、小动脉扩张充血，肺泡壁毛细血管的管腔内有均匀的细网状结构的纤维素团，此即微循环内的微血栓。

3）肾透明血栓（兔出血症）：毛细血管扩张充血，多数肾小球毛细血管内可见嗜酸性着染的均质、半透明物质，即透明血栓，肾球囊内可见多少不一的红细胞。肾间质毛细血管亦见透明血栓形成。

（5）梗死。

1）脾出血性梗死（红色梗死）：梗死区内小梁尚可分辨。初期，脾小体轮廓尚存，后期则淋巴细胞和网状细胞崩解，甚至所有组织呈均质红染的无结构物，其间混杂的核碎片和数量不等的红细胞。梗死区周围有严重的出血及大量含铁血黄素沉着。后期也可见梗死灶内及其外周部血管外膜及小梁的纤维结缔组织增生。

2）肾贫血性梗死（白色梗死）：肾组织的轮廓尚存，但其细微结构模糊，染色普遍变淡，肾小管和肾小球的细胞成分呈现凝固性坏死，细胞核消失。

教师检查学生掌握情况：教师提问，学生指认显微镜下病变特点。

五、实训报告

1. 描述 动脉性充血，静脉性充血、出血、血栓形成和梗死的大体标本病理变化。

2. 绘图 动脉性充血，静脉性充血、出血、血栓形成和梗死的病理组织变化。

实训二　细胞和组织的损伤

一、实训目的

通过大体标本、病理组织学标本和图片观察，认识细胞和组织损伤的几种形式（萎缩、变性、坏死）的病理形态学特征，分析其发生的原因和机理及对机体的影响。

二、实训安排

1. 大体标本　让学生辨别大体标本病变，之后教师描述器官的肉眼病理变化。

2. 病理组织切片标本　教师示教，讲解肝、肾、肺组织切片，然后学生自己观察，巩固对肝、肾、肺组织结构病变特点的认识。

三、实训内容

实训内容见实训表 2-1。

实训表 2-1　细胞和组织损伤实训内容

	大体标本	病理组织切片
萎缩		
肝脏褐色萎缩	肝脏褐色萎缩	肝脏褐色萎缩
牛腹肌萎缩	牛腹肌萎缩	牛腹肌萎缩
变性		
肝脏颗粒变性	肝脏颗粒变性	肝脏颗粒变性
肾脏颗粒变性		肾脏颗粒变性
心肌颗粒变性		心肌颗粒变性
肝脏水样变性		肝脏水样变性
肝脏脂肪变性	肝脏脂肪变性	肝脏脂肪变性
脾淀粉样变	脾淀粉样变	脾淀粉样变
肾脏透明变性		肾脏透明变性
神经细胞透明变性		神经细胞透明变性
鸡皮肤水泡变性与透明变性	鸡皮肤水泡变性与透明变性	鸡皮肤水泡变性与透明变性
坏死		
肝凝固性坏死		肝凝固性坏死
肺干酪样坏死	肺干酪样坏死	肺干酪样坏死
淋巴结出血、坏死	淋巴结出血、坏死	淋巴结出血、坏死
脑液化性坏死	脑液化性坏死	脑液化性坏死

四、实训标本观察

（一）大体标本观察

1. 大体标本观察方法　观察肝、肾、肺大体标本时，首先应观察肝、肾、肺的大小、外形、颜色、质地。观察肝、肾、肺切面有无异常，看血管有无扩张、狭窄，腔内有无分泌物、渗出物、血凝块、异物、新生物等，管壁厚度是否正常。如有病变，描述病变的部位、大小、形状、分布、结构、质地、颜色等。

2. 学生活动 辨别大体标本，根据上课所学理论知识，让学生辨别萎缩、变性、坏死的病理特征。

3. 教师活动 大体标本病变描述。

（1）萎缩。

1）肝脏褐色萎缩：肝脏体积缩小，呈黑褐色或黑色，边缘锐薄，质地较正常坚实。

2）牛腹肌萎缩：腹肌组织萎缩、变薄，色泽变淡。

（2）变性。

1）肝脏颗粒变性：肝脏肿大，边缘钝圆，呈灰黄色或土黄色，质脆易碎，器官切面隆起，边缘外翻，结构不清。

2）肝脏脂肪变性：发生脂肪变性的肝细胞可表现为三种形式：小叶中心脂肪化、小叶周边脂肪化、小叶弥漫性脂肪化。若同时伴有淤血，可在眼观上看到肝切面呈槟榔样花纹，称为槟榔肝。

3）脾淀粉样变。

弥漫型：脾脏均匀地明显增大，有时很大，质地较硬但脆弱。切面平滑，颜色变淡，呈浅红褐色，组织纹理模糊，似生火腿样，称为火腿脾，或油脂样，称为油脂脾。严重者，脾脏出现破裂、出血和血肿。

滤泡型：脾脏不肿大或稍肿大，质地致密柔韧。切面上，在暗红色脾髓上可见所有淋巴小结不同程度增大，灰白色，半透明，似一颗颗嵌入脾内的熟西米，称为西米脾。

4）鸡皮肤水泡变性与透明变性：鸡冠、眼睑的肉髯上出现单个灰白色或融合性结节。疣状结节表面粗糙，有一层灰色或暗褐色糠麸样物质覆盖。

（3）坏死。

1）肺干酪样坏死（肺结核）：肺表面，切面有粟粒样、豌豆样或更大的结核结节，呈灰白色、灰黄色、半透明。质地坚实。结节数目不一,一个或几个密集地分布，也可几个融合成较大的结节，结节与周围组织分界清楚。结节切面可见灰黄色的干酪样坏死物，结节周围有灰白色结缔组织包绕。

2）淋巴结出血、坏死（猪瘟）：淋巴结肿大，呈暗红色或黑红色。切面上呈弥漫性暗红色或有出血斑点。出血严重时，整个淋巴结类似血肿。猪出血坏死的淋巴结可见暗红色出血条斑和灰白色淋巴组织相间的大理石样花纹。

（二）病理组织切片观察

1. 病理组织切片观察方法 病理组织切片的观察应按一定顺序进行。先肉眼观察大体组织结构如何，再用低倍镜观察各个器官有无病变，找到病变后，全面观察病变区，看病变的结构与分布，然后选择一个或数个病灶用高倍镜下放大，进行重点详细的观察，记录病变区的组织结构、病变的形态特征等。

2. 学生活动 学生在显微镜下观察病理组织切片，掌握萎缩、变性和坏死的病理变化特征。

3. 教师活动 示教萎缩、变性、坏死的切片观察。

（1）萎缩。

1）肝脏褐色萎缩：肝细胞体积缩小，大小不一，细胞质内有大小不一的黄褐色素颗粒。

2）牛腹肌萎缩。

低倍：纵切面肌纤维长短粗细不一，有的肌纤维纤细，浓染伊红（萎缩），有的肿胀变粗（浊肿），同一条肌纤维可同时出现萎缩、浊肿、断裂等变化。肌纤维间距增宽，有的区域肌纤维间有疏松或致密的结缔组织与脂肪组织。

高倍：萎缩的肌纤维稍深染伊红，横纹消失，纵纹趋向融合，核仍保持，肿胀的颗粒变性的肌纤维有的还可以见到横纹，有的横纹消失。

（2）变性。

1）肝脏颗粒变性：肝细胞肿大，细胞质内充满淡红色的颗粒状物，胞核常被颗粒物掩盖而不清楚。病变轻微时，颗粒粗细而少；病变严重时，颗粒粗大而量多，使整个细胞体积明显增大，相互挤压，以致肝细胞索增宽，肝静脉窦狭窄而难以辨认。

2）肾脏颗粒变性：肾颗粒变性，肾小管尤其近曲小管上皮细胞分界不清，肿胀，突入于管腔内，使管腔隙变小且不规整，而呈透光的星芒状甚至裂隙状。肾小管上皮细胞浆内有数量不等或很多的红染的细小颗粒物质，胞核清晰可见。间质由于受肿胀的肾小管挤压，显得狭窄，其间的毛细血管稀少。

3）心肌颗粒变性：心肌纤维肿胀变粗，肌浆内出现许多微细颗粒（注意，观察颗粒变性的细胞内颗粒时，可将集光器缩小，稍暗些视野观察为好）。

4）肝脏水样变性。

低倍：肝细胞索的放射状结构紊乱，血窦狭窄或完全闭塞，肝小叶中心带呈网孔状，周边带的肝细胞仍然保持正常状态。

高倍：肝细胞因肿胀而互相挤在一起，结构破坏，胞浆呈不规则的空泡状，整个细胞呈蜂巢状，核位于细胞中央或挤向一侧，染色质溶解。

5）肝脏脂肪变性：肝细胞胞浆内出现由少到多、由大到小的圆形空泡（由于制片过程中被乙醇、二甲苯溶去脂肪而留下的空隙），细胞核本身没有变化。严重时，空泡很大，使细胞胀大、变圆，有时整个胞浆部位被一个大空泡占据，胞核被挤压到细胞一侧，使细胞如戒指。有时脂滴较小但数量较多，多散在胞质中，胞核通常位于中央，但变小，甚至皱缩或溶解。肝细胞肿胀、变圆，使肝索不均匀地增粗，以致肝血窦狭窄；在严重变性部分，肝索排列紊乱，肝血窦不易辨认，可在肝细胞索边缘看到内皮细胞和星形细胞核，小叶分界模糊，以致肝组织酷似脂肪组织或呈多孔的网状。

6）脾淀粉样变：淀粉样物质沉着在网状组织和网状纤维周围的间隙中，为淡红染的均质物，呈团块、条斑状。

弥漫型，淀粉状物质散布于整个脾脏实质中。在红髓，主要沿脾窦和脾窦壁内（内皮下）分布，而使静脉窦壁增厚；在白髓，也有不同数量的淀粉样物质沉积。在小梁，有时淀粉样物呈条斑状沉着。

滤泡型，淀粉样物质主要沉积在淋巴小结周边部的组织间隙中，严重时，整个淋巴小结内都充满淀粉样物质。在少量淀粉样物质沉积的部位，脾脏原有组织因受压而萎缩，细胞成分减少，红髓静脉窦变小；在大量沉积部位，原有结构遭到毁坏，常难于辨认，宛如在淀粉样物质中散布着一些残留的萎缩组织和细胞碎片。

鉴别：一般来说，脾脏中无类似病变需要与淀粉样变鉴别。

7）肾脏透明变性：肾小管上皮细胞通常出现颗粒变性和水泡变性。肾小管上皮细胞内可见均质的红染滴状物，多少不一，一般为圆形，有红细胞的一半大，有的大于红细胞。肾小管管腔也有同样的透明滴状物。

8）神经细胞透明变性（狂犬病）：在大脑海马的神经细胞、小脑浦肯野细胞的细胞质内，可见到圆形、卵圆形或梨形，大小不等的红染包涵体（内基小体）。包涵体内有清晰的嗜碱性颗粒，它们有时排列成花瓣状。在一个神经细胞内可有1～3个包涵体。当神经细胞崩毁后，包涵体则散于细胞外。

9）鸡皮肤水泡变性与透明变性：表皮棘细胞层显著增生、肿大，细胞质空泡状，有些细胞胞浆溶解，互相融合成较大的水泡。在许多肿胀的上皮细胞细胞质中有包涵体，呈圆形或椭圆形，红染，有时很大，甚至几乎完全占据整个细胞。

（3）坏死。

1）肝凝固性坏死：坏死灶呈层状结构，中心部分肝细胞呈凝固性坏死状态，形成均质、无构造的红染物质，并含有数量不一的核碎片及残留的肝细胞，这些细胞的胞核碎裂或浓缩，或溶解。外层由增生的结缔组织包围，其中有大量的炎性细胞浸润。坏死灶周围的肝组织出现充血、出血等变化。

2）肺干酪样坏死（肺结核）：典型的结核结节中心为干酪样坏死，外面为上皮样细胞和郎格罕细胞构成的特异性肉芽组织区，最外面由成纤维细胞、胶原纤维构成的普通肉芽组织包围，其中有淋巴细胞、单核细胞浸润。坏死区呈均质红染无结构状态，有的病灶残留有核碎片，陈旧的病灶内坏死物发生钙化，可见深蓝色的钙盐颗粒，或呈团块状。上皮样细胞为梭形大细胞，可有分支，细胞质丰富，淡染，胞核呈椭圆形、淡染空泡状，有1～2个核仁。郎格罕细胞很大，近圆形，有几个到几十个近圆形的核排列在细胞体周边如花环或马蹄状。

3）淋巴结出血、坏死（猪瘟）：淋巴结皮质、髓质各部分血管普遍扩张充血，淋巴窦扩张，内有大量红细胞、单核细胞、淋巴细胞、中性白细胞。皮质淋巴小结变小或不规则，淋巴细胞疏松并减少，残留的淋巴细胞呈核浓缩、碎裂状态。髓质内有大量纤维蛋白渗出。

4）脑液化性坏死：初期的坏死灶，因水肿和组织自溶，组织疏松，淡染，呈多孔的网筛状。局部血管尚完好，无炎症细胞浸润。坏死灶内神经细胞核溶解。较后期，坏死区内的组织崩解，组织已不能辨认，充满无结构的红染颗粒状物质，有许多巨噬细胞移入病灶内。更后期，坏死灶残留一些红染物质，可见多量的巨噬细胞由于吞噬大量脂类物质，因而体积增大，胞浆内有许多脂质在染色过程中溶解后遗留的大小空泡，宛如泡沫团。坏死灶周围的脑组织中可见不同程度的水肿，胶质细胞增生，以及巨噬细胞浸润。

教师检查学生掌握情况：教师提问，学生指认显微镜下的病变特点。

五、实训报告

1. 描述　萎缩、变性、坏死的大体标本和切片标本病理变化。

2. 绘图　坏死的病理组织变化。

实训三　炎　症

一、实训目的

通过大体标本、病理组织学标本和图片观察，辨识各种炎性细胞，认识变质性炎、渗出性炎和增生性炎的病理形态学特征，分析其发生的原因和机理，以及对机体的影响。

二、实训安排

1. 大体标本　让学生辨别大体标本病变，之后教师描述器官的肉眼病理变化。

2. 病理组织切片标本　教师示教讲解后，学生自己观察，巩固对肠、肝、肺、肾、心组织结构病变特点的认识。

三、实训内容

实训内容见实训表 3-1。

实训表 3-1　炎症的实训内容

	大体标本	病理组织切片
各种炎症细胞		各种炎症细胞
变质性炎		
变质性心肌炎	变质性心肌炎	变质性心肌炎
变质性肾炎	变质性肾炎	变质性肾炎
渗出性炎		
急性卡他性肠炎	急性卡他性肠炎	急性卡他性肠炎
肺急性炎症	肺急性炎症	肺急性炎症
化脓性皮炎	化脓性皮炎	化脓性皮炎
出血性坏死性肝炎	出血性坏死性肝炎	出血性坏死性肝炎
猪瘟固膜性肠炎	猪瘟固膜性肠炎	猪瘟固膜性肠炎
仔猪副伤寒固膜性肠炎	仔猪副伤寒固膜性肠炎	仔猪副伤寒固膜性肠炎
增生性炎		
牛副结核小肠增生性肠炎	牛副结核小肠增生性肠炎	牛副结核小肠增生性肠炎
肉孢子虫病	肉孢子虫病	肉孢子虫病

四、实训标本观察

（一）大体标本观察

1. 大体标本观察方法　观察肠、肝、肺、肾、心大体标本时，先观察其大小、外形、颜色、质地、切面有无异常，血管有无扩张、狭窄，腔内有无分泌物、渗出物、血凝块、异物等，管壁厚度是否正常。如有病变，描述病变部位、大小、形状、分布、质地、颜色等。

2. 学生活动　辨别大体标本，根据上课所学理论知识，让学生辨别变质性炎、渗出性炎和增生性炎的病理特征。

3. 教师活动 大体标本病变描述。

（1）变质性炎。

1）变质性心肌炎：心脏色彩不均，色泽变淡，质地柔软，失去固有光泽，煮肉样。

2）变质性肾炎：肾脏肿大，质脆易碎，灰黄色或黄褐色。

（2）渗出性炎。

1）急性卡他性肠炎：黏膜潮红，肿胀，有时散在出血斑点。黏膜表面被覆浆液性、黏液性或化脓性渗出物。肠壁淋巴滤泡和集合淋巴滤泡增大，常突出黏膜。剖面可见黏膜层、黏膜下层水肿、增厚。

2）肺急性炎症：炎症水肿期，肺脏病变部充血，水肿，呈红色，尚有弹性。

3）化脓性皮炎：局部皮肤肿胀、潮红，剖面上可见黄白色的脓灶，压之有脓液流出。有时整个局部皮肤呈现一团脓液，脓液为黄白色的糊状物。若为绿脓杆菌引起的，其脓液带绿色；脓液稀薄或带血标志化脓过程剧烈。

4）出血性坏死性肝炎：肝肿大，颜色淡黄、淡白或砖红色，被膜上偶见出血点、斑，质地软而脆。胆囊扩张，充满绿色胆汁，胆囊壁水肿而增厚。

（3）增生性炎。

1）猪瘟固膜性肠炎：在肠黏膜上可见散在的纽扣状溃疡，它是肠壁淋巴滤泡坏死基础上发展的局灶型固膜性炎症。在初期，肠壁淋巴滤泡增生增大，中心部坏死，少数可能是在出血点局部发生坏死。在黏膜上形成坏死灶周围稍隆起而中心凹陷的圆形小溃疡。同时，渗出的纤维素与坏死物凝结而成干涸的黄白色坏死痂。中期，由于炎症反复进行，溃疡面上坏死物结痂形成明显隆突的同心层结构，形似钮扣，故称“扣状肿”。扣状肿的直径为几毫米至2cm，圆形，质硬，暗褐色或污绿色，其周围常有红晕。纽扣状溃疡继续加深，波及浆膜层，引起局部性的纤维素性腹膜炎。偶见坏死物脱落，形成瘢痕。

2）仔猪副伤寒固膜性肠炎。

局灶型：可见肠壁淋巴细胞脑髓样肿胀，以致孤立淋巴滤泡呈半球状突出，淋巴集结呈堤状隆起，其中心发生坏死，并向深部和周围扩展，局部黏膜也继发坏死并结痂。痂脱落之后显露有堤状边缘的浅平溃疡，圆形或椭圆形，溃疡还可融合扩大，偶见溃疡愈合，形成瘢痂。深的溃疡可延及浆膜层，此时可见局部出现纤维素性腹膜炎。严重时发生肠穿孔。

弥漫型：纤维素渗出和坏死的黏膜在黏膜面上结成污灰色糠麸样物，牢固附着在溃烂的黏膜上，同时可见溃疡愈合而形成瘢痂。

上述固膜性炎发展充分时，在溃疡的肠黏膜上形成厚层坏死物痂，质硬，缺乏弹性，表面粗糙不平，似树皮。

3）牛副结核小肠增生性肠炎：病变以小肠后段最明显。肠管增粗，较硬，似食道，肠腔较小。病变部肠黏膜增厚，形成脑回样皱裂，皱裂质软并有弹性。黏膜表面光滑，色灰白，但有时色红并散在小出血点。

4）肉孢子虫病：肌肉内见与纤维平行的白色线状小体，大小不一，即猪肉孢子虫孢囊。

（二）病理组织切片观察

1. 病理组织切片观察方法 观察应按一定顺序进行，先肉眼观察大体组织结构如何，再用低倍镜观察各器官有无病变，找到病变后，全面观察病变区，看病变结构与分布，然后选择一个或数个病灶用高倍镜进行详细观察，记录病变区组织结构、病变形态特征等。

2. 学生活动 学生在显微镜下观察病理组织切片，掌握变质性炎、渗出性炎和增生性炎的病变特点。

3. 教师活动 示教各种炎性细胞、变质性炎、渗出性炎和增生性炎。

（1）各种炎性细胞：识别各种炎性细胞，如嗜中性粒细胞、嗜酸粒细胞、嗜碱粒细胞、肥大细胞、单核细胞、巨噬细胞、淋巴细胞、浆细胞等。

（2）变质性炎。

1）变质性心肌炎：肌纤维肿胀，呈不同程度的颗粒变性和脂肪变性，其中有的区域肌纤维发生蜡样坏死、坏死的肌纤维均质、红染，有的进而断裂、溶解为大小不等的团块。间质内，特别是小血管周围有较多的白细胞（主要是淋巴细胞、单核细胞和少量浆细胞）浸润。

2）变质性肾炎：肾小管多数凝固性坏死，间质内，肾小球周围、肾小管之间有炎性细胞浸润，间质稍增宽（水肿）。肾小管上皮细胞的细胞质溶解，核大多数溶解，少数破碎或固缩，浸润的炎性细胞主要是淋巴细胞，偶尔有个别嗜中性粒细胞。

（3）渗出性炎。

1）急性卡他性肠炎：黏膜上皮细胞变性、部分脱落，杯状细胞增多，其黏液分泌亢进。固有层毛细血管充血、出血、水肿，有中性粒细胞、巨噬细胞、淋巴细胞，寄生虫病时还有嗜酸粒细胞浸润。肠腺上皮细胞变性，腺腔中常有炎性渗出物。黏膜下层的变化基本同固有层，但通常较轻。肠壁淋巴滤泡增大，发生中心活动化。有时肌层轻度变性。

2）肺急性炎症：肺泡壁毛细血管充血，肺泡腔内可见浆细胞、淋巴细胞。

3）化脓性皮炎：初期，局部皮肤皮下组织充血，并有大量嗜中性白细胞浸润。中期，大量嗜中性白细胞变性、坏死，成为脓细胞，胞体界线不明，或仅残留裸核。局部组织皮下细胞完全坏死，彻底毁坏和溶解。两者是脓液主要成分。后期，化脓灶周围可见结缔组织增生并形成包囊，此包囊内毛细血管扩张、充血、水肿，并有大量嗜中性白细胞、单核细胞浸润。

4）出血性坏死性肝炎：肝细胞索紊乱，肝细胞普遍发生颗粒变性、脂肪变性甚至气球样变。小叶中心区或边缘肝细胞坏死溶解，局部充满红细胞，并有嗜中性白细胞浸润。汇管区、小叶间动静脉极度扩张、充血、出血，间质水肿，增厚，并有嗜中性白细胞浸润。

5）出血性坏死性肠炎：镜检可见炎灶区肠黏膜坏死，肠绒毛的固有形象消失，坏死组织与渗出的纤维素凝结在一起，成为一团粉染无结构物，其中散布着蓝染的核破碎物质，炎灶周围的肠黏膜充血、出血，以及炎性细胞浸润。

（4）增生性炎。

1）慢性猪瘟固膜性肠炎：扣状肿部位的整个黏膜层坏死，坏死物和渗出的纤维素混杂成不均匀红染物，其中散在模糊不清的炎症细胞。肠腺呈凝固性坏死，腺体轮廓仍可辨认，但腺体上皮细胞核碎裂或溶解消失，坏死区周边有明显充血、出血、水肿和炎性细胞浸润。

2）仔猪副伤寒固膜性肠炎。

局灶型：可见肠壁淋巴滤泡中心区的网状细胞明显增生并坏死、崩解成为无结构的物质。在坏死区外周有炎症细胞浸润和肉芽组织增生。局部黏膜亦坏死软化，形成溃疡。

弥漫型：病变部黏膜层与固有层组织坏死，结构完全毁坏，组织坏死物和纤维素混杂成厚层固膜，其中有的肠腺尚隐约可辨。坏死、溃疡层之下可延及黏膜下层，甚至深达肌层，为炎症细胞反应带，主要是崩解的中性粒细胞核染色质碎片。在核碎片层外周，有一些形态完整的炎性细胞，如巨噬细胞、淋巴细胞和浆细胞，中性粒细胞较少。

上述两型病变在后期，溃疡周围增生肉芽组织长入坏死区填充黏膜缺损，发展为瘢痂。

鉴别：慢性猪瘟肠纽扣状溃疡虽也为大肠局灶型固膜性肠炎，但溃疡多分开，突出于肠黏膜，犹如钮扣，其表面呈同心层结构，不表现为具有堤状边缘的溃疡或陷凹状黏膜，也不发展为弥漫型肠炎。

3）牛副结核小肠增生性肠炎：病变部的小肠绒毛变粗而变形，大小不一，排列散乱，黏膜上皮常坏死脱落。黏膜表面常覆以大量黏膜和坏死细胞。固有层和黏膜下层间质增生，有上皮样细胞聚集，其间夹杂多少不一的淋巴细胞。在上皮样细胞密集区常有巨细胞。肠腺萎缩，变性或消失。在肌层和浆膜层血管外围，偶见上皮样细胞和淋巴细胞增生。在抗酸染色的切片中可见上皮样细胞和巨细胞浆中有大量红染的副结核杆菌。

4）肉孢子虫病：有虫体寄生的肌纤维囊肿大，肌浆大部分被孢囊取代，肌细胞膜仍完整。孢囊纵切面为纺锤形或雪茄形，横切面为圆形，囊腔内充满蓝紫色、香蕉形孢子，囊壁外表面大都光滑，少数体积大的囊壁表面有绒毛状结构。完整的孢囊周围肌纤维仍有清晰横纹，邻近亦无炎性细胞浸润。孢囊破坏后，局部现大量嗜酸粒细胞浸润，发展为嗜酸粒细胞性肌炎并形成嗜酸性脓肿，其后有单核细胞、淋巴细胞及纤维组织增生，形成假结核结节。

教师检查学生掌握情况：教师提问，学生指认显微镜下病变特点。

五、实训报告

1. 描述 变质性炎、渗出性炎和增生性炎的大体标本和切片标本的病理变化。

2. 绘图 变质性炎、渗出性炎和增生性炎的病理组织变化。

实训四 肿 瘤

一、实训目的

通过标本的观察，掌握动物几种常见肿瘤（纤维瘤、脂肪瘤、乳头状瘤、鳞状细胞癌、黑色素瘤等）的形态学特征。

二、实训安排

1．大体标本 让学生辨别肿瘤，之后教师描述肿瘤的形态特征。

2．病理组织切片标本 教师示教观察肿瘤组织切片后，学生自己观察，巩固对肿瘤组织结构特点的认识。

三、实训内容

实训内容见实训表 4-1。

实训表 4-1 肿瘤实训内容

大体标本	病理组织切片	大体标本	病理组织切片
纤维瘤 脂肪瘤 乳头状瘤	纤维瘤	鳞状细胞癌 黑色素瘤	鳞状细胞癌

四、实训标本观察

（一）大体标本观察

1．大体标本观察方法 观察大体标本时，首先应观察器官的大小、外形、颜色，然后检查其表面、切面有无异常。找到肿瘤，描述其发生的部位、大小、形状、质地、颜色及与周围组织的分界情况等。

2．学生活动 辨别大体标本，根据上课所学理论知识，让学生辨别纤维瘤、脂肪瘤、乳头状瘤、鳞状细胞癌、黑色素瘤等常见的肿瘤。

3．教师活动 大体标本病变描述。

（1）纤维瘤。

1）常发生于皮下结缔组织，呈结节状，肿瘤与周围组织边界清楚、质地硬。

2）肿瘤切面可见交错排列的纤维。

3）良性肿瘤。

（2）脂肪瘤。

1）主要发生于皮下组织、肠系膜，形状一般为结节状或息肉状，外被一薄层结缔组织性包膜，与周围组织界限明显。

2）脂肪瘤颜色、质地与正常的脂肪组织相似，其与正常组织在形态上的不同之处在于：脂肪瘤被结缔组织分割为大小不同的小叶。

3）良性肿瘤。

（3）乳头状瘤。

1）多发部位为皮肤、口、咽、舌、食管、胃、肠等。

2）为乳头状或有小分枝，有的呈圆形疣状增生物，颜色为灰白色或灰褐色，表面粗糙。

3）良性肿瘤。

（4）鳞状细胞癌。

1）发生于皮肤和皮肤型黏膜，如口腔、舌、食管、肛门、阴道等处，其他不属于鳞状细胞的组织（如鼻腔、支气管和子宫体等）如化生转化为鳞状上皮后，也可出现鳞状细胞癌。

2）肿瘤质地硬而脆，呈不规则结节状，花菜样外观，无包膜，与周围组织界限不清楚。

3）切面呈灰白色，无光泽。

4）局部有溃疡、坏死或出血。

5）恶性肿瘤。

（5）黑色素瘤。

1）一般呈结节状，颜色为黑色，位于体表的肿瘤由于摩擦，常见有出血、溃烂。

2）在动物中，发生的多为恶性黑色素瘤。

（二）病理组织切片观察

1. 病理组织切片观察方法 病理组织切片的观察应按一定顺序进行。先肉眼观察，再用低倍镜观察，找到肿瘤后，看肿瘤的分布，然后选择一个典型区域，用高倍镜下放大，进行重点详细的观察，找出肿瘤的实质和间质，观察肿瘤异型性，分辨良性肿瘤与恶性肿瘤，记录肿瘤的形态特征。

2. 学生活动 学生在显微镜下观察病理组织切片，掌握纤维瘤、鳞状细胞癌形态特点。

3. 教师活动 示教纤维瘤、鳞状细胞癌的病变描述。

（1）纤维瘤。

1）在低倍镜下，主要见到结缔组织纤维，其排列致密而不规整，纤维纵横交错，其中央有少数血管，而血管壁结构不完整。

2）高倍镜下可见，纤维瘤细胞和胶原纤维构成肿瘤的实质，其间质较少。

3）肿瘤细胞的形态较一致，但其中的胶原纤维排列呈编织状。

（2）鳞状细胞癌。

1）用低倍镜观察，见到许多由于鳞状上皮细胞癌变过度增殖和浸润性生长而形成的大小不等的癌巢。

2）高倍镜观察癌巢，癌巢最外层的细胞个体大，呈圆形或椭圆形，癌巢中央细胞稍扁平，有的细胞发生角化，角化的上皮细胞形成红染半透明的轮层状小体，称其为癌珠。癌巢中有癌珠结构，表明癌细胞分化较好，肿瘤恶性程度较低。

教师检查学生掌握情况：教师提问，学生指认显微镜下肿瘤特点。

五、实训报告

1. 描述 纤维瘤、脂肪瘤、乳头状瘤、鳞状细胞癌、黑色素瘤的形态结构特点。

2. 绘图 鳞状细胞癌的组织形态、结构特点。

实训五　免疫系统病理

一、实训目的

掌握脾炎、淋巴结炎的类型及其病变特点。

二、实训安排

1. 大体标本　学生辨别大体标本病变，之后教师描述器官的肉眼病理变化。

2. 病理组织切片标本　教师先示教讲解，然后学生自己观察，巩固对脾脏、淋巴结组织结构病变特点的认识。

三、实训内容

实训内容见实训表 5-1。

实训表 5-1　免疫系统病理实训内容

	大体标本	病理组织切片
脾炎	急性炎性脾肿	急性炎性脾肿
	慢性脾炎	
淋巴结炎	出血性淋巴结炎	
	化脓性淋巴结炎	化脓性淋巴结炎

四、实训标本观察

（一）大体标本观察

1. 大体标本观察方法　观察脾脏、淋巴结大体标本时，观察其大小、外形、颜色、切面有无异常，如有病变，描述病变的部位、大小、形状、分布、结构、质地、颜色等。

2. 学生活动　辨别大体标本，根据上课所学理论知识，让学生辨别急性炎性脾肿、慢性脾炎、出血性淋巴结炎、化脓性淋巴结炎。

3. 教师活动　大体标本病变描述。

（1）急性炎性脾肿。

1）脾脏因充血而肿大，被膜紧张，边缘钝圆。

2）切面隆起，边缘外翻，切面呈灰白、暗红，又或紫色，实质高度充血较柔软，从切面流出大量暗红褐色絮状物和血液，脾脏的正常结构不清，看不出白髓和小梁的轮廓，新鲜时（固定前）用刀背刮切面，则刮下多量暗红色粥状物（红髓及血液）。

提示：马、牛、羊等易感动物的炭疽，急性猪丹毒，脾脏呈现急性炎性脾肿的病理变化。

（2）慢性脾炎。

1）脾脏明显肿大，边缘稍钝，表面呈灰白色，不平坦，呈均匀颗粒状。

2）切面膨隆，在呈灰白色的切面上亦有多数颗粒隆起，此隆起为淋巴滤泡因显著增生而导致体积增大，故眼观能清楚认出。

提示：牛、羊布氏杆菌病，仔猪副伤寒，脾脏呈现慢性脾炎的病理变化。

（3）出血性淋巴结炎。

1）淋巴结体积肿大，表面呈暗红色，切面隆起。

2）淋巴结切面边缘部呈暗红色，其他区域红白相间，呈大理石样外观，严重出血时，整个淋巴结呈均匀一致的红色。

提示：猪瘟病例，淋巴结往往发生出血性病变，淋巴结呈大理石样外观。

（4）化脓性淋巴结炎。

1）淋巴结肿大，表面或切面可见灰白色，大小不等的化脓灶，并有脓汁流出。

2）若脓肿较大，手触压有波动感。脓液的水分被吸收，则成为干酪样物质。

提示：马腺疫和猪链球菌感染时，颌下淋巴结呈现化脓性炎症。

（二）病理组织切片观察

1. 病理组织切片观察方法　应按一定顺序进行。先肉眼观察脾脏和淋巴结组织结构，再用低倍镜观察有无病变，脾脏和淋巴结的一般结构如何，找到病变后，全面观察病变区，看病变的结构与分布，然后选择一个或数个病灶用高倍镜放大，重点详细观察、记录病变区的组织结构、病变的形态特征等。

2. 学生活动　学生在显微镜下观察病理组织切片，掌握急性炎性脾肿、出血性淋巴结炎、化脓性淋巴结炎的病变特点。

3. 教师活动　示教急性炎性脾肿、出血性淋巴结炎、化脓性淋巴结炎。

（1）急性炎性脾肿。

1）脾髓内充盈大量血液。

2）脾实质细胞（淋巴细胞、网状细胞）弥漫性坏死、崩解，白髓几乎完全消失。

3）嗜中性粒细胞浸润和浆液渗出。

4）被膜和小梁中的平滑肌、胶原纤维和弹性纤维排列疏松、肿胀、溶解。

（2）化脓性淋巴结炎。

1）初期，淋巴窦内聚集大量中性粒细胞。

2）后期，白细胞发生坏死、崩解，释放各种水解酶，使淋巴组织溶解、液化，形成脓汁。

教师检查学生掌握情况：教师提问，学生指认显微镜下病变特点。

五、实训报告

1. 描述　急性炎性脾肿、化脓性淋巴结炎的切片标本的病理变化。

2. 绘图　化脓性淋巴结炎的病理组织变化。

实训六 呼吸系统病理

一、实训目的

掌握小叶性肺炎、纤维素性肺炎、肺气肿的病变特点。

二、实训安排

1. 大体标本 让学生辨别大体标本病变，之后教师描述肉眼器官的病理变化。

2. 病理组织切片标本 教师示教讲解后，学生自己观察，巩固对肺组织结构病变特点的认识。

三、实训内容

实训内容见实训表6-1。

实训表6-1 呼吸系统病理实训内容

项目	大体标本	病理组织切片	项目	大体标本	病理组织切片
肺炎 小叶性肺炎 纤维素性肺炎	小叶性肺炎 纤维素性肺炎（红色肝变、灰色肝变）	小叶性肺炎 纤维素性肺炎（红色肝变、灰色肝变）	间质性肺炎 肺气肿	间质性肺炎 肺泡性肺气肿	肺泡性肺气肿

四、实训标本观察

（一）大体标本观察

1. 大体标本观察方法 观察肺大体标本时，首先观察肺大小、外形、颜色，然后检查胸膜有无渗出、粘连和增厚。观察肺切面有无异常，看支气管管腔黏膜是否光滑，有无扩张、狭窄，腔内有无分泌物、血凝块、异物、新生物等，管壁厚度是否正常，肺泡腔有无扩大，肺实质有无实变、新生物等。如有病变，描述病变部位、形状、分布、质地、颜色等。

2. 学生活动 辨别大体标本，根据上课所学理论知识，让学生辨别小叶性肺炎，纤维素性肺炎（红色肝变、灰色肝变），间质性肺炎。

3. 教师活动 大体标本病变描述。

（1）小叶性肺炎。

1）病变部位是尖叶、心叶和膈叶的前下缘。

2）尖叶、心叶和膈叶的前下缘颜色变深、质地变实。

提示：小叶性肺炎病灶大小不等、不规则，严重者，病灶可相互融合，甚至累及整个肺叶。临床上猪气喘病，肺的变化常为小叶性肺炎病理变化。

（2）纤维素性肺炎。

1）肺红色肝变：肉眼观察，颜色呈现黑色（新鲜时为红色，经福尔马林固定呈现黑色）区域为肺的红色肝变区；从切面看，肺质地变实，不见肺泡，肝脏样外观。

2）肺灰色肝变：肉眼观察，颜色呈现灰白色区域为肺的灰色肝变区；从切面看，肺质地变实，不见肺泡，肝脏样外观。

提示：如果切取纤维素性肺炎病变区的小块肺脏，放入水中，可沉入容器底部。这是由于肺泡内充满纤维素性出血性渗出物所致。

（3）间质性肺炎。

1）为猪肺丝虫病的标本。

2）见支气管内有大量细线绳样丝虫存在，塞满整个管腔。

3）肺间质增宽，颜色呈灰白色，纹理非常清晰，而肺实质没有明显变化。

（4）肺泡性肺气肿。

1）气肿区域，肺体积膨大、颜色变浅。

2）在肺气肿区，切面呈蜂窝状。

提示：新鲜的肺气肿标本组织柔软，弹性变差，压迫气肿区，被压区凹陷，不易消退。

（二）病理组织切片观察

1. 病理组织切片观察方法　观察时按一定顺序进行。先肉眼观察肺组织结构，再用低倍镜观察胸膜有无病变，肺的一般结构，支气管及血管状态。找到病变后，全面观察病变区，看病变结构与分布，选择一个或数个病灶用高倍镜重点观察，记录病变区结构、病变形态特征等。

2. 学生活动　学生在显微镜下观察病理组织切片，掌握小叶性肺炎，纤维素性肺炎（红色肝变、灰色肝变），肺泡性肺气肿的病变特点。

3. 教师活动　示教小叶性肺炎、纤维素性肺炎、肺泡性肺气肿。

（1）小叶性肺炎。

1）病理变化一般局限在局部区域。严重者，病灶相互融合，呈片状分布。

2）细支气管黏膜充血、水肿，肺泡壁血管充血。病灶中细支气管腔内和肺泡内有大量炎性渗出物。

3）病灶周围可伴代偿性肺气肿或肺不张。

（2）纤维素性肺炎。

1）红色肝变病变特点：肺泡壁毛细血管扩张、充血，肺泡内有大量网状结构纤维素，纤维素穿破肺泡孔，使肺泡间相通，纤维素网孔中有大量红细胞和少量中性粒细胞、巨噬细胞。

2）灰色肝变病变特点：肺泡壁内毛细血管充血减退，肺泡腔内有大量纤维素和中性粒细胞，红细胞几乎溶解消失。

提示：纤维素性肺炎根据病变发展过程分为四期：充血水肿期、红色肝样变期、灰色肝样变期和溶解消散期，病变面积大，常累及一个大叶，甚至一侧肺叶或全肺，常预后不良。

（3）肺泡性肺气肿。

1）肺泡扩张，肺泡壁变薄，甚至断裂，肺泡互相融合成较大的囊腔。

2）肺泡壁毛细血管明显减少，甚至消失。

教师检查学生掌握情况：教师提问，学生指认显微镜下病变特点。

五、实训报告

1. 描述　支气管性肺炎、纤维素性肺炎切片标本的病理变化。

2. 绘图　纤维素性肺炎的病理组织变化。

实训七　消化系统病理

一、实训目的

掌握卡他性肠炎、纤维素性肠炎、各种类型肝炎、肝硬化的病变特点。

二、实训安排

1. 大体标本　让学生辨别大体标本病变，之后教师描述肉眼器官的病理变化。

2. 病理组织切片标本　教师先示教讲解，然后学生自己观察，巩固对肠炎、肝炎组织结构病变特点的认识。

三、实训内容

实训内容见实训表 7-1。

实训表 7-1　消化系统病理实训内容

	大体标本	病理组织切片		大体标本	病理组织切片
肠炎			纤维素性肠炎	局灶性固膜性肠炎	固膜性肠炎
卡他性肠炎	卡他性肠炎		肝炎	肝坏死	肝凝固性坏死
纤维素性肠炎	浮膜性肠炎	浮膜性肠炎	肝硬化	肝硬化	肝硬化

四、实训标本观察

（一）大体标本观察

1. 大体标本观察方法　观察肠、肝脏大体标本时，首先应观察肠的浆膜面，有无出血、结节等异常，然后剪开肠管，看肠壁厚度有无变化，肠管有无扩张、狭窄，检查肠黏膜有无渗出、出血、肿胀等。观察肝脏的大小、外形、颜色、表面、切面有无异常。如有病变，描述病变的部位、大小、形状、分布、结构、质地、颜色有何变化等。

2. 学生活动　辨别大体标本，根据上课所学理论知识，让学生辨别卡他性肠炎、浮膜性肠炎、固膜性肠炎、肝坏死。

3. 教师活动　大体标本病变描述。

（1）卡他性肠炎。

1）肠管松弛、扩张。

2）肠黏膜肿胀、充血，肠壁内淋巴滤泡肿胀，隆起于黏膜表面，周围充血，从浆膜面即可见到。

3）肠内容物较多，早期为浆液，后期以黏液或脓液为主，呈灰黄色，比较黏稠。

（2）浮膜性肠炎。

1）肠黏膜表面覆盖一层渗出的纤维素薄膜，呈灰白色，称为伪膜。

2）伪膜剥离后，见肠黏膜充血、肿胀。

提示：动物生前发生浮膜性肠炎时，观察动物的粪便，可见灰白色伪膜随粪便排出体外。

（3）局灶性固膜性肠炎：在肠黏膜上，可见圆形隆起的痂，呈灰黄或灰白色，表面粗糙不平，直径大小不一，质度硬实，炎症可侵及黏膜下层，甚至到达肌层或浆膜，形成的痂不易剥离，若强行剥离则黏膜局部形成溃疡。

提示：鸡新城疫、猪副伤寒、猪瘟等病时，肠的病变呈固膜性肠炎的变化。

（4）肝坏死：肝表面或切面出现大小不等的灰黄色或灰白色的斑块或小点。

提示：鸡或火鸡的组织滴虫病，肝呈现圆盘状坏死；禽霍乱，病禽的肝脏出现针尖状坏死灶。

（5）肝硬化：肝被膜增厚，肝组织被灰白色的增生结缔组织分割成许多大小不等的区域，肝脏失去正常外观结构，肝表面呈颗粒状，凹凸不平。

（二）病理组织切片观察

1. 病理组织切片观察方法　病理组织切片的观察应按一定顺序进行。先肉眼观察肠、肝脏组织结构如何，再在低倍镜下观察。找到病变后，全面观察病变区，看病变的结构与分布，然后选择一个或数个典型病灶，高倍镜下放大详细观察，记录病变区的组织结构、病变的形态特征等。

2. 学生活动　学生在显微镜下观察病理组织切片，掌握浮膜性肠炎、固膜性肠炎、肝坏死、肝硬化的病变特点。

3. 教师活动　示教浮膜性肠炎、固膜性肠炎、肝坏死、肝硬化的病变特征。

（1）浮膜性肠炎。

1）肉眼所见到的伪膜是由渗出的纤维素与游出的白细胞和脱落的黏膜上皮细胞凝集在一起构成的。

2）黏膜上皮细胞发生变性、坏死和脱落，固有层则见充血、水肿和炎性细胞浸润。

（2）固膜性肠炎。

1）肉眼所见到的圆形或椭圆形的痂是由渗出的纤维素与发生坏死的局部肠黏膜融合在一起形成的，HE 染色均质、红染、无结构。

2）坏死灶周围见充血、出血和白细胞浸润，慢性经过时还可见外围结缔组织增生。

（3）肝坏死：坏死区域内，肝细胞索排列零乱，肝细胞核浓缩、核碎裂或消失而构成一片片大小不等的伊红着染的坏死灶，有些区域可见到肝细胞的轮廓。

（4）肝硬化。

1）肝脏内结缔组织增生，将肝组织分割成许多假小叶，这些假小叶大小不等，形状不一，中央静脉偏于一侧或缺如，或见两个以上的中央静脉。小叶内的肝细胞索排列紊乱。

2）肝细胞发生变性或萎缩消失。

3）在间质增生的结缔组织中，有淋巴细胞浸润、新生小胆管和无管腔的假胆管。

教师检查学生掌握情况：教师提问，学生指认显微镜下病变特点。

五、实训报告

1. 描述　浮膜性肠炎、固膜性肠炎、肝坏死、肝硬化的切片标本病理变化。

2. 绘图　浮膜性肠炎的病理组织变化。

实训八 泌尿、神经系统病理

一、实训目的

掌握肾小球肾炎、非化脓性脑炎的病变特征。

二、实训安排

1. 大体标本 让学生辨别大体标本病变，之后教师描述肉眼器官的病理变化。

2. 病理组织切片标本 首先教师示教，讲解肾脏、脑病理组织切片，然后学生自己观察，巩固对肾脏、脑病理组织结构病变特点的认识。

三、实训内容

实训内容见实训表 8-1。

实训表 8-1 泌尿、神经系统病理实训内容

	大体标本	病理组织切片
肾炎	急性肾小球性肾炎 慢性肾小球性肾炎 肾盂肾炎	急性肾小球性肾炎
脑炎	化脓性脑炎	非化脓性脑炎

四、实训标本观察

（一）大体标本观察

1. 大体标本观察方法 观察肾脏、脑大体标本时，首先应观察肾脏、脑的表面，检查有无出血、结节、脓肿等异常，然后观察切面有无异常等。如有病变，描述病变的部位、大小、形状、分布、结构、质地、颜色有何变化等。

2. 学生活动 辨别大体标本，根据上课所学理论知识，让学生辨别急性肾小球性肾炎、慢性肾小球性肾炎、肾盂肾炎、化脓性脑炎。

3. 教师活动 大体标本病变描述。

（1）急性肾小球性肾炎。

1）肾脏轻到中度肿大，表面光滑，被膜紧张，质地柔软，充血，称为大红肾。

2）有些病例，肾脏表面及切面有散在出血点。

3）切面见皮质增厚，皮质与髓质分界较清楚。

（2）慢性肾小球性肾炎。

1）肾脏体积缩小，质地坚硬，表面凹凸不平或呈弥漫性的颗粒状。

2）肾被膜与肾实质粘连，被膜不易剥离。

3）肾切面皮质与髓质分界不清。

提示：在屠宰肉检记录中，牛的慢性肾炎多见。

（3）肾盂肾炎。

1）肾盂黏膜粗糙无光泽，局部淤血、出血。

2）肾乳头几乎消失。

3）肾盂高度扩张，肾脏实质（皮质和髓质）明显变薄。

（4）化脓性脑炎。

1）可见大小不等的脓肿灶，颜色呈黄色或黄绿色。

2）脓肿周围有炎性水肿，导致脑软化而塌陷。

3）时间久的脓肿，脓肿周围形成灰白色致密而坚固的结缔组织包囊。

（二）病理组织切片观察

1. 病理组织切片观察方法 病理组织切片的观察应按一定顺序进行。先肉眼观察肾脏、脑组织结构如何，再在低倍镜下观察。找到病变后，全面观察病变区，看病变的结构与分布，然后选择一个或数个典型病灶，高倍镜下放大详细观察，记录病变区的组织结构、病变的形态特征等。

2. 学生活动 学生在显微镜下观察病理组织切片，掌握急性肾小球性肾炎、非化脓性脑炎的病变特点。

3. 教师活动 示教急性肾小球性肾炎、非化脓性脑炎的病变描述。

（1）急性肾小球性肾炎。

1）增生性变化：肾小球体积增大，细胞数量增多（主要为内皮细胞和系膜细胞肿胀、增生），血管球体积增大，严重的充满肾小球囊腔。中性粒细胞和单核细胞浸润。

2）渗出性变化：毛细血管通透性增加，浆液、纤维蛋白原、中性粒细胞和单核细胞从毛细血管内渗出。肾小囊的囊腔，挤压血管球，使其体积缩小和贫血。

3）肾小管上皮细胞可因供血不足而发生颗粒变性和脂肪变性。

4）肾间质充血、水肿，并有少量炎性细胞浸润。

（2）非化脓性脑炎。

1）脑组织内血管扩张充血，血管周围有大量淋巴细胞和单核细胞集聚，形成“血管套”。

2）神经细胞肿胀，胞质内有脂肪滴或小泡，尼氏体溶解或消失，核固缩或消失；细胞质浓缩，浓染，体积缩小。

3）神经胶质细胞呈弥漫性或结节性增生，有时可见噬神经元现象或卫星现象。

*噬神经元现象：神经细胞坏死后，小胶质细胞增生，包围在其周围，并侵入神经元的胞体和突起，这种现象称为噬神经元现象。

*卫星现象：在变性的神经元周围有胶质细胞增生，将它包围，称为“卫星现象”。

教师检查学生掌握情况：教师提问，学生指认显微镜下病变特点。

五、实训报告

1. 描述 急性肾小球性肾炎、慢性肾小球性肾炎的切片标本的病理变化。

2. 绘图 急性肾小球性肾炎的病理组织变化。

实训九　病理大体标本的制作

一、实训目的

通过本实训，使动物病理工作者掌握大体病理标本的制作方法，以便在临诊工作、屠宰场检验等过程中，把发现的典型病变的器官和组织保存起来，为教学、科研和病理检验工作者提供资料。

二、实训安排

（1）教师讲解病理大体标本的制作方法。

（2）学生操作。

三、实训内容

制作实质器官（肝、肾等），中空器官（心脏、胃、肠等），肺等病理大体标本。

四、病理大体标本制作

1. 教师活动

（1）病理大体标本制作步骤：取材→固定→装缸封存→贴标签。

1）取材：注意保持器官的完整性和病变的特征。

2）固定：固定液用10%福尔马林溶液。固定液要充足，固定液一般为固定标本总体积10倍以上。固定标本的容器宜宽大，尤其是口径要大。不同器官标本大小不一，形态各异，要根据标本形状和大小采用相应的方法固定。现将不同器官标本的取材与固定分述如下。

A. 实质性器官：如肝、脾等，实质性器官由于组织结构致密，不容易被固定液所穿透。通常用锋利的长刀沿器官长轴均匀地切成若干片，切面要平整，将欲显示病变的切面朝外，放于固定容器中，标本的下面垫上一层脱脂棉以便于固定液的渗入。

a. 脑：若病变在脑的表面，需保留完整脑器官；若病变在脑的内部，将脑固定后，再切开。

b. 肺脏：肺组织比较疏松，固定液容易渗透，按需要可固定整个肺或局部切开进行固定。肺组织因含气体漂浮在固定液上面，为防止肺组织表面干燥，使固定液渗入肺组织，所以在固定肺标本时，上面应覆盖一层脱脂棉。

c. 肾脏：肾脏被摘除后，一般先检查肾的表面，然后用刀沿着肾的外侧纵向切开，将肾切成两半，再检查肾实质和肾盂部分，根据病变的位置决定保留单侧还是保留双侧肾脏。

d. 骨组织标本：骨的形状多样，大小不一，组织坚硬。在实际工作中，骨肿瘤是骨组织标本制作的主要内容。骨肿瘤标本的固定与软组织标本的固定基本相同，但要注意，由于骨肿瘤标本中的骨组织坚硬，肿瘤组织又较致密，所以应适当延长固定时间，一般2～3周，体积较大的骨肿瘤标本需要固定4～5周。

B. 空腔器官：如胃、肠、膀胱、胆囊、心脏等，根据病变部位、器官壁厚度不同，固定方法也有所不同。

a. 胃、肠：先把浆膜面附带的脂肪去掉，如欲显示黏膜面病变，要将器官剪开，暴露出黏膜面病变，按其自然形状用大头针沿周边固定于木板或硬纸板上，然后放置于固定液中。

b. 膀胱、胆囊：对于膀胱、胆囊等壁薄的器官组织，为保持标本的原有形状，可在腔内填充适量的脱脂棉进行固定。

c. 心脏：心脏标本经过固定以后会收缩变硬，在固定后应修整定型。若主要显示心包和心外膜的病变，可将整个心脏固定，只剪开心包，暴露有病变部位的心包和心外膜；若病变位于心肌或瓣膜处，则纵切心肌或切开心壁，充分暴露病变部位，然后再进行固定。

（2）制作病理大体标本的注意事项。

1）选取的病理组织忌用水洗：当被选组织沾有血液、污物时，不能用水冲洗，可用纱布或脱脂棉拭去，必要时，可用生理盐水冲洗。

2）固定时间：取材后，迅速放入固定液固定，如果当时没有合适的固定液，可以将标本浸泡在生理盐水中，置于冰箱内保存。勿将标本长时间暴露在空气中，防止丢失水分。若标本干枯，体积缩小，颜色和形状都会发生改变，使标本失真，则无保留价值。

附：原色标本的制作

用 10% 福尔马林固定液固定样本，约一周时间（注意：固定时间太长影响回色，标本太厚固定不好）。取出固定好的标本，用清水冲洗 12～24h，稍晾干，放入 70%～80% 乙醇中回色（亦可用 95% 乙醇），4～8h，待色泽回到原来状态即可。将已回色的标本取出，晾干，放入饱和食盐水中，封固即成。

2. 学生活动　制作病理大体标本操作步骤如下：

（1）配制固定液：10% 福尔马林溶液：（福尔马林，即 37%～40% 甲醛溶液 10ml，蒸馏水 90ml）。

（2）准备器具：普通玻璃或有机玻璃容器、标签、刀剪、镊、记号笔、生理盐水、脱脂棉。

（3）固定实质器官（肝、肾等），中空器官（心脏、胃、肠等），肺等（实训表 9-1）。

实训表 9-1　待固定器官及其病变位置

器官	肝脏	肾脏	心脏	小肠	肺脏
病变及所在位置	肝表面出血	肾表面有一囊肿	心肌坏死	固膜性肠炎	小叶性肺炎
	肝内部肿瘤	肾盂结石	心内膜炎	浆膜出血	

（4）封固和标签：封固最好用明胶封固（用明胶片加水，熬黏），既透明又整洁。另外，标本最好不要放在太阳直射及温度较高的地方保存。标本装好瓶以后，要及时贴标签，标明器官、病变名称、畜种、制作日期及编号。

实训十 血涂片制作及染色

一、实训目的

掌握血涂片制作及染色方法，辨别哺乳动物不同种类的白细胞形态特征。

二、实训安排

制备血涂片（血涂片染色、观察染色效果，识别哺乳动物各种白细胞）：教师示教，然后学生操作。

三、实训材料

1. 器材 显微镜、载玻片、盖玻片、玻片水平支架、采血针或注射器、计数器、小滴管、蜡笔、消毒棉球。

2. 溶液 香柏油、瑞氏染液、pH6.4～6.8 磷酸盐缓冲液、吉姆萨染液、蒸馏水。

四、实验步骤

（一）准备工作

1. 染色液的配制

（1）吉姆萨（Giemsa）染液的配制。

1）原液配制：

吉姆萨粉剂 0.8g　　甘油（医用）50ml　　甲醇 50ml

将吉姆萨粉剂溶于甲醇中，在乳钵中充分研磨，溶解后再加甘油，混合均匀，置于37～40℃温箱内 8～12h，过滤，装入棕色试剂瓶内，密封保存备用。

2）稀释液：临用时取吉姆萨原液 5ml，加磷酸盐缓冲液（pH6.4～6.8）50ml，即为吉姆萨稀释液。

3）pH6.4～6.8 磷酸盐缓冲液：取磷酸二氢钾（无水）0.3g，磷酸氢二钠（无水）0.2g，加少量蒸馏水溶解，调整 pH 至 6.4～6.8，加水至 1000ml。

（2）瑞氏染液的配制。

1）原液配制：

瑞氏染料粉剂 0.1g　　纯甲醇 60ml

2）配制步骤：将瑞氏染料粉放入乳钵内，加少量甲醇研磨。将已溶解的染料倒入洁净的玻璃瓶内，剩下未溶解的染料再加入少量甲醇进行研磨，如此反复操作，直至全部染料溶解为止。装入玻璃瓶内密封，在室温下保存一周即可使用。新鲜配制的染料偏碱性，放置后呈酸性，染液储存时间越久，染色愈好。

（二）血涂片的制作

取一滴血，滴于洁净无油脂的玻片一端。左手持玻片，右手再取边缘光滑的另一玻片作为推片。将推片边缘置于血滴前方，然后向后拉，当与血滴接触后，血即均匀附在第二玻片之间。此后以第二玻片呈 30°～45° 的角度平稳地向前推至玻片另一端。推时角度要一致，用力应均匀，即推出均匀的血膜（血膜不可过厚、过薄）。将制好的血涂片晾干，不可加热。

（三）血涂片的染色步骤

（1）用蜡笔在血膜两端各划一道线，以免染料外溢，置涂片于水平的支架上。

（2）用小滴管将瑞氏染液滴于涂片上，并盖满划出的涂片部分固定约半分钟。

（3）用小滴管再加 1.5 倍缓冲液或吉姆萨染液，轻轻摇动，并轻吹液体使染色液与缓冲液混合均匀，静置 5～10min。

（4）用蒸馏水冲洗（如清水的 pH 稳定于 7.2 左右时亦可代用）。冲洗血膜时应将玻璃片持平，冲洗后斜置血涂片于空气中干燥，或先用滤纸吸取水分后，迅速干燥，即可镜检。

红细胞呈橘红色；中性粒细胞核为蓝紫色，颗粒呈蓝紫至紫红色；嗜酸粒细胞颗粒呈鲜红色至橘红色；嗜碱粒细胞颗粒呈深蓝紫色；淋巴细胞核呈深蓝紫色，胞质呈天蓝色；单核细胞核呈浅紫色，胞质呈灰蓝色。

学生活动：制作血涂片并染色，最后在显微镜下观察各种血细胞。

教师活动：示教血涂片制作和染色方法。

教师检查学生掌握情况：教师提问，学生指认显微镜下各类白细胞的形态学特点。

（四）注意事项

（1）所用玻片必须干净，无油污。

（2）如染色太浅，可按照原来步骤重染；染色太深或有沉淀物，则可用甲醇脱色后重染。

（3）如白细胞核为天蓝色则染色时间过短；如红细胞呈紫红色，表示染色时间过长。

（4）染色时切勿使染液干涸，否则发生不易去掉的沉淀。

（5）冲洗时不可先倾倒染色液，应先轻轻摇动玻片，缓慢加水使沉渣泛起，然后用水冲洗。

（6）水冲洗时间不宜过长，否则会脱色。

五、实训报告

1. 描述　各类白细胞。

2. 绘图　各类白细胞。

实训十一 猪的尸体剖检

一、实训目的

掌握猪的尸体剖检方法，达到能结合剖检所见病理变化，进行综合分析和认识疾病的病理诊断能力，为临床应用奠定基础。

二、实训材料

1. 实训动物 病死猪。

2. 剖检器械 剥皮刀、解剖刀、手术刀、脏器刀、手术剪、肠剪、镊子、骨钳、板锯（弓锯）、骨斧、卷尺、磨刀石（棒）、注射器、针头、瓷盘（盆或缸）等。

3. 消毒药品 0.1%新洁尔灭溶液、3%来苏儿溶液、3%碘酊、70%～75%乙醇、10%福尔马林或95%乙醇、药棉、纱布等。

三、实训内容

通过教师示教让学生熟悉猪的尸体剖检方法，然后学生分组进行操作。具体操作过程按教材第十三章所规定的内容和方法进行；同时指导学生完成尸体剖检记录和尸体剖检报告单的填写。

四、注意事项

（1）对死于传染病和寄生虫病的猪，应先调查其所在地的疾病流行情况，生前的病史。若怀疑是人兽共患的烈性传染病如炭疽等，不仅禁止剖检，而且被其污染的环境以及与其接触的器具、用品等，均应严格地彻底消毒。

（2）在进行外部检查时，皮肤的检查尤为重要。当猪患有亚急性猪丹毒时，可见到大小比较一致的方形、菱形或圆形疹块，指压褪色；患急性猪瘟时，皮肤多有密集的或散在的出血点，指压不褪色。

（3）进行各器官的检查时要注重典型病变的观察，同时要注意疾病的鉴别诊断。

（4）在剖检过程中一定要注意工作人员的防护和场地、器械的消毒，以免感染或散播某些传染病。

五、实训报告

（1）写出猪剖检术式。

（2）描述器官、组织的眼观病理变化。

（3）填写猪尸体剖检报告单。

实训十二 鸡的尸体剖检

一、实训目的

熟悉并掌握鸡的尸体剖检方法，达到能结合剖检所见病理变化，进行综合分析和认识疾病的病理诊断能力，为临床应用奠定基础。实训时间为4h。

二、实训材料

1. 实训动物 病死鸡。

2. 剖检器械 手术刀、手术剪、鼠齿镊、骨剪、解剖盘、手术刀片、手套等。

3. 消毒药品 0.1%新洁尔灭溶液、3%来苏儿溶液、3%碘酊、70%～75%乙醇等。

三、实训内容

通过教师示教让学生熟悉鸡的尸体剖检方法，然后学生分组进行操作。具体操作过程按教材第十三章所规定的内容和方法进行；同时指导学生完成尸体剖检记录和尸体剖检报告单的填写。

四、注意事项

（1）在进行鸡外部检查时，如果患有雏鸡白痢或其他有腹泻症状的疾病时，泄殖腔周围的羽毛会被大量粪便污染。当患有鸡结核时，胸肌萎缩，龙骨嵴明显突出。患皮肤型马立克病时，在体表会触摸到大小不等的肿瘤结节。

（2）当鸡患有禽流感或新城疫时要及时向有关部门上报疫情，不得隐瞒。同时做好相关工作人员的防护工作。

（3）对容易混淆的疾病要进行鉴别诊断。

五、实训报告

（1）写出鸡剖检术式。

（2）描述器官、组织的眼观病理变化。

（3）填写鸡尸体剖检报告单。

实训十三　羊的尸体剖检

一、实训目的

熟悉并掌握羊的尸体剖检方法，达到能结合剖检所见病理变化，进行综合分析和认识疾病的病理诊断能力，为临床应用奠定基础。实训时间为4h。

二、实训材料

1. 实训动物　病死羊。

2. 剖检器械　剥皮刀、解剖刀、手术刀、脏器刀、手术剪、肠剪、镊子、骨钳、板锯（弓锯）、骨斧、卷尺、磨刀石（棒）、注射器、针头、瓷盘（盆或缸）等。

3. 消毒药品　0.1%新洁尔灭溶液、3%来苏儿溶液、3%碘酊、70%～75%乙醇、10%福尔马林或95%乙醇、药棉、纱布等。

三、方法步骤

通过教师示教让学生熟悉羊的尸体剖检方法，然后学生分组进行操作。具体操作过程按教材第十三章所规定的内容和方法进行；同时指导学生完成尸体剖检记录和尸体剖检报告单的填写。

四、实训报告

（1）写出羊剖检术式。

（2）描述器官、组织的眼观病理变化。

（3）填写羊尸体剖检报告单。

实训十四 病料的采集与送检

动物发生疾病时，为了能正确诊断疾病，确定发病原因，除依据临床症状、流行病学和眼观病理变化外，还要采取病理组织学、病原微生物材料等的实验室检查。各种病理材料正确选取、固定及包装运送尤为重要，关系到疾病诊断的准确性及试验结果的可靠性。

一、实训目的

掌握各种病理组织材料的采集和保存方法；掌握病原微生物材料的采集和保存方法。

二、实训材料

1. 剖检器械 刀（剥皮刀、解剖刀、外科手术刀），剪（外科剪、肠剪、骨剪），镊子，斧子，磨刀棒或磨石，广口瓶等。

2. 消毒药品 消毒药（来苏儿、新洁尔灭），10% 中性福尔马林溶液等。

三、实训方法与步骤

（一）病理组织材料的采取和送检

1. 病理组织材料的采取

（1）采取病理组织材料：找到病灶，连同病灶周围的部分正常组织一并切取；取样要全面，包括器官的重要结构，如胃、肠应包括从浆膜到黏膜各层组织，且能看到肠淋巴滤泡；肾脏和肾上腺等器官应包括皮质、髓质结构；心脏应包括心房、心室及其瓣膜各部分。当病变范围较大时，应从不同部位采取多块组织。各种病理组织材料的选取见实训图 14-1。

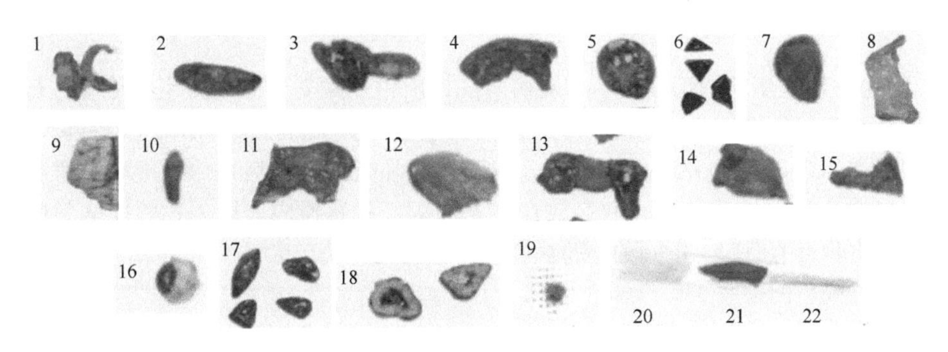

实训图 14-1 各种器官组织病理材料的选取

1. 食管与气管；2. 脾；3. 骨与骨髓；4. 心脏（包括左心室、房室隔和右心室）；5. 左肾（纵切）右肾（横切）；6. 肝；7. 舌；8. 膀胱（条形从顶部到底部）；9. 脑；10. 甲状腺；11. 回盲连接处和近端结肠；12. 胃；13. 十二指肠和胰腺；14. 空肠；15. 远端结肠；16. 眼；17. 肺；18. 肾上腺；19. 垂体；20. 皮肤；21. 骨骼肌；22. 坐骨神经

（2）选取的病理组织材料的大小：组织块的大小：2cm（长）×1.5cm（宽）×0.5cm（厚），厚度勿超过 0.5cm。

2．病理组织材料的固定、包装与送检

（1）病理组织材料的固定：选取的病理组织材料立即置于10%中性福尔马林溶液固定。固定液量为组织体积的10～20倍。固定时间应在24h以上。固定24h后，对组织边缘修整，换新固定液保存。注意：容器底部上垫脱脂棉或纱布，以防组织粘贴瓶底影响固定效果；对比较轻的肺组织，因其常漂浮在液面上，可用脱脂棉或纱布覆盖肺表面。在对胃、肠、皮肤、神经等柔软组织固定时，为防止组织扭转变形，可将组织块浆膜面向下平放在硬纸片上，两端结扎固定后放入固定容器中。

（2）病理组织的包装与送检：病理组织病料固定好后，可将组织块用脱脂纱布包裹好，装入塑料袋或木匣内以备送检。目前多派专人送检，并填写包含尸体剖检记录及临床摘要的送检单（实训表14-1）。

实训表14-1　动物病理材料送检单

送检单位							单位地址		
畜种		年龄		性别		发病时间		死亡时间	
采样时间		送检时间				送检人		联系电话	
流行情况：									
临床摘要：									
病理剖检变化：									
病料种类、数量与保存方法：									
送检目的与要求：									

（二）微生物检验病料的采取和送检

1．微生物检验病料的采取　在对疾病的诊断中，常需要借助微生物检验进行配合诊断，特别是对疑似传染病的诊断时，更需要采取微生物检验病料，供作微生物检验。微生物检验病料的采取应于动物死后立即进行，或于动物临死前扑杀后采取。应尽量避免外界污染，以无菌操作采取所需材料，并存放在预先消毒好的容器内。微生物检验病料的采取范围，可根据检验目的而定。不同的检验病料应由不同的方法采取。

（1）脏器病料的采取。

1）实质器官：用无菌用具采取病变明显的组织块，放于灭菌的试管或广口瓶中，组织块大小约$2cm^2$即可。若不是当时直接培养而是外送检查时，组织块要大些；要注意各个脏器组织分别装于不同的容器内，避免相互污染。

2）淋巴结：采取病变脏器邻近淋巴结，尽可能多取几个。若采取胃肠附近淋巴结，应防止胃肠内容物污染。凡被污染的病料应废弃重采。

3）肠管：用线扎紧病变明显处（5～10cm）的两端，自扎线外侧剪断（实训图14-2），把该段肠管置于灭菌容器中，冷藏送检。

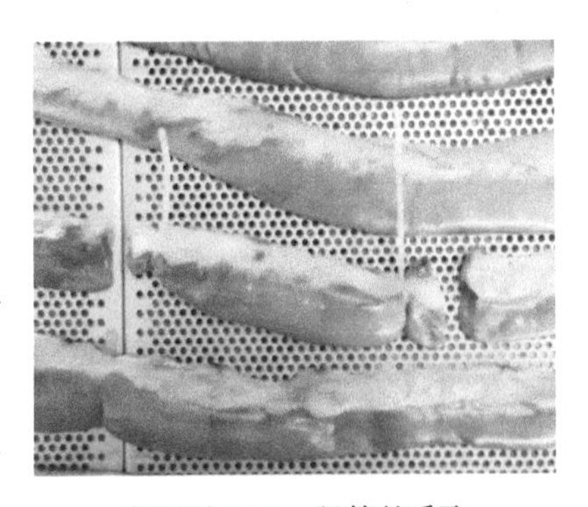

实训图 14-2 肠管的采取

（2）液体病料的采取。

1）粪便：用清洁灭菌玻璃棒挑取新鲜粪便或以灭菌棉拭子从直肠深处或泄殖腔黏膜上蘸取粪便，并立即投入灭菌试管内密封，或在试管内加少量 pH7.4 的保护液再密封。须采取较多量粪便时，可将动物肛门周围消毒后，用器械或用带上胶手套的手伸入直肠内取粪便。所收集粪便装入灭菌容器内，经密封并贴上标签，立即冷藏，以备送检。

2）生殖道病料：主要是动物死胎、流产排出的胎儿、胎盘、阴道分泌物等。流产的胎儿及胎盘可按采取组织病料的方法，无菌采取有病变的组织。

3）胃肠内容物：取中小动物胃内容物时，可将食道及十二指肠结扎，断端烧烙的整个胃送检。取家畜胃内容物时，以无菌刀切开胃后，用灭菌匙取。取肠内容物时，可选取适宜肠段 7cm 左右，两端结扎，以灭菌剪刀从结扎线外端剪断，置玻璃容器或塑料袋中。

4）血液：通常从右心腔采取心血。先用烧红的铁片或刀片烙烫心肌表面，然后用灭菌吸管或采血器抽取血液，盛于灭菌的试管或青霉素小瓶中。

5）胆汁：可用灭菌采血器吸取胆汁数毫升，如幼小动物，可取整个胆囊。

6）分泌物和渗出物：眼、鼻腔、口腔的分泌液或渗出液，开放的化脓灶等，可用灭菌的棉花拭子蘸取，放入试管。

7）脓液：未破溃的脓肿可用采血器刺入脓肿，吸出脓汁注入灭菌容器内；水疱溶液，皮下水肿液，尸体剖检的胸水、腹水、心包液、关节囊液等，可用灭菌采血器或注射器或灭菌吸管抽取或吸取，置于灭菌容器内。

2. 微生物病料的保存、包装与送检

（1）保存。

1）病毒检验病料：应装入灭菌容器内，经密封并贴上标签，立即冷藏或冷冻保存。如较长时间才能送检，应在－70℃条件下保存，也可加入保存液，如 50% 灭菌甘油磷酸盐缓冲液，液体病料可保存在 pH7.2～7.4 的灭菌肉汤或磷酸盐缓冲盐水中。

2）细菌检验病料：供细菌检验的脏器病料，应分别放入灭菌容器内或灭菌塑料袋内，贴上标签，立即冷藏保存。作细菌检验的粪便病料较少时，可投入无菌缓冲盐水或肉汤试管内。较多量粪便可装入灭菌容器内，贴上标签后冷藏保存，如较长时间才能送检，应加入保存液中，如 pH7.2～7.4 的灭菌肉汤、30% 甘油缓冲盐水等，抽吸的分泌物或渗出液，要分别放入已灭菌的玻璃瓶内，贴上标签，密封冷藏。棉拭子病料可放入灭菌试管内，贴上标签，密封冷藏保存；也可将拭子浸入保存液，一般每支拭子需保存液 5ml，密封低温保存。

（2）包装。

1）每份组织病料应分别包装，在病料袋或平皿外面贴上标签，标签注明病料名、病料编号、采样日期等；再将各个病料放到塑料包装袋中。

2）拭子病料、小塑料离心管要放在特定的塑料盒内；分泌液、渗出液和血清病料装于西林瓶时，要用铝盒盛放，盒内加填塞物避免小瓶晃动。

3）木箱、包装袋、塑料盒及铝盒要贴封条，封条上要有采样人签章，并注明贴封日期，同时要标注放置方向，切勿倒置。

（3）送检。

1）病料送检要求派专人以最快速度送检，送检时要保证病料包装完好，避免碰撞、高温、阳光照射等。病料若能在24h内送到实验室，可只用带冰袋的保温容器冷藏运输。供病毒检验的病料，在冷藏状态下在4h内送到实验室；如果超过4h，要做作冷冻处理，应先将病料置于－30℃冻结，然后再在保温瓶内加冰袋运输，经冻结的病料必须在24h内送到。24h内不能送到者，需要在运送过程中保持病料温度处于－20℃以下。

2）送检单位向检验单位送检病料的同时必须提供送检单（表14-1）。

（三）中毒病料的采取与送检

1. 中毒病料的采取

（1）脏器组织：可采取肝、肾、胃、肠等脏器组织。

（2）液体病料：可采取血液、尿液、胃肠内容物，以及患病动物的呕吐物等。

（3）可疑中毒物品：如剩余的饲草、饲料，以及中毒前所用药品等，分别装入清洁的容器内，并且注意切勿与任何化学药剂接触混合。

2. 中毒病料的保存、包装与送检

（1）保存：采取的中毒病料应分别装入清洁的容器内，并且注意切勿与任何化学药剂接触混合，冷藏或冷冻保存。如肾脏病料装入塑料袋内，冷冻保存。

（2）包装与送检：将装入中毒病料的容器密封后，装于放有冰块的冷藏箱内，保持冷却运送。为防止发酵影响化学分析，容器须先用重铬酸钾 - 硫酸洗涤液洗，再用清水冲洗，再用蒸馏水冲洗三次。所取材料应避免化学消毒剂污染，送检材料中不可放入化学防腐剂。

（3）填写送检单：根据剖检结果并参照临床资料及送检样品性状，亦可提出可疑的毒物，作为实验室诊断参考，送检时应附有尸检记录。如疑似铅中毒，实验室可先进行铅分析，以节省不必要的工作。凡病例需要进行法医检验时，应特别注意在采取标本以后，必须专人保管、送检，以防止中间人传递有误。

附：保存液的配制方法（扫码阅读）

全书参考文献（扫码阅读）